广播电视技术基础

蔡兴勇 编著

暨南大学出版社
JINAN UNIVERSITY PRESS

中国·广州

图书在版编目(CIP)数据

广播电视技术基础/蔡兴勇编著. —广州:暨南大学出版社,2000.1(2016.7 重印)
ISBN 978 – 7 – 81029 – 881 – 0

Ⅰ. 广… Ⅱ. 蔡… Ⅲ. 广播电视—技术 Ⅳ. TN949. 27

中国版本图书馆 CIP 数据核字(1999)第 73932 号

广播电视技术基础
GUANGBO DIANSHI JISHU JICHU
编著者:蔡兴勇

出版发行:暨南大学出版社 (510630)
电　　话:总编室 (8620) 85221601
　　　　　营销部 (8620) 85225284　85228291　85228292 (邮购)
传　　真:(8620) 85221583 (办公室)　85223774 (营销部)
网　　址:http://www.jnupress.com　http://press.jnu.edu.cn
排　　版:暨南大学出版社照排中心
印　　刷:湛江日报社印刷厂
开　　本:787mm×1092mm　1/16
印　　张:12.75
字　　数:309 千
版　　次:2000 年 1 月第 1 版
印　　次:2016 年 7 月第 10 次
印　　数:26001—28000 册
定　　价:28.00 元

目　　录

第一章　广播电声基本知识 ……………………………………………… 1

　　第一节　广播的诞生与发展 ……………………………………… 2

　　第二节　无线电波的发射与接收 ………………………………… 5

　　第三节　调幅、调频、调相广播 ………………………………… 8

　　第四节　调频立体声广播 ……………………………………… 14

　　第五节　电声换能器件 ………………………………………… 19

　　第六节　广播电声网络系统 …………………………………… 28

第二章　音像信息存贮技术 …………………………………………… 36

　　第一节　机械刻纹记录 ………………………………………… 37

　　第二节　感光录音技术 ………………………………………… 39

　　第三节　磁记录原理 …………………………………………… 41

　　第四节　激光存贮技术 ………………………………………… 51

　　第五节　全固态存贮技术 ……………………………………… 54

第三章　录音技术基础知识 …………………………………………… 56

　　第一节　磁带录音机概述 ……………………………………… 57

　　第二节　磁带录音机的基本电路 ……………………………… 59

　　第三节　磁带录音机的驱动机构 ……………………………… 67

　　第四节　常用典型录音机简介 ………………………………… 72

　　第五节　新型录音机概况 ……………………………………… 78

　　第六节　录音机的使用与维修保养 …………………………… 85

第四章　电视广播基本知识 …………………………………………… 97

　　第一节　电视的产生与发展 …………………………………… 98

　　第二节　电视广播过程 ……………………………………… 100

　　第三节　电子扫描和电视图像的分解力 …………………… 107

　　第四节　全电视信号（视频信号） ………………………… 110

　　第五节　广播电视发送基本原理 …………………………… 112

　　第六节　彩色电视基本知识 ………………………………… 119

　　第七节　新一代电视制式展望与简介 ·················· 125
　　第八节　电视机的使用与维修 ···················· 133

第五章　录像技术 ························· 137
　　第一节　录像机技术概述 ····················· 138
　　第二节　视频信号记录原理 ···················· 141
　　第三节　视频信号录放电路 ···················· 149
　　第四节　录像机的主要系统 ···················· 152
　　第五节　录像机的使用和维护 ··················· 155
　　第六节　电视录像节目后期编制系统 ················ 157

第六章　信息传播技术的发展趋势 ················ 162
　　第一节　信息传播技术概述 ···················· 163
　　第二节　近代信息传播手段的重大发明与发展 ·········· 172
　　第三节　信息传播新技术概述 ··················· 178

参考、引用文献 ··························· 197
后记 ······························· 199

第一章 广播电声基本知识

内容提要

广播通常是指通过无线电波或导线传送声音信息的具有多功能的现代化的信息传播工具。按信息传播方式划分，广播可分为两大类：一类是通过无线电波传送节目的无线广播，另一类是通过导线传送节目的有线广播。广播是传播声音方面的信息，而声音信息是以电的方式进行传送和接收，再还原出声音的，这就涉及到电与声之间的基本知识。本章主要介绍广播产生与发展及其对社会的影响、无线电广播的基本原理和常用广播的基本形式的工作过程、广播过程中所涉及的各种换能器件的工作原理及由它们构成的广播电声系统。

第一节　广播的诞生与发展

广播是在电子技术和通讯技术的基础上发展起来的。初期的广播只是简单的节目播出和接收。到 20 世纪 60 年代后，从播出到接收已经形成一条多环节的链路，包括节目采编制作、节目串联播出、节目传送、节目发射分配、受众接收五大环节，每一环节内又有若干单元。广播是一个动态的发展过程，它为人类文明的进步起到了巨大的作用。

一、广播的诞生

进入 20 世纪后，无线电技术的研究和实验取得了长足的进展。1904 年英国人弗莱明（J·Fleming）发明的二极管和 1906 年美国人德·福雷斯特（L·De forest）发明的三极管对广播的诞生具有决定性的作用。二极管具有检波和整流两种功能，三极管又增加了放大功能，从而可将弱信号放大成强信号，解决了无线电的接收问题。德·福雷斯特还使用三极管研制成功电子管振荡器，用它产生高频电磁波，解决了无线电的发送问题。后来他又把若干放大三极管极联起来，制成多极放大器，再与振荡器配合，制成了强力无线电发射机。电子管所取得的成果之一，就在于获得了一种具有一定振幅和频率的连续电波。利用电子管形成的连续电波，可以人为地改变其振幅和频率，使其能够载荷对人有用的信息。电波调制技术的最先应用，是使电波的振幅产生变化的振幅调制技术。1906 年，德国的德律风根公司实验无线电电话成功。1907 年，德·福雷斯特在纽约进行了音乐和语言的无线电实验广播。这些先行者为广播的问世奠定了技术基础。第一次世界大战期间，交战双方广泛使用了无线电通信和无线电话。美国人阿姆斯特朗改进了无线电接收机的线路，于1918 年发明了超外差电路。这一方式可防止两个频率相近的信号在接收机中发生干扰，从而能够保证接收机接收各个不同频率的广播。第一次世界大战后，无线电工业和技术转向民用。1920 年 11 月 2 日，美国匹兹堡市私人经营的 KDKA 广播电台取得政府发放的营业执照，开始播音，成为世界上第一家正式广播的私营商业电台。1922 年，英国政府批准设立广播电台，由 6 家无线电广播公司和电器制造公司组成了商业性的广播公司（BBC）。1922 年，苏联莫斯科中央电台开始播音。1924 年 3 月，日本第一家广播电台在东京开始播音，在此基础上，1925 年成立了日本广播协会（NHK）。到 1925 年，正式开办广播的国家已超过 20 个。

二、广播的作用

广播是最先出现的电子大众传媒，在政治、经济、社会、文化生活中的作用十分巨大。广播电台一诞生，就在新闻传播方面显示了巨大的优越性。莫斯科广播电台试播初期，首先开办的节目是"口读报纸"和晚间播出新闻。美国 KDKA 广播电台开办时每天仅在晚间广播一小时，但开播后一周就及时报道了美国总统大选的竞选活动和结果。

广播的诞生，曾一度使人们如痴如醉。美国大众媒体学者德弗勒描述当年美国人喜爱广播时说："经济来源窘迫的家庭，收音机坏了后也要省吃俭用攒钱修好。他们也许把家具还给贷款公司或拖欠房租，但他们死抱住收音机不放。"无线电广播的形态十分完备而发达，它已完全渗透到人们的日常生活中。各国各地区的广播电波在全球交织成一张密集的网，人们可以利用小巧灵敏的多波段半导体收音机轻而易举地接收来自四面八方的电波。一位名叫奥勒·阿尔姆的瑞典人业余爱好是超远距离接收各国电台的节目，从 1955 年起，已经成功收听和鉴别了世界上 215 个国家和地区的 2000 多家广播的电台。他不仅收听到北京广播电台的节目，而且在 1996 年春节前收听到 8000 公里以外的江苏南通人民广播电台中波 1440 千赫的信号。

如今，尽管广播吸引不了在日益盛行的多媒体世界中更容易对视觉图像着迷的年青人，但广播仍然拥有十分广泛的听众。在危机和战争时期，或许最能体现出广播的价值。海湾战争期间，埃及、阿联酋和沙特阿拉伯的绝大多数人都是通过广播新闻获悉有关战争的消息。在媒介服务于多民族多语言听众方面，电视也很难与广播竞争。如纳米比亚用包括主要的土著语言和南非荷兰语在内的 7 种语言广播，以满足本国听众的语言需要。在南非，宪法赋予 11 种语言以平等的地位，广播办有所有 11 种语言的节目，而电视只能提供几种语言的节目。电视要真正反映一国多样性的文化是困难的，广播在音乐和口头语言上更能满足本国各种文化的需要。在媒介特性上，在对广播与电视加以比较后，瑞典的研究人员得出的结论是：广播属于弹性媒介，它服从于人们的日常生活安排；而电视正好相反，它要求人们的日常生活安排适应它。

广播具有国际性，在对外广播宣传方面的作用不可等闲视之。第二次世界大战前，一些发达国家陆续开办以外国听众为对象的广播节目。1927 年 5 月，荷兰以 2.5 千瓦的发射功率向荷属殖民地爪哇实验短波广播，并于同年 10 月 14 日正式开播。这是世界上第一座正式对外广播的电台。其后，国际广播成为各大国竞相开办的为本国外交政策服务的工具。1929 年，苏联开办德语、法语、英语国际广播节目。1932 年底，英国开始对海外领地广播，1938 年开办第一种外语广播（阿拉伯语节目）。1933 年 4 月，德国开始用短波定向定时向北美广播德语和英语节目。日本于 1935 年开始对国外广播。第二次世界大战中，各国的国际广播展开了激烈的广播宣传战。1942 年，美国创办美国之音广播电台（VOA）。

战后，各国的国际广播电台使用的语言、播音时数、对象地区，随国际形势的变化有所调整，但普遍趋势是加强，尤其是发射机的单机最大功率从 50～100 千瓦增加到 500～1000 千瓦。同时有更多的国家开办国际广播。自 60 年代起，开办环球新闻广播又成为各大国在国际广播方面形成的一种带有共同性的作法。它们除对各国各地区分别使用当地语言进行广播宣传外，还先后用英语和本国语开办了对全世界各个方向昼夜不停的新闻节目，称为"环球广播"或"对全球广播"、"对全世界广播"（World Service），这一方式突破了对象地区和广播时间框框的限制，便于及时播发新闻，有利于扩大和加强宣传效果。这成为近 30 年来国际上加强对外广播的一大进展。自 60 年代起，美国和英国就用英语，日本用英语和日语开办了环球广播；其后，前苏联从 70 年代用英语和俄语，联邦德国和法国从 80 年代起分别用德语和法语先后开办环球广播。到 1996 年，全世界用这种方式开办国际广播的国家已达 14 个。联合国所使用的 6 种正式语言——中、英、法、俄、西班牙和阿拉伯语——除中文外，其他 5 种语言都已先后用来开办环球广播。规模最大的是美国和英国的环球广播，不论是在时间上还是在空间上都大体是全天候覆盖全球。苏联的环球广播规模曾一度超过美英两国，现在俄罗斯的国际广播趋于衰落，但其环球广播仍大体保持原有规模。

三、中国广播事业的发展

广播技术产生后，立即传入我国。1923 年 1 月，美国人奥斯邦（E·G·Osborn）创办的中国无线电公司所属广播电台在上海开始播音，这是中国境内的第一座广播电台。随后，美商新孚洋行、开洛公司等也相继在上海设立广播电台。1924 年 8 月，北洋政府公布中国第一个广播法令《装用广播无线电接收机暂行规则》，开始允许民间购置收音机，并着手筹建官办广播电台。1926 年 10 月，中国第一座广播电台——哈尔滨广播电台开始播音。私营的上海新新公司广播电台也在 1927 年 3 月开始播音。1928 年 8 月，国民党政府的中央广播电台，在南京正式开始播音，后来，经过扩建和改建，中央广播电台的功率增加到 75 千瓦，是当时"亚洲发射功率最强的广播电台"。据 1937 年 6 月统计，国民党统治区（不包括已被日本占领的东北三省）共有官办和民营广播电台 78 座，发射总功率将近 123 千瓦。1939 年 2 月，国民党政府利用英国提供的设备，在重庆开办了对外广播，英文名称"Voice of China""中国之声"（VOC），分别使用英、德、俄、日等外语和汉语播音。1940 年 12 月 30 日，中国共产党主办的延安新华广播电台开始播音（1980 年 12 月，中共中央宣传部批准此日为中国人民广播创建纪念日）。1943 年春天，由于无线电器材补充困难，新华广播电台曾暂停播音，直到 1945 年 9 月才恢复。1948 年，陕北新华广播电台（1947 年 3 月 21 日由延安新华广播电台改名）建立了解放区最大的短波发射台，功率为 3 千瓦。

中华人民共和国成立后，我国广播事业飞速发展。到 1984 年，全国已建立起 167 座广播电台，比 1950 年增加 1.5 倍；发射总功率 34755 千瓦，全国广播人口的覆盖率为 67.8%。又经过 11 的发展，到 1996 年底，全国各级广播电台数目又上升至 1244 座，广播人口覆盖率达到 83.7%。

在国际广播方面，中国国际广播电台（对外呼号是"北京广播电台"，英语为 Radio Beijing）是中华人民共和国对世界各地广播的国家电台，其前身是 1941 年 12 月 3 日延安新华广播电台开播的日语广播。到 1996 年底，中国国际广播电台共用 43 种语言对全球 200 多个国家和地区进行广播，每天播出 192 小时。1995 年 10 月建成的国际广播中心业务楼，采用计算机进行信息、节目处理、自动化播出及数字音频新技术、新设备，使对外广播的技术总体水平上了一个新台阶。

在有线广播方面，中国于 1946 年开始在哈尔滨和齐齐哈尔大规模建立有线广播。1950 年起，全国各大、中城市的机关、学校、企业普遍建立了小型有线广播系统。1952

年4月1日，吉林省九台县率先把收音站发展为农村有线广播站。此后，农村有线广播系统迅速发展，到80年代初，全国建成了以县广播（站）为中心，以乡（镇）广播站为基础，连接千家万户的农村有线广播网。中国是有线广播最发达的国家之一。

第二节　无线电波的发射与接收

一、无线电波及其传播

从电磁学来说，接通交流电流的导线周围有变化的磁场存在；变化的磁场在它的周围又引起变化的电场，而变化的电场又在它周围更远的地方引起变化的磁场。这样，磁场和电场不断地互相交替产生，就能把电磁场向四周空间传播开来。这种向四周空间传播的电磁场，我们就叫它为电磁波。也就是说电磁场是以电磁波的方式传播的。无线电波是电磁波的一种。

无线电波在空间传播的速度约为 3×10^8 米/秒。电波在一个振荡周期 T 内传播的距离叫做波长。波长、频率和无线电波传播速度的关系可用公式 $\lambda = C/F$ 表示。式中，λ——波长，C——传播速度；F——频率。

表 1-1　无线电波波段划分

波段名称	波长范围	频率范围	频段名称	用　　途
超长波	$10^4 - 10^5$ m	30 - 3kHz	甚低频 VLF	海上远距离通信
长　波	$10^3 - 10^4$ m	300 - 30kHz	低频 LF	电报通信
中　波	$2 \times 10^2 - 10^2$ m	1500 - 300kHz	中频 MF	无线电广播
中短波	$50 - 2 \times 10^2$ m	6000 - 1500kHz	中高频 IF	电报通信、业余者通信
短　波	10 - 50m	30 - 6MHz	高频 HF	无线电广播、电报、业余通信
米　波	1 - 10m	300 - 30MHz	甚高频 VHF	无线电广播、电视、导航和业余者
分米波	1 - 10dm	3000 - 300MHz	特高频 UHF	电视、雷达、无线电导航
厘米波	**1～10mm**	**300～3GHz**	超高频 SHF	无线电接力通信、雷达、卫星通信
毫米波	1 - 10mm	300 - 30GHz	极高频 EHF	电视、雷达、无线电导航
亚毫米波	1mm 以下	300GHz 以上	超极高频	无线电接力通信

一般说，频率从几十千赫至几十万兆赫的电磁波都称为无线电波。频率相差很大的无

5

线电波，其传播规律不同，应用也不同，所以通常把无线电波分成几个波段。如表 1－1 所示。

通常把分米波和米波合称为超短波；波长小于 30 厘米的分米波和厘米波合称为微波。

无线电波从发射端的天线到达接收端的天线有三条途径：一是沿地面传播，叫地面波；二是在空间沿直线传播，叫空间波；三是依靠电离层的折射和反射传播，叫天波。如图 1－1 所示。

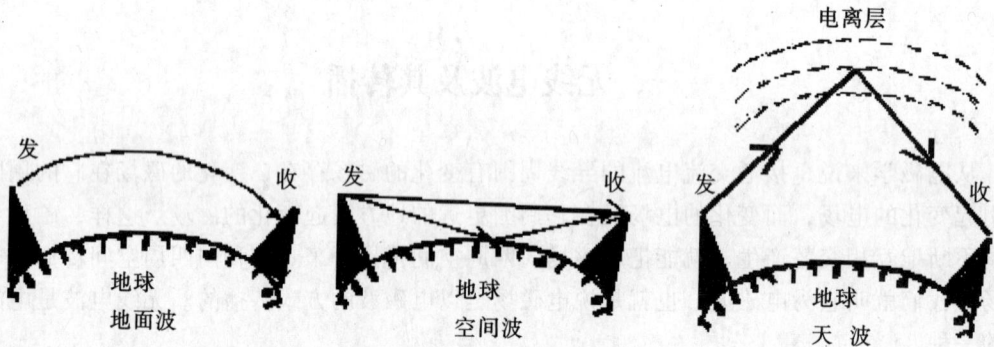

图 1－1　电波传播途径

波长不同的无线电波在空间传播的特性不同。长波、中波遇到障碍物后绕射能力较强，主要沿地球表面传播。由于电离层对长波和中波有较强的吸收作用，特别是白天所以它们不能靠电离层反射来传播。短波虽然绕射能力较弱，但能被电离层折射和反射，可利用天波传播。超短波、微波遇到障碍物后绕射能力更弱，又不能被电离层反射，只能沿直线传播，传播距离接近于目视距离。这些波段目前主要用于中继通信、调频广播和电视，以及雷达、导航和卫星通信。

二、无线电信号的发射与接收

1. 无线电信号发射的基本原理

无线电信号发射的基本原理，如图 1－2 所示。

利用天线把无线电波向空中有效地发射出去，要求天线的长度必须和电波波长相对应，才能有效地发射。只有频率相当高的电磁场才具有辐射能力，因此必须利用频率较高的无线电波才能传送信号。

无线电发射机中高频振荡作为"载波"，将音频信号加到载波上，这个过程叫调制。经过调制以后的高频振荡叫做已调信号。调制有调幅、调频、调相三种。

一台广播发射机应该包括四个部分：

①声音的变换与放大，频率较低的叫做低频部分。

②高频振荡的产生、放大、调制和已调高频功率放大，统称高频部分。

6

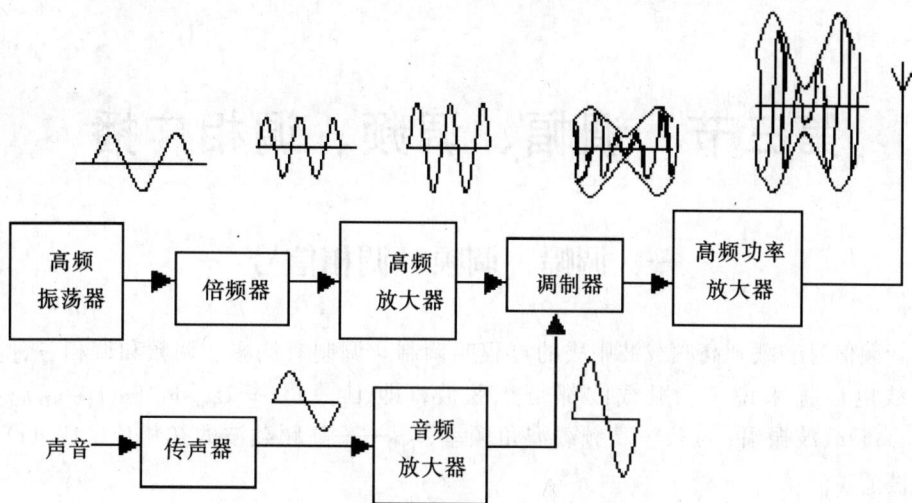

图 1-2 广播发射机方框图

③天线与传输线。

④电源部分。

通常把调制器的装载过程叫调制；加至调制器的具有某一确定振幅、频率、初相位的高频信号正弦波叫载波，它的频率叫载频；调制后的信号叫已调信号。如果调制的方式是调幅，则已调信号叫调幅波；如果调制的方式是调频，则已调信号叫调频波。关于调制方式下一节将介绍。

2.无线电波的接收

无线电波的接收过程，如图 1-3 所示。

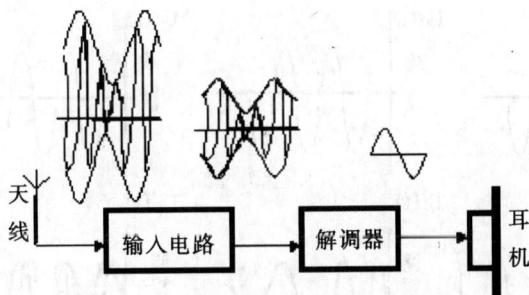

图 1-3 简单接收机方框图

由发射机发出的无线电波，经接收机天线接收，转变为感应电动势。从天线感应出的不同频率的已调波信号中选出所需信号，是由输入电路完成的。而输入电路选出的信号，仍是已调波信号，不能直接推动耳机或扬声器（喇叭），还必须把它恢复成音频信号，这叫做解调（调幅接收机叫检波，调频接收机称鉴频）。解调是调制的逆过程。

7

第三节　调幅、调频、调相广播

一、调幅、调频、调相信号

把音频信号装载到高频载波中去的过程叫调制。调制有调幅、调频和调相三种方式。对于无线电广播来说，一般载波都是正弦波，即 $U_C(t) = U_{cm}\sin(\omega_c t + \psi_0)$。式中 U_{cm}——高频载波振幅，ω_c——高频载波角频率，ψ_0——高频载波的初相位，$U_c(t)$——高频载波的瞬时值。

如果分别使振幅、频率和相位三种量按某一个信号的规律而变化，我们就得到三种不同的调制方式，即调幅（变 U_{cm}）和调频（变 ω_c）和调相（变 ψ）。

若调制信号为 $V_\Omega(t) = V_\Omega \sin\Omega t$；则

调幅波为 $U_a(t) = U_{cm}(1 + K_a U_\Omega)\sin(\omega_c t + \psi_0)$；

调频波为 $U_f(t) = U_{cm}\sin\left[\omega_c t + K_f \int_0^t U_\Omega(t) + \psi_0\right]$；

调相波为 $U_p(t) = U_{cm}\sin\left[\omega_c t + K_p U_\Omega + \psi_0\right]$。

它们的波形分别如图 1-4 所示。

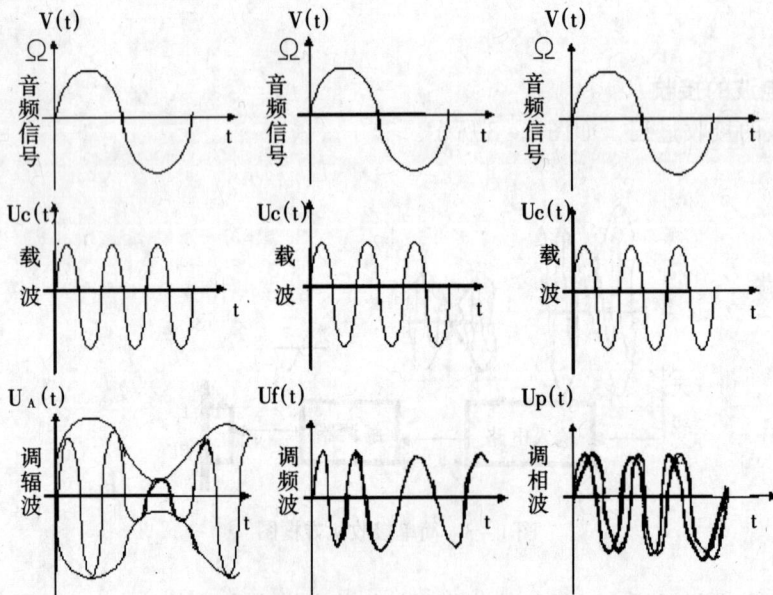

图 1-4

所谓调制的实质，是使高频正弦波信号的三要素中的某一要素按音频信号的变化规律变化。这样就产生三种调制方式：

　　①调幅。是指高频载波的幅度随音频信号的大小变化而变化，而载波的频率不变。

　　②调频。是用音频信号去调制高频载波的频率，即高频载波的频率随音频信号的大小变化而有规律地变化，高频载波的幅度（振幅）则保持不变。

　　③调相。是让高频信号的初相角随音频信号的大小作正比例的变化。

　　目前，无线电广播大多采用调幅和调频的调制方式。

二、调幅广播与调频广播的比较

1．信号的频谱

　　为了说明调幅与调频广播的特点，也为了方便以后各章的学习，有必要先简单介绍一下信号频谱的概念。

　　（1）信号的频谱

　　在实际中，我们所遇到的信号千变万化，多种多样。在这众多的信号中，正弦波信号是一种基本的信号。各种复杂的信号都与正弦信号有着内在的关系，这种关系表现为任何形式的信号都可以分解为许多不同频率的正弦波信号之和；或者说，许多不同频率的正弦波信号叠加在一起可以组合出任何一种信号。例如，一支乐曲经话筒转换后，在话筒的输出端会产生复杂的音频电压信号，这种信号是由许多不同频率、不同幅度的正弦波电压信号叠加在一起组成的。不同频率的正弦波信号对应着乐曲中不同的"音调"。

　　按频率分布的情况，组成各种信号的各正弦波分量是不一样的。所谓频谱，就是指按频率分布情况组成信号的各正弦波分量的振幅。

　　（2）信号的频谱图

　　为了直观地表示信号的频谱特点，我们通常采用绘图的方法，即用频率 f 作横坐标，用信号的各正弦分量的幅度作纵坐标绘成示意图，这样绘出的图案就叫频谱图。图 1－5 就是某一段乐曲的频谱图，其中每一条线段在横轴上所处的位置代表某一正弦波分量的频率，线段的长度表示该正弦波振幅的大小，这些线段叫谱线。

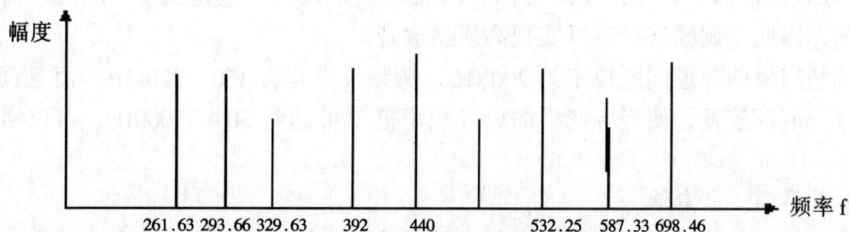

图 1－5　某乐曲信号的频谱

　　信号的正弦波分量的最高频率与最低频率之差，就是这个信号所拥有的频率范围，称为该信号的频谱宽度，简称为"带宽"或叫"频宽"。图 1－5 所示的信号的带宽约为

437Hz（698 – 261 = 437）。

对信号进行频谱分析是很重要的，它有利于电路的分析与设计。例如，放大器的频率特性（放大器对不同频率的正弦波信号的传输特性），就是根据输入信号的频带宽度设计的。

2．调频广播的特点

（1）抗干扰能力强、信噪比高

由于调幅波带宽等于音频调制信号最高频率的两倍，一般不超过 20kHz，调幅广播能够使用中、短波段实现远距离广播，扩大收听范围。但是调幅广播发射功率大了，作用距离较远了，广播电台相互间的干扰也就难以避免。干扰有自然干扰、人为干扰等。这些干扰常使有用信号的幅度和频率发生变化，主要是引起幅度的变化。由干扰引起幅度的变化则与有用信号混在一起，很难把它们分开。这将使调幅接收机产生杂音，灵敏度越高，这种现象越明显。但在调频接收机，可以通过一个限幅器，把受干扰的调频波的幅度变化切割掉，提高信噪比。限幅的波形，如图 1 – 6 所示。调频广播受干扰小的另一个原因是调频波传播距离小，受空间各种电波干扰的机会大为减少。

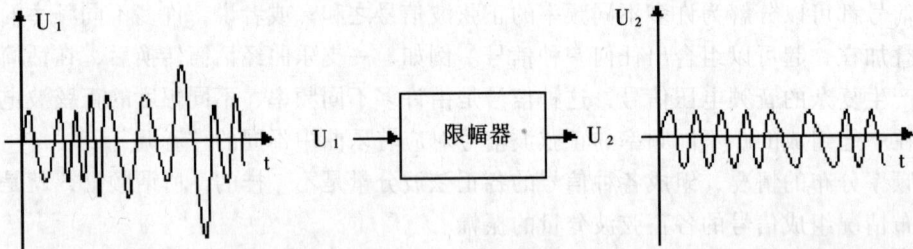

图 1 – 6　限幅的波形

（2）频带宽、音质好

调幅广播的频道间隔统一规定为 9KHz。这就使调幅波的高音调制成分受到限制和减弱，普通的调幅收音机为了获得较好的选择性（为了避免邻近电台之间发生"串台"现象），一般通频带都不够宽，导致解调后的放声频率最多只能达到 4 ~ 7KHz，高音频分量放不出来，因此，调幅广播难以实现高质量放音。

而调频广播的频道间隔规定为 200KHz，调频波带宽为 150 ~ 200kHz，而且调频收音机的通频带一般都较宽，使得解调后的放音频率范围可达到 30 ~ 15000Hz，可以实现高质量放音。

（3）效率高、成本低

调幅广播时，信号幅度变化，发射台发射功率也随之变化，而在绝大多数时间的幅度总是小于它的最大幅度，故调幅发射机的实际发射功率比它的极限功率要小得多，发射效率低。发射功率一般为几百至 1 千瓦，而且还要有风冷、水冷等设备，造价高，建台慢。而调频波幅度始终不变，因此发射机在全部工作时间内都可以使用它的最大功率，这样发射机的效率自然就高。加上调频台的服务区小，因此在同样条件下，功率可以做得较小，

10

一般为 0.5~1 千瓦，大型台也不过 10 千瓦，设备费用大大降低。

（4）解决了电台拥挤，频率不够分配的困难

超短波段的开发，不仅可以增加 100 个频道（我国规定超短波广播段频率范围为 88~108 兆赫），而且由于视距传播，发射半径有限（50 公里以内），本地电台不会干扰其他地方电台，同时受干扰也小，因此，只要隔数百公里，还可以重复使用同一频率。可以大大增加可用频道数目，从而有效地解决了目前广播台十分拥挤、频道不够分配的困难。

三、调幅、调频接收机工作原理

1. 直接放大式调幅接收机工作原理

直接放大式调幅接收机工作原理，如图 1-7 所示。

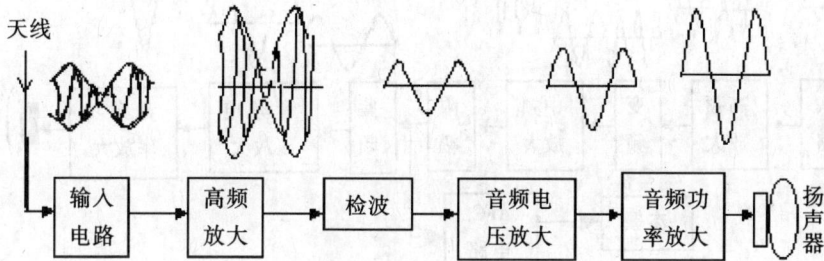

图 1-7　直接放大式调幅接收机方框图

直接放大式接收机对由天线接收来的音频信号直接进行选择和放大，经检波器解调后的音频信号经过音频放大激励扬声器以复原音频信息。

2. 超外差式接收机的工作原理

所谓外差就是把高频已调信号变换成具有固定中频的已调信号的过程。我国规定中频频率为：调幅广播为 465 千赫兹（日本、欧美等国为 455 千赫兹），调频广播为 10.7 兆赫兹。图 1-8 所示为超外差式调幅接收机的方框图。

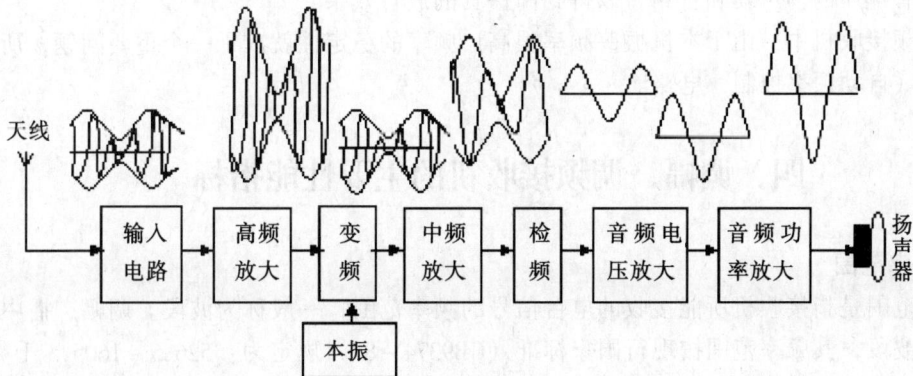

图 1-8　超外差式调幅接收机方框图

11

从天线感应得到的高频调幅信号，经输入电路的选频（有的再经过高频放大）进入变频器。变频器中的本机振荡频率信号与接收到的高频已调信号在变频器内经过混频作用，产生中频已调信号（中频载波频率为465kHz）。经中频放大后得到的中频信号仍是调幅信号，必须用检波器把原音频调制信号解调出来，再由低频（音频）电压放大、功率放大后，送到扬声器发出声音。

3. 调频接收机的工作原理

调频接收机的结构与调幅接收机很相似，图1-9为它的方框图。

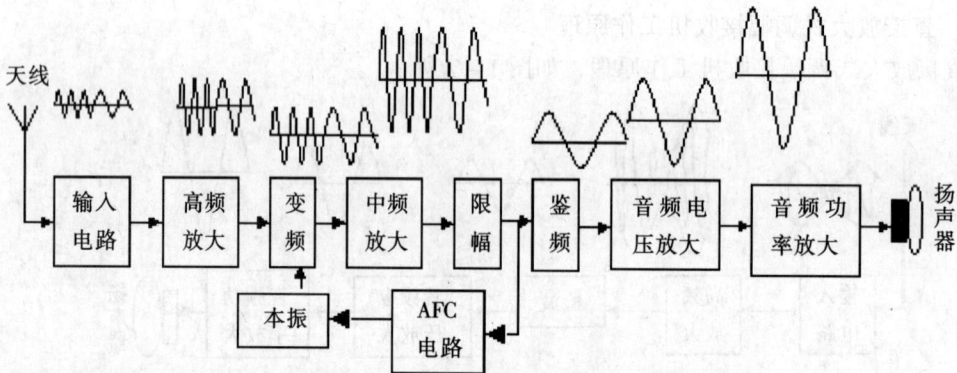

图1-9 超外差式调频接收机方框图

调频接收机的工作过程如下：天线和输入电路从空中选出所需接收的调频波后，先进行高频放大，然后变换成固定的中频（10.7MHz）调频波，这时改变的只是载波频率，调制规律并没有改变。为了提高抗干扰能力，中频放大器后面一般接有限幅器，把调频波上的幅度干扰切除干净，再利用鉴频器进行调频信号的解调。后面的电压放大、功率放大与调幅接收机的完全相同。

为了适应调频解调的特点，音频电路尽可能地做到频响宽，失真小，功率放大余量大，并配有优质的扬声器和音箱，以得到高保真的放音效果。

在调频接收机中，由于本机振荡频率很高，频率的稳定性就成了一个重要问题，所以设有 AFC（自动频率控制）电路。

四、调幅、调频接收机的主要性能指标

1. 频率范围

频率范围是指接收机所能接收的电台信号的频率范围，一般称为波段。调幅广播中波台设一个波段，其频率范围按现行国家标准（GB9374-87）规定为：526.5~1605.5千赫；短波为2.3~26.1兆赫，可分为一个或几个波段；调频广播的频率范围是88~108兆赫。

12

2.噪限灵敏度

灵敏度是指接收机在正常工作时，接收微弱信号的能力。即当接收机的输出功率为标称输出功率时，在输入端所需要的最小信号强度或场强称为灵敏度。

但是接收部分内部不可避免地存在噪声，如果输出噪声大，通过音频放大后，扬声器输出的噪声覆盖了有用信号，就无法正常收听。因而将噪限灵敏度作为衡量接收机灵敏度的标准。

噪限灵敏度表示在规定信噪比为 26 分贝的条件下接收微弱信号的能力。也就是：当规定输出信噪比为 26 分贝时，为了在输出端取得规定的标称输出功率，在输入端所需的最小信号强度或场强。

3.选择性

选择性表示接收机能从天线接收到的各种复杂信号中选出有用信号而抑制其他干扰信号的能力。

选择性是指接收机调谐在某一频率上，输入此频率的信号使接收机输出标称输出功率，此时输入信号的强度叫调谐频率信号强度 U；输入离调谐频率 9KHz 的失谐频率信号，使接收机输出标称输出功率，此时输入信号叫失谐频率信号强度 V。失谐频率信号强度与调谐频率信号强度之比，即 V/U 用分贝表示，就叫接收机的选择性。

4.输出功率

①最大输出功率，是指不考虑是否失真，能够输出的最大功率。即将音量调到最大，接收本地最强电台时输出功率。

②额定输出功率，又叫做标称功率，它是最低限度应该达到的不失真输出功率。

5.整机频率特性

频率特性也称频率响应，是指接收机的音频频率范围内的增益特性。一般在接收机功率放大输出端测出的电压频率特性称为整机电压频率特性。

一般用整机频率特性曲线表示，如图 1－10 示。

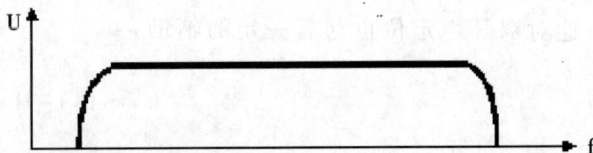

图 1－10 整机频率特性曲线

第四节 调频立体声广播

一、立体声概念

1. 什么是立体声

声音由物体振动产生，产生声音的振动物体称为声源；声音以波的形式传播，速度为每秒 340 米；有声波存在的空间称为声场。

我们生活的自然界，是个立体声声场，各种声源以立体的形式分布在我们的四面八方，它们发出的声音的方位对于听者的耳朵来说都是立体的，因此，我们日常听到的声音都是立体声。立体声广播是一种能使人们通过放音系统感到声源分布在空间的声音。理想的传输系统是在剧场的空间安装大量的话筒，并在接收放音的相应位置安装同等数量的扬声器。

2. 双耳效应和耳壳效应

双耳效应指人类利用自己双耳来判别声音方位的能力。图 1-11 为双耳效应示意图。

由于人耳位于头部两侧，从声源发出来的声音到达两耳的时间 t 就不一样，相位 Φ 也不同，声音的幅度也会因人头遮蔽效应影响而有差别量 △P，人的双耳就是利用△t、△Φ、△P 判断声音方位的。并产生双"通道"式的立体声效果。

耳壳效应指人类依靠自己耳壳的形状特点来辅助判断声源方位的能力。当声源的声波传送到人耳时，由于人耳的形状特点，会使声波产生反射，经反射进入耳道的反射声与直达声之间就会产生了时间差△t，反射声的延时一般在几微秒的范围内，这对双耳声定位也起着一定的辅助作用。

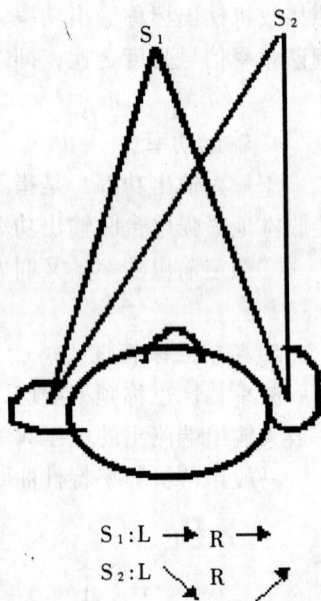

图 1-11 双耳效应示意图

3. 声像定位

立体声广播和单声道广播的区别在于：立体声接近真实现场，有着所谓空间感、临场感、方位感。优质立体声收录机重放立体声音乐时，甚至可以使你感到身临其境，处于演奏现场之中，感觉不出放声扬声器的存在，而不像单声，无论音色、音调多么优美，也只能觉得声音是来自扬声器。其原因在于：立体声广播中保留有人耳能够对声源进行定位的因素，使人聆听后产生幻觉声源，也就是存在着声像。

利用相互独立的两个通道放音，通过技术处理改变两个通道的放音强度差和放音时间差，就可以使声像的位置改变。图 1 – 12 所示的是立体声的产生与还原。

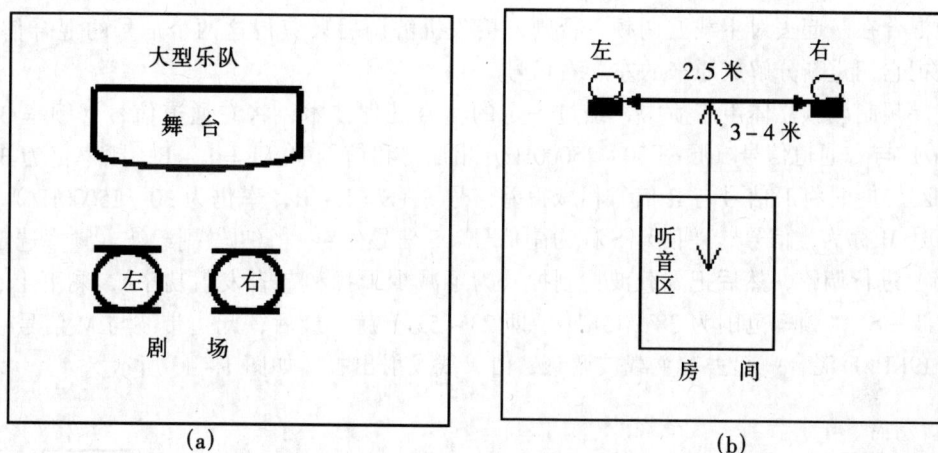

图 1 – 12　立体声的产生与还原

图 1 – 12（a）为剧场中按一定位置放置的两只话筒，分别称左话筒和右话筒，舞台上各种不同的乐器位置不同，它们发出的声音到达两只话筒有时间差和强度差。经电台分别放大后，收听者只要将两只扬声器摆开一定距离，见图 1 – 12（b），分别放出原左、右声道的声音，人坐在中间一定的范围内，即听音区，便感觉到声强和时间的差别，从而产生立体效果，如同坐在剧场内欣赏优美的音乐。

二、调频立体声原理

调频立体声可以说是结合了单通道调频广播和立体声音响技术而实现的广播革命。调频立体声广播既充分地体现了调频广播信噪比高、抗干扰能力强、动态范围大、放音频带宽、音质优美等优点，又充分地利用了人的双耳效应机理，发挥出"立体声"的特点，不仅使人感到声音有强度、音调和音色的变化，而且能基本上再现实际声场中各种声源的方位和空间分布的效果，给人一种身临其境的感觉。

1. 调频立体声广播制式

我国立体声广播都使用调频波段，要求与单声道广播兼容。我国目前采用的是导频制，这也是世界上普遍采用的。导频制也称 AM——FM 制，AM 表示调幅，FM 表示调频，所以也称为调幅——调频制。

调频立体声广播与单声道调频广播是兼容的，即普通调频收音机可以接收立体声调频广播节目，但仍为单声道声音。调频立体声收音机也可以接收单声道调频广播节目，两只扬声器同时放出单声道的声音。

普通的单通道调频广播只需传送一个通道的信号，调制信号的带宽为 30～15000 赫，最大频偏为 75 千赫，直接调频于超高频的主载频（88～108MHz）上，通过天线发射出去。

而调频立体声则需传送两个通道的信号，即左（L）右（R）两个通道的信号，这两个通道信号必须用同一个发射台发射，不能分开，为此，待播送的左、右两路信号就不能简单地混合在一起去对主载波调频，否则，接收机解调后只获得这两个信号的混合信号，而无法把它们重新分解成原来的左、右信号。

在导频制调频立体声广播中，经过一定的信号处理技术，将左通道信号（频率 30～15000Hz）与右通道信号（频率 30～15000Hz）相加得和信号 M（L=L+R，频率仍为 30～15000HZ），同时将 L 信号与 R 信号相减得差信号 S（S=L-R，率仍为 30～15000HZ）。其中和信号 M 称为主信号，差信号 S 称为副信号。S 信号先对一个叫做副载波（频率选定为 38 千赫）进行调幅，然后把副载波抑制掉（为了减少干扰和节省发射功率），剩下上、下两边带波 ±S'（频率范围为 38±15KHz，即 23～53 千赫）最后，此边带波与 M 信号、导频波（19KHz）混合一起去对主载波调频，由天线发射出去，如图 1-13 所示。

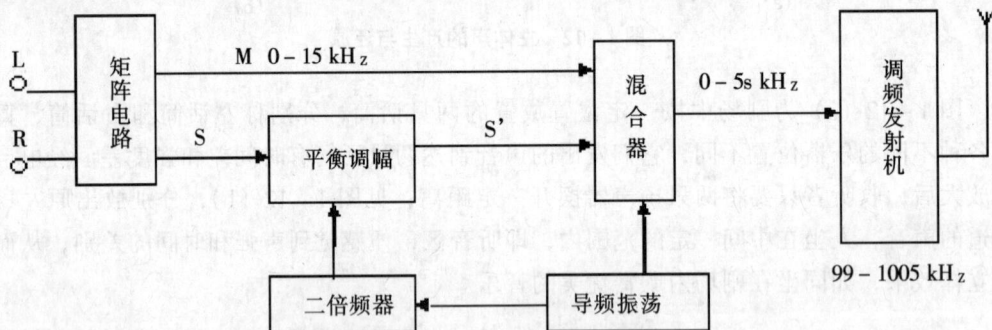

图 1-13　导频制发射系统方框图

2. 立体声复合信号

在立体声广播中，音频信号有左、右两路，通过处理后变成立体声复合信号，此复合信号是由和信号 M，差信号 ±S'（S 调制副载波 38K₂ 的，并抑掉其载波而得到的调幅边带波）以及导频信号（19KHz）三者混合而成。

3. 导频制双通道立体声接收机（简称立体声接收机）

立体声接收机是在调频单通道接收机的基础上发展起来的。图 1-14（a）所示是单通道调频接收机方框图；图 1-14（b）所示是双通道调频立体声接收机方框图。

由图可知，从接收天线到鉴频器，两种接收机的电路程式是相同的，都由调频高频头、中放、限幅器、鉴频器及 AFC 电路组成，不同之处是，在鉴频器后面立体声接收机多了一个解码电路及其附属电路（立体声指示电路、自动切换电路等），低放电路由单通道改为双通道，并有两组扬声器。去加重电路是专门为预加重电路而设置的。在编码过程

16

中，为使音频中的高频成分不致于损失太大，有意地加重了高频成分的幅度，即预加重。所以音频信号还原后，也必须经过去加重电路处理。

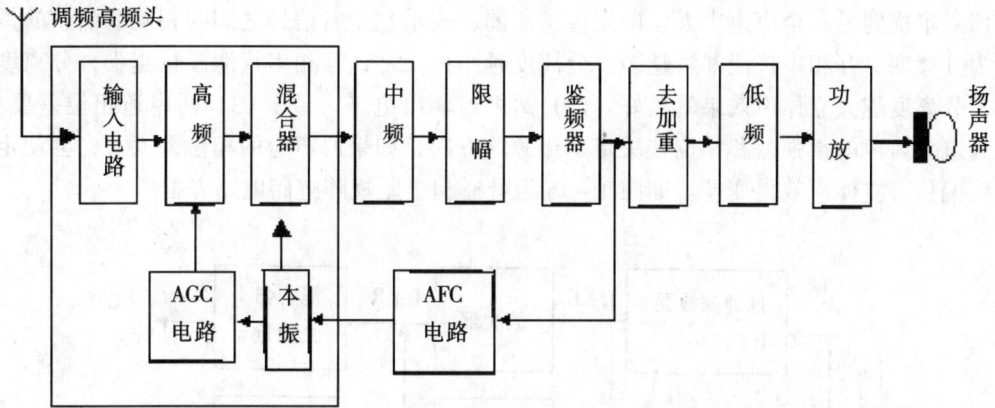

图 1－14（a） 单通道调频接收机方框图

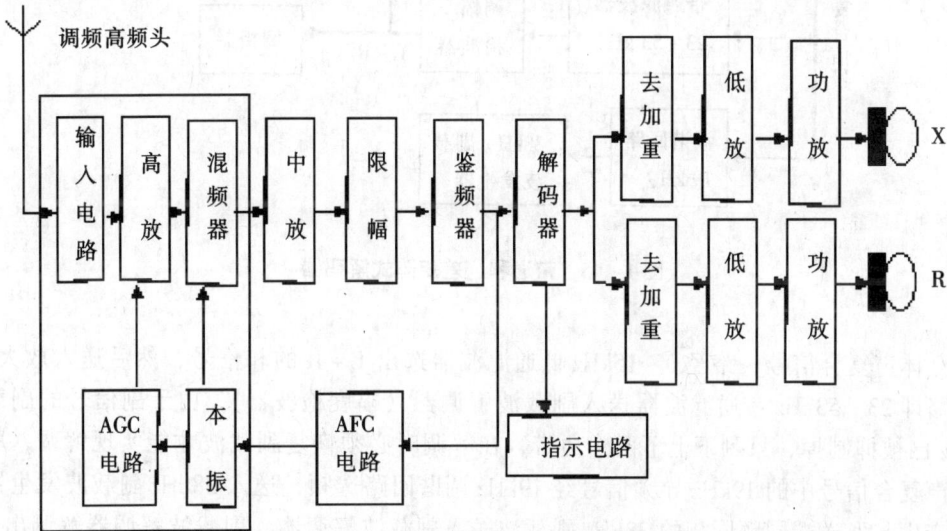

图 1－14（b） 双通道调频立体声接收机方框图

同时，去加重电路的位置不同。单通道调频接收机接收到调频立体声电台信号时，鉴频器输出的复合立体声信号直接经去加重电路滤波，将音频范围之外的差信号和导频信号掏掉，只输出和信号，实现兼容。对于立体声接收机，鉴频器输出的复合立体声信号要先送入解码器，分离出左、右通道信号，然后经去加重电路去加重，再经左、右低放、功能电路，推动左、右通道扬声器放音。在立体声接收机中，如果去加重电路放在鉴频器之后解码器之前进入解码器的信号就只剩下和信号，将无法分离出左、右通道信号。

17

4. 立体声解码电路

立体声解码器就是从导频制立体声复合信号中分离出左、右声道信号，从而获得立体声定位信息。因此，要求立体声解码器具备如下条件：(1) 左右声道分离度好。一个声道的信号串扰到另一个声道中去，即发生了泄漏，表示左、右信号之间的相互泄漏量的量度称为分离度，互相串扰泄漏量越多，分离度越小；反之，互相串扰泄漏量越少，分离度越大，分离度越大立体声效果就越好。(2) 两声道输出电平一致。(3) 两声道相位差要小。双声道立体声的声强差和相位差决定了声源的方向，如果两声道的相位差太大，会使定位发生偏移，立体声效果变差。如图 1-15 为带通和、差矩阵解码电路方框图。

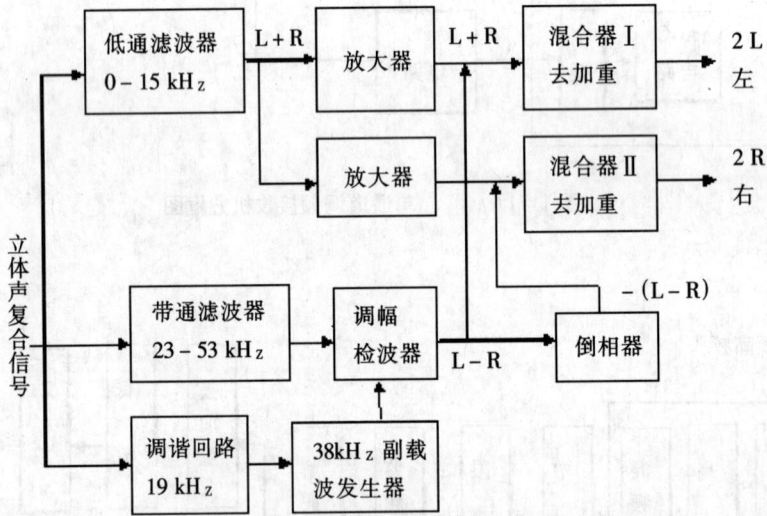

图 1-15　带通和、差矩阵式解码器

立体声复合信号一路经 0~15kHz 低通滤波器选出 L+R 的和信号，然后送入放大器，第二路即 23~53kHz 带通滤波器送入副载波解调器（幅度检波器），由于副信号的副载波 38kHz 已被抑制掉，只剩下上下两个边带，在解调时必须恢复副载波才能实现解调，所以立体声复合信号中的 19kHz 导频信号经 19kHz 调谐回路选频，送入 38kHz 副载波发生器倍频，产生与发送端同频同相的 38kHz 副载波送入副载波解调器。副载波解调器解调出 L-R 的差信号，其中一路与 L+R 的和信号经混合器 I 混合相加，输出为 (L+R)+(L-R)=2L 的左信号；另一路经倒相器倒相再与 L+R 的和信号经混合器 I 混合相加，输出为 (L+R)-(L-R)=2R 的右信号。

这种电路使用滤波器多，成本高，调整困难，易出现频率特性的失真，使分离度下降，现在极少采用，现在多采用电子开关式解码电路。电子开关式解码器电路简单、可靠，而且易于集成化。

18

第五节　电声换能器件

声音只靠声波直接传送的距离效果是有限的。它必须经过换能器件将不同的能量进行转换，才能适应各种形式的传播。

一、输入换能器件——传声器（话筒）

传声器（Microphone）又叫话筒、麦克风，是把声能转换成电能的一种电声器件。传声器是声频传输系统的第一个环节，它的质量好坏和使用是否得当，对整个系统的电声指标有着十分重要的影响。

1. 传声器的种类

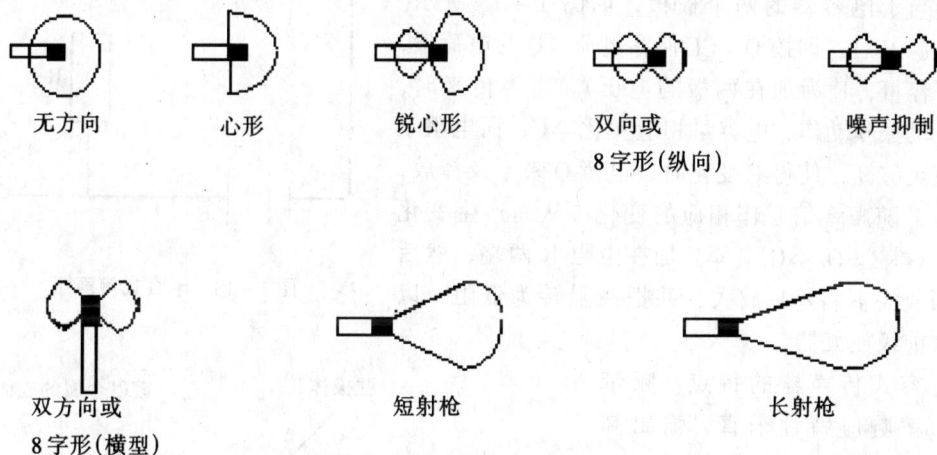

无方向	心形	锐心形	双向或 8字形(纵向)	噪声抑制

双方向或　　　　　　　短射枪　　　　　　　　长射枪
8字形(横型)

图 1 - 16　传声器指向特性及符号

传声器的分类方法有许多，下面介绍常用的几种：

①按其结构分，有动圈式、电容式、晶体式、铝带式和炭粒式等。

②按传声器的指向特性分，如图 1 - 16 列出的几种常见传声器的指向特性和符号。

传声器的指向特性（又称传声器的方向性）表征传声器对不同入射方向的声信号检拾的灵敏度。

③按接收声波的特性分，有压力式、压差式和复合式三种。声波接收器的振动膜片受到的作用力与声压有关的传声器叫做压力式传声器；与声压差有关的叫做压差式传声器；如果既与压力又与声压差有关时叫做复合式声波传声器。

2．各种传声器的工作原理

①动圈式传声器

动圈式传声器是根据电动原理而制成的。其基本结构如图 1 – 17 所示，由永久磁铁、音膜、音圈和输出变压器组成。当我们对着话筒发声时，声音通过空气振动，传到话筒的音膜上，音膜随之振动，并带动音圈在永久磁铁的磁场中运动，切割磁力线便感生出电动势，完成声电转换。

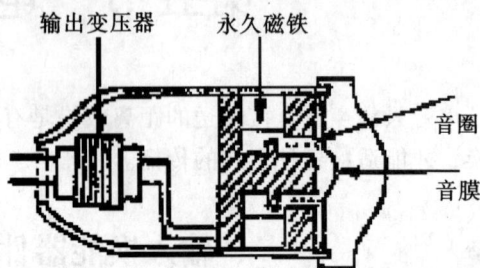

图 1 – 17　动圈式传声器的基本结构

特点：经济耐用、结构坚固、工作稳定，无需极化电压，方向性强，噪声电平较低。

②电容式传声器

电容式传声器中有一个固定底板和一个活动振膜，相当于电容器的两个极板，如图 1 – 18 所示。接上电源 E 后，即按 $Q = CE$ 储存电荷（Q 为电荷量，C 为电容量，E 为加在两板的电压）。当声传来时，声波驱动振膜动作，电容量相应变化 $\triangle C$，而电阻 R 的阻值足够高，使得 C 变化时，电荷 Q 来不及释放，因而使 E 随声音信号作相应的变化，从而产生变化量 $\triangle E$（$\triangle E = Q/\triangle C$），$\triangle E$ 加在电阻 R 两端，然后经过预放大器将 $\triangle E$ 放大，并把高阻转为低阻，以便送入前级放大器。

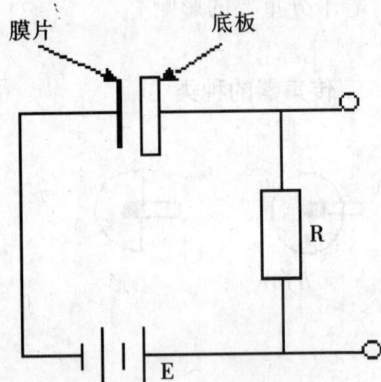

图 1 – 18　电容式传声器

电容式传声器的特点：频带宽、频率响应特性平直，输出高（加预放大器后），非线性畸变小，瞬态响应好等。

③驻极体电容式传声器

驻极体电容式传声器：（又称自极化电容式传声器或预极化电容式传声容）驻极体电容式传声器的结构如图 1 – 19 所示。驻极体这种材料是存在着永久性电的，相当于电容式话筒加有电源一样，驻极体与底极组合成一个电容极头，工作原理与电容式传声器一样。

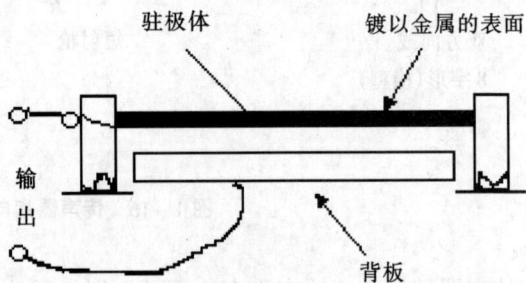

图 1 – 19　驻极体电容式话筒

驻极体电容式传声器的特点：不需极化电源，体积小、重量轻、造价低、频响特性好、信噪比高。

④无线传声器

无线传声器是用超高频（或特高频）载波在近距离内传递输出信号的传声器，一般由发射机和接收机两部分组成。专业级的无线话筒的有效范围约为100～500米左右。主持人、歌唱演员常用。

无线传声器的特点：不需用电缆，不再受话筒线的束缚，因而大大地扩展了活动范围，特别适用于移动声源拾音。优质高保真无线传声器价格昂贵；另一种价格低廉，但音质差，性能不稳定，易受干扰等。无线传声器比较突出的缺点是：a 保密性差　b 有信号失落现象，也就是说，当传声器和接收机的相对位置改变时，有时会出现信号跌落、音质变劣，甚至无法接收的现象。

3. 传声器的技术指标

(1) 灵敏度

灵敏度表示传声器的声能转换成电能效率。它的定义为：在自由声场中，当向传声器施加一个声压为0.1帕斯卡（1微巴）的声音信号时，传声器的开路输出电压（以毫伏为单位）即为该传声器的灵敏度。0.1帕斯卡约相当于人们按正常音量说话，并在离嘴1米远的地方测量所得到的声压。

(2) 源阻抗和推荐的负荷阻抗

源阻抗简称阻抗，系指传声器的交流阻抗，单位为欧姆，通常用1kHZ信号测得。对低阻抗传声器，多数为200欧左右；对中阻抗传声器，一般在500欧到5千欧之间；对高阻抗传声器，则在25千欧到150千欧之间。由于中阻抗和高阻抗传声器的导线容易感应交流声，所以专业用高质量传声器一律采用低阻抗传声器。

为了使传声器的阻抗特性和后续设备的输入阻抗对整个系统的频率响应不会产生影响，通常要求后续设备的输入阻抗高于传声器阻抗5～10倍，称推荐负荷阻抗。

由于高质量低阻抗传声器源阻抗为200欧，所以推荐负荷阻抗多为1千欧，这是专业用调音台和录音机常用的输入阻抗值。

(3) 频率范围（带宽）

此项技术指标是指声器正常工作的频率宽度，通常以带宽的下限和上限频率来表示，有时也用频率响应曲线来说明。一只优质电动式话筒的频率范围为30Hz～17KHz。

(4) 信号噪声比（S/N）

动圈式话筒的灵敏度为0.1mv/0.1帕，当在1米距离讲话时，到达振膜的声压为0.1帕；此时传声器输出信号为0.1毫伏。若此时传声器的内在噪声电压为0.8微伏，则信噪比为：

$$S/N = 20\lg\frac{0.1 \times 10^{-3}}{0.8 \times 10^{-6}} \text{（分贝）}$$

一般优质电容传声器的S/N值为55～57分贝。

（5）最大容许压级

以传声器产生 0.5% 谐波畸变时的声级作为最大容许声压级。高质量传声器的最大容许声压级可达 135 分贝。

（6）隔振能力

传声器与支架之间、内装芯件与壳体之间的隔振能力。

（7）瞬态响应

瞬态响应指传声器对脉冲型声波的跟随能力。由于方波信号是一种典型的瞬变信号，所以常常用一个方形声波信号来激励传声器，然后用电子示波器来观测传声器输出信号的波 形，从而判断它的瞬态跟随能力。

由于电容传声器的振动系统质量小，因此瞬态响应较动圈式传声器为好。

4. 传声器与前级放大器的配接

（1）传声器额定阻抗的选择

传声器额定阻抗可分专业级低阻抗和民用级高阻抗。专业级低阻抗传声器的额定阻抗为 150~200 欧，对地平衡输出、抗干扰能力较强，可配用较长的（＜50 米）话筒线。但输出电压低。

民用级高阻抗传声器的额定阻抗为 20~47 千欧，对地不平衡输出。优点是输出电压高，但容易产生交流声或外界干扰，高频损失大，话筒线不宜超过 10 米。

（2）前级放大器的允许输入动态范围

近代音乐的动态范围很大，某些演奏片断的最高声级可达 130 分贝，这样传声器的输出电平的动态范围也相应增大，所以要正确选取前级放大器的允许输入动态范围。

现代的调音台一般有电位器微调，可以不再区分"话筒输入"与"线路输入"，而使每一路输入都能在 −70dB ~ +20dB 之间切换。

（3）平衡与不平衡式连接

平衡式电路要求传声器与前级放大器的两根芯线都不接地，成本高、不易受干扰，故专业级设备普遍采用，即采用双芯屏蔽电缆，并配以三接点的"卡农"插头插座。如图 1 −20（a）所示，其中 2 脚为"热端"，3 脚为"冷端"，1 脚为接地端。卡农插头带有机械自锁装置，插上后不会脱出，工作可靠，但价格较昂贵。对民用传声器为了减低系统造价，通常采用对地不平衡式电路，就是前级放大器输入端是单芯输入线，另一端接地，并使用 6.3mm 的插头插座。如图 1 − 20（b）所示。图 C 是"卡农"插头与 6.3 毫米插头两种插头互换连接方法。

5. 传声器的使用和维护注意事项

（1）传声器的使用

①传声器近讲效应的利用与抑制

具有一定灵敏度的压差式传声器（如 8 字形，超心形，锐心形）作近距离使用时，对低频具有提升的作用，称为传声器的"近讲效应"或"近距效应"，也称近区效应或邻近效应。声源距传声器一米左右开始出现近讲效应，距离越近越明显，有些传声器其低频部分较弱，我们可以利用近讲效应对低音进行补偿，使音质得到改善。当低频稍有增加时，声音的"温暖感"、"柔软感"和"亲切感"会增加，但清晰度会降低。所以当演唱抒情歌曲或演播抒情广播剧时，常常将传声器放在嘴边拾音，充分利用近讲效应。与此相反，对于那些低音特性好的传声器来说，近距离拾音时，近讲效应会使低音得到过分的加强，使声音发厚、有力，音质变得不真实，如果拾取的是语言，将使话语变得不清晰，这时需要衰减信号的低频分量才能获得好的效果。因此，若作慷慨激昂的演说，或为了提高语言的清晰度，则传声器宜离开头部 20～30 厘米左右。

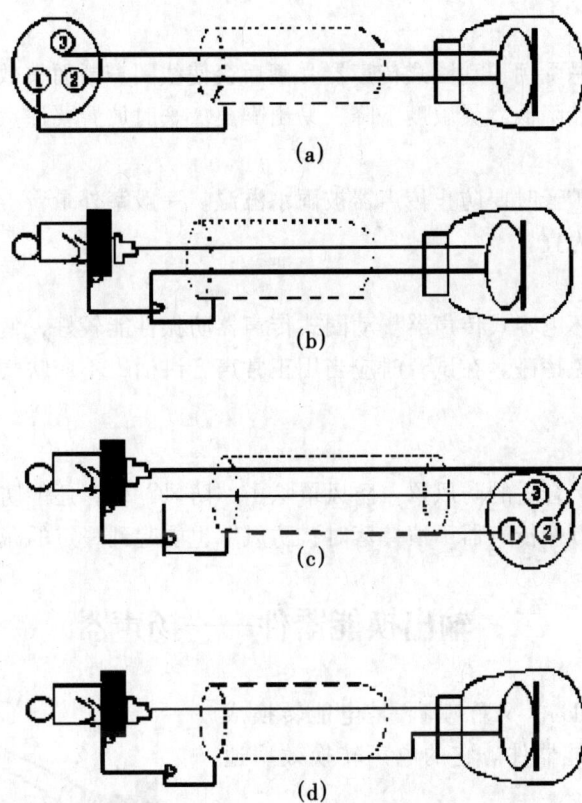

图 1-20　平衡与不平衡式连接

②传声器的指向特性及利用

传声器的指向特性是由声波接收器的特性决定的。指向特性又称方向特性，接收器的指向特性是指接收器对不同方向声波的接收特性。对压力式传声器来说，当声波接收器的尺寸与声波波长相比十分小时，其声与力的变换因子等于振膜的等效面积，也就是说传声器的灵敏度与声波的入射角无关，即压力式传声器没有指向性或全指向性。

对压差式或复合式传声器来说，由于它们的灵敏度是声波频率和入射角度的函数，即与频率和入射角度有关，所以它们都是有指向性的，并且路程不同，指向性也不同。因此，在使用传声器时，要考虑声源的位置和方向，充分利用好传声器的指向特性。

③正确选择传声器

各种类型的传声器各有优缺点，适用于不同的场所和不同的声源，选用时要注意"功能价格比"。有些高级话筒要求有高级的环境条件，歌舞厅面积小的只需使用有线话筒，价格低廉且稳定可靠。几百平方米的大歌厅才有必要用无线话筒。乐器如吉它一般采用动圈话筒，爵士鼓可用动圈或电容话筒，而小号、萨克管和弦乐器则多采用电容话筒。

（2）传声器的保养与维护

①防潮

各种传声器都最忌受潮。动圈式传声器受潮后会使线圈霉断而失效；电容式传声器更怕受潮，极头绝缘性能降低，灵敏度下降、易出噪声。平时放置要注意干燥，电容话筒不用时要取出电池。

进行室外录音、扩音时要防止传声器被雨水淋湿。一般室外录音、扩音还是使用防潮性能较好的动圈话筒为宜。

②防振

强烈振动极易损坏电容式传声器。动圈式传声器防振性能较好，使用传声器应尽量减少强烈振动，更应避免摔碰。在试音时应当用正常声音讲话，不应吹气，更不能敲击，以免损坏振膜。

③防风和防尘

传声器一般要戴上合适的防风罩。防风罩除了"防风"外，还能防尘、特别是防止磁性颗粒进入传声器。万一传声器不慎摔落时，防风罩也能起到一定的减振作用。

二、输出换能器件——扬声器

扬声器（Loudspeaker）又称喇叭，是电能转换成声能的重要的电声换能器件。它的电声转换效率通常仅为 5% ~ 15%。

1. 扬声器的种类

目前大量使用的是电动式扬声器，按不同的结构和换能效率来划分，可分为纸盆式扬声器、球顶式扬声器和号筒式扬声器。

①纸盆式扬声器，如图 1 - 21 所示。

当音频电流通过扬声器音圈时，音圈中就产生了随音频电流变化的磁场，音圈磁场与扬声器本身

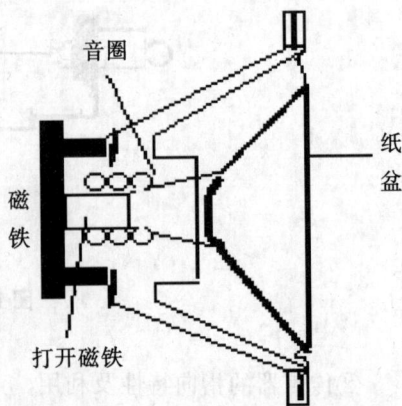

图 1 - 21　纸盆扬声器结构示意图

音圈
磁铁
打开磁铁
纸盆

永久磁铁的磁场之间发生相斥或相吸的相互作用，从而产生音圈振动，音圈振动带动扬声器纸盆振动发出声波，完成电声转换。一般低音用扬声器的口径为 16～45 厘米，中音用扬声器口径为几厘米－10 厘米，高音用扬声器为几个厘米以下。纸盆边缘的材料对扬声器的放声特性有很大影响，特别是对扬声器的顺性（弹性系数的倒数）和低音频响等关系重大。目前，常用的低音扬声器的边缘材料有橡皮、布和尿素泡沫塑料等多种，用以上材料作纸盆边缘的扬声器比纸边的低音扬声器放音性能要好，只需较小的口径即可获得大口径纸边扬声器的低音效果，但它们的电声转换效率较低，需要增加功率放大器的输出功率。

②球顶形扬声器

球顶形扬声器主要作为中、高音扬声器使用。其振膜是球顶形，振膜靠定型支片支撑，如图 1－22 所示。其工作原理是电动原理。这种扬声器振膜的口径与重放声音的波长之比越小，则声音的辐射范围越宽；此比值越大，声音辐射的指向性越强。由于球顶形扬声器的振膜为半圆球形，所以对加宽声音的辐射范围有利。这种振膜必须轻而薄且具有一定的强度，一般产品用铝合金泊制成，高级产品用钛箔或铍箔制成。

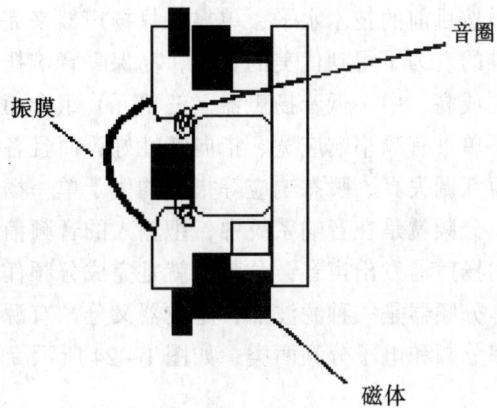

图 1－22　球顶扬声器结构示意图

球顶形高音扬声器的音质很好，纤细柔和，指向性也好，是高质量的家用音响系统常用的高音单元，但灵敏度低，功率不高，不适合厅堂扩音。

③号筒式扬声器。

号筒式扬声器由发音头（激励单元）和号筒两部分组成。工作原理同纸盆扬声器。与其他类型扬声器相比较，其电声变换效率非常高，比纸盆和球顶形扬声器的效率约高 10 倍以上，如图 1－23 所示。

号筒式扬声器的频率特性和指向性主要决定于锥形号筒的形状。主要作为高音用，它的效率比较高，但音质不如球顶形纤细、柔和，主要用于公共场所的扩音。

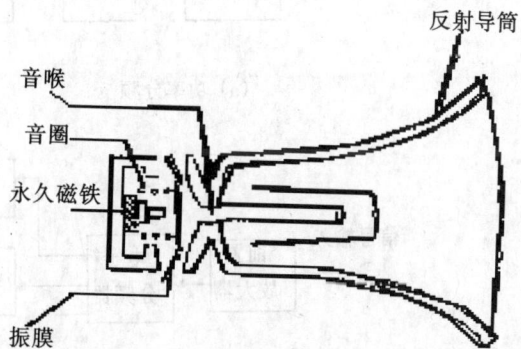

图 1－23　号筒式扬声器结构示意图

2. 扬声器的主要性能指标

①标称阻抗：扬声器铭牌上所标注的阻抗值是指扬声器工作在 400 赫频率下所测得的

交流阻抗。

②额定功率：是指扬声器在长时间连续正常工作条件下允许的输入功率，也称标称功率。

③频率特性：是指扬声器对各种频率电信号转换成声信号的能力。有低音、中音、高音等扬声器。

④效率：扬声器效率是指输出声功率与相应的激励电功率之比，一般只有百分之几到十几，很大一部分电功率转化为无功功率而损耗。

3. 扬声器组合与分频器

按目前的技术水平，单靠一只扬声器来完美地重放整个音频频段的声音信号，是相当困难的。为了得到优美的音质，高保真音响扬声器系统通常都由高音和低音扬声器（两单元）或高、中、低音扬声器（三单元）组合而成，称为多路分频扬声器系统。这种组合方式不单具有频率响应宽、指向特性好，而且各单元都只在能发挥本身特长的频段内发音，因而互调失真、瞬态响应等指标均优于单一扬声器。

分频就是在音响系统中，把输入的音频信号分成两个或几个频段，分别传输到相应频段的扬声器发出声音，分频器就是完成分频任务的电路或有关装置。

分频器是一种滤波器，滤波器又分"有源滤波"和"无源滤波"。因而相应的分频有功率分频和电子分频两类，如图 1 - 24 所示。功率分频是在电路的功率放大级之后，通过

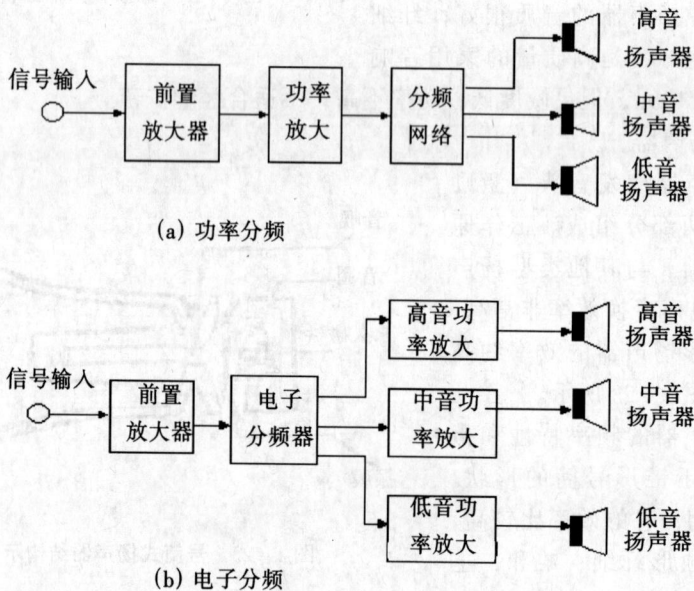

(a) 功率分频

(b) 电子分频

图 1 - 24 两种分频电路

26

高通、带通、低通滤波器，把高、中、低音信号分别传输到相应的扬声器中去。目前功率分频多采用 LC 无源网络，它的优点是在分频以后，各单元分别工作在较窄的频率范围内，这对抑制扬声器的互调失真甚为有利，能使音质得到改善。LC 无源网络可以独立于有源系统而和音箱装在一起，使用起来很方便。这种无源分频器的缺点是：分频器中的电感线圈不但体积大，而且其直流电阻串接在扬声器的低阻抗电路中会增加放大器输出功率的损耗，并加大功放内阻，降低放大器的阻尼系数。尽管如此，由于它有上面提到的优点，而且制作工艺较为简单，因此，一直用作功率分频器。

电子分频也叫前级分频，一般采用 RC 有源网络来完成。电子分频器要用到至少两套相互独立的功率放大器来分别推动各自的扬声器。电子分频的优点是：由于功放与扬声器直接耦合，故可以减少扬声器以及放大器的互调失真；同时，因为分频滤波器的负载是放大器，所以其负载阻抗容易固定，这样就使其滤波特性容易达到设计的要求。电子分频的缺点是使得放大器的级数增加，电路变得复杂，增加了调试的难度，成本也提高了。但高质量的放声系统常采用这种分频方式。

4．新型扬声器简介

几十年来，人类使用的扬声器清一色是根据电动式的原理设计制作的。最近几年由于新材料的发现和应用，各种新型扬声器不断推出。

①采用信号处理系统的扬声器。这类扬声器采用的信号处理器基本上是一个均衡器，该均衡器使用了先进的 DSP 技术、抽取与内插以及采样技术，在对声场分析的基础上，用均衡器来调节扬声器的频响曲线，达到在不同的场合均能实现高保真重放的目的。

②无极性扩散的 BES 扬声器。该扬声器属电动式原理的变种，其振动膜片是用经过特殊处理的聚丙烯片基构成的，具有一定的几何形状，经激励振动时，是在膜片内部以波状行进而引起空气振动，声波无指向扩散。该扬声器是全频带单元。

③离子扬声器。它是一种无振膜扬声器，具有一个被金属网包围着的针状电极，对它施加 2000V、27Mhz 高频电压后，利用电晕放电，电离气体，调制信号可改变离子云的温度，产生膨胀和压缩，实现声重放。这种扬声器的重放声压级可达 114dB。

④数字扬声器。1bit 数字扬声器的数字音频转换系统主要分为三个部分。第一，从多比特到 1bit 的转换，将来自数字信号源的多比特数字音频信息经高次 $\Delta\Sigma$ 调制变成 1bit 数字信号。第二，对上述 1bit 数字音频信号作与原模拟信号电平相对应的 3 态化处理，以获得 0、+1 和 -1 三个开关控制信号。第三，利用 3 态信号对恒定电压进行功率开关操作，产生并输出驱动音响转换器的强力脉冲信号，推动振膜板，进行高保真重放。

⑤光学扬声器。这种新型扬声器也称为弧光发声扬声器，它是靠光发声。该扬声器基于弧光在通过置于惰性气体中的两电极之间时，其弧光长度可变的效应。由放音系统输出的电信号控制弧光的长度，也就是说弧光在惰性气体中产生振动从而发出声音，与此同时弧光束的颜色也将发生变化，因此弧光扬声器的振动发生将产生一种视觉效果。这种扬声器是无方向性的。

⑥透明薄膜扬声器。这种扬声器是用一种透明度较好的高分子薄膜材料制成的扬声器，可把它附在电视机的荧光屏上取代机内扬声器。该透明薄膜扬声器是由两种新材料即

透明压电材料和透明导电性薄膜材料组成的。透明薄膜扬声器是把上述材料应用于声重放的一种新产品，它靠透明导电薄膜把信号传递给透明压电材料。

第六节　广播电声网络系统

一、录音棚

在录音棚中录制节目是广播电视系统工作的主要任务之一，节目的类型多种多样，特别是录制那些质量效果要求很高的节目内容，例如广告节目，它不仅对语言要求极高，而且涉及到大量的音响效果：音乐、动效，甚至要创造出魔幻声音效果，以出奇制胜的音响使观众、听众有身临其境之感，一听不忘，达到事半功倍的效果。录音棚的主要配置设备有：调音台、录音机、混响器、监听（主监听和辅助监听）以及传声器等构成。

1. 调音台

调音台（Audio Console）或称"混音台"（Mixer），是现代声频技术必不可少的重要设备之一，被誉为专业声频系统的"心脏"。以它为中心，联结各种信号源设备（如传声器、电子乐器、模拟及数码唱机、收音机、录音机、录像机及镭射影碟机的伴音等）也可联结声频处理设备（如延时器、混响器、限幅器以及均衡器等）和声频输出设备（如录音机、功率放大器等）。调音台将声频信号进行调节、加工和处理，使音响的效果达到高保真度和合乎艺术上的要求。

（1）调音台的分类

从内部音频信号是以模拟还是数字信号方式来看，可分为模拟调音台和数字调音台两大类。

按其使用形式分为固定式、半固定式和便携式；

按其用途可分为录音调音台和扩音调音台（后者包括卡拉 OK 调音台）等；

按其使用场所的不同，可划分的种类很多：如录音棚用的大型专业录音调音台；剧场、音乐厅用的大型专业扩音调音台；现场采访或实况转播用的中小型移动式或便携式调音台；歌舞厅用的中小型娱乐级扩音调音台；卡拉 OK 歌舞厅专用的 AV 混音控制台以及家用的卡拉 OK 放大器、卡拉 OK 伴唱机等。

（2）调音台的主要功能

①放大：录音或扩音系统中来自话筒、唱机、CD 机或卡座等的音频信号的电平很小，必须加以放大。在放大过程中又必须对信号进行调节和平衡处理，故电平经放大后可能又要对其适当地加以衰减，然后再进行放大，最后达到录音机或扩音机所需要的电平。所以调音台的首要功能是将不同节目源按要求进行放大。

②混合：调音台输入的声源种类很多，其中传声器的数量就达十几只甚至几十只；此

外，磁带录音机的放音、模拟或数字激光唱机、收音机以及各种辅助设备（如混响器）和放大器的输出等都输入到调音台来，调音台要对以上这些输入信号进行技术加工和艺术处理，然后混合成一路（单声道）或两路或四路立体声输出。这是它最基本的功能，因此，调音台也叫做"混音台"。

③分配：音频信号输入至调音台后，要将信号依照不同的需求分配给各电路或设备。

④音量控制：不论输入或输出，都要控制其音量大小，以达到音量平衡。在调音台里，音量控制器习惯上称为衰减器（FADER）。

⑤均衡及滤波：尽量提高音频信号的质量，以达到频率平衡这一基本要求。

⑥压缩与限幅：调音台的声频输入信号由于不同声源的电平和动态范围（Dynami-crange）不一，电声器件也会导致信号的非线性失真。所以有些调音台还专门为了平衡动态范围的目的而设置"压缩和限幅器"（Compressor/Limiter）。

⑦声像方位：两路或四路主输出的调音台都设有"声像方位电位器"（Dynapot），它用于录制立体声节目，特别是采用"多声道方式"时，因输入信号的声源并没有明确指定其所在位置，需要按照该声源习惯方位或依据乐曲艺术要求而分配"声像方位"（Panora-ma）。

⑧监听：所谓"监听"是专指聆听经过调音台技术处理和艺术加工之后调音台输出的混合信号。

⑨测试：调音台上必须设置音量（VU）表，以便协同听觉监听，并以视觉对瞬时变化的音频信号电平进行监测。

⑩通信及对讲：在分设播音（演播）室及调音（控制）室进行录音或播音时，两室之间必须能用光信号联络通信和相互对讲联络，才方便工作。

以上所述的十种基本功能，并非所有的调音台都具备，而是依调音台的不同档次和不同用途而定。

2. 录音机

录音棚中的录音机主要是用于记录声音信号的电器设备。在过去几十年录制的广播节目中，广播电台一直使用模拟开盘磁带录音机。最近几年，随着数码技术的发展和成熟，我们的广播节目制作逐渐从模拟向数字方向过渡。现在的数字音频工作站在广播电视系统中已经普遍使用。

3. 辅助设备

混响器、压缩器与激励器是主要的辅助设备。这是考虑到录制的节目类型繁多，语言动态范围比一样。例如，广告语言动态太大，同时它有自己的独特性，故采用了压缩器与激励器相结合的形式，使声音达到浓厚细腻，声声入耳。

适当地运用混响器，除了可以美化歌声，增加乐队群感以外，还可以用短混响，中高频提升的方法，使语言更加清晰，进一步增强声音的感染力、穿透力。

4. 监　听

监听装置的完善，对于一个录音棚来说也是相当重要的，它能够及时地聆听录制节目的质量，以便处理和调节。

5. 传声器

传声器是录音的第一道关口，它直接决定了整个录音制品的质量和成败。

二、香港回归报道技术方案简介

1997年香港回归，举世瞩目。为满足宣传工作需要，中央人民广播电台专门设计如下技术方案。

1. 总体方案

香港回归宣传报道是以北京为中心、以香港为重点、国内八大城市庆祝活动为衬托，辅以中央台驻国外记者现场报道的大规模的实况广播。其系统框图见图1-25所示。

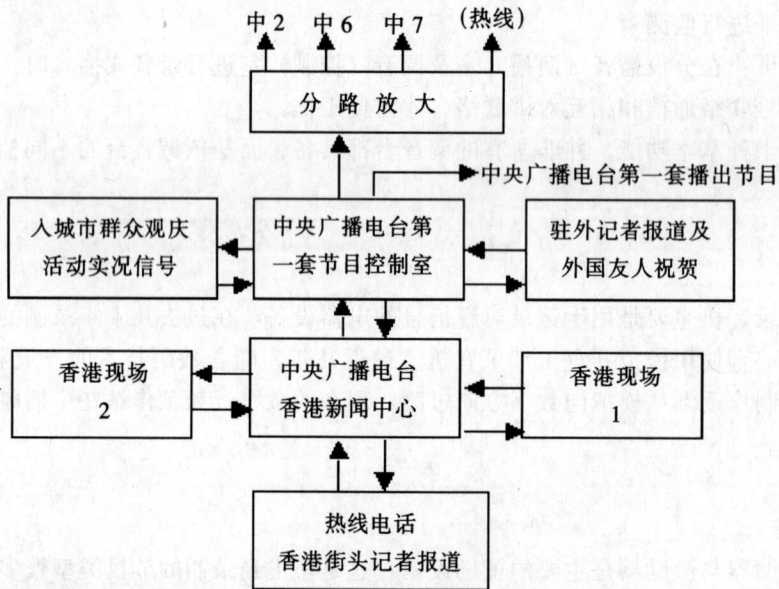

图 1-25　系统传输框图

①北京为中心：北京是中央人民广播电台控制中心所在地，负责各地信号的汇集、编排。直播信号经导播实时编辑，在主持人的串联下播出，同时还将播出信号返送到各转播现场。

②香港为重点：香港是事件发生的地点，中英政权交接仪式、中英防务交接仪式、中国人民解放军进驻香港，三件大事同时发生在 1997 年 7 月 1 日零点香港不同地点。接下来就是香港特区政府宣誓就职仪式以及中央政府的庆典和特区政府的庆祝酒会。为了体现广播新闻的时效性，以上各项活动都采用实况转播的形式进行报道，同时穿插记者在香港街头的即时采访，从而立体的、全方位地报道了香港回归盛况和香港人民庆祝回归的热烈场面。

③八城市为衬托：在北京、南京、广州、重庆、东莞等八个城市中，中央台的记者于地方台的记者联合对群众庆祝活动进行现场采录，并将信号用微波或电话线路送回中央台，经实时编辑播出。

④中央人民广播电台驻海外记者也将在当地实时采访的信号及外国友人的祝贺用电话线路传回北京，经实时编辑播出。

2．香港临时新闻中心的建立和作用

考虑到香港回归报道工作的场地多、规模大、时间长、远离电台播控中心的特点。中央台在香港建立一个临时新闻中心。新闻中心的功能就是融指挥、节目制作、节目重放、信号汇集、信号分配、节目直播和信号传输为一体。其播控系统及信号流程如图 1－26 所示。

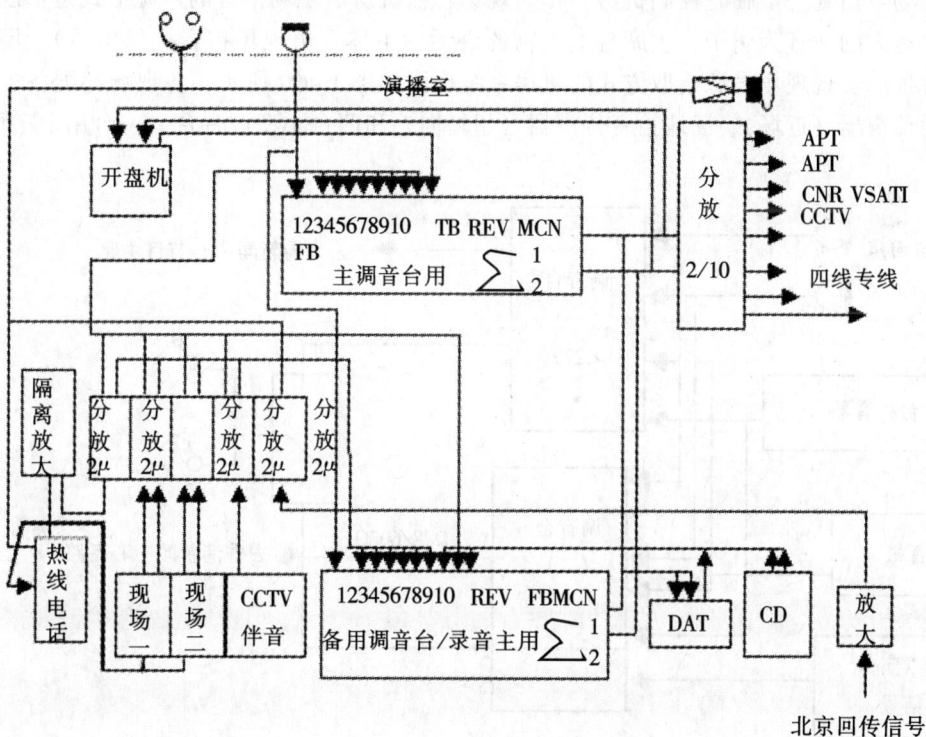

图 1－26　新闻播控中心系统及信号流程图

(1) 基本设备配置情况

配置两个调音台,一台做播出主用,另一台做节目录制主用兼播出备用。根据记者外出采访所用设备的不同和节目制作、节目重放和调试线路的需要,配备了开盘录音机、卡座(除了各现场直播信号外,平时的专题节目都是录制到开盘带或盒带上进行回传的)、数码机和激光唱机等,为节目分配和采用无线电话进行现场直播,配备了分配放大器、电话耦合器,另外还有用于联络及节目传输的四线制电话专用放大器等。

(2) 新闻中心控制室广播节目的汇集及传送

每个现场送回的实况信号和热线电话及卡座、CD 机、开盘机的输出信号首先经过分路放大器,再分别送入主备调音台。

在正常播出节目信号时,为防止两个调音台的输出出现差拍,备用通常是关闭的。信号由调音台输出送入分路放大器,将信号分别送入香港至北京的四条不同的传输通道上。直播以外的其他专题节目也是以这种方式传回北京的。

北京回传的播出信号经放大、分配后分送各现场、中心控制室导播人员、技术人员和演播室中的主持人进行监听。

3. 现场实况转播节目信号的生成与传输

(1) 现场信号的生成

在现场申请到一个临时控制机房,作为现场转播机房。现场拾音的声源形式是:以现场节目主持人的声音为引子,主席台上人物的讲话为主体(由现场扩音提供信号),场地实况为背景。实现现场声源拾取方式的机房系统框图如图 1-27 所示。各现场都配备了主持人直播传声器(近场)、场地拾音传声器(超指向)和两台小型调音台。一台用于三种

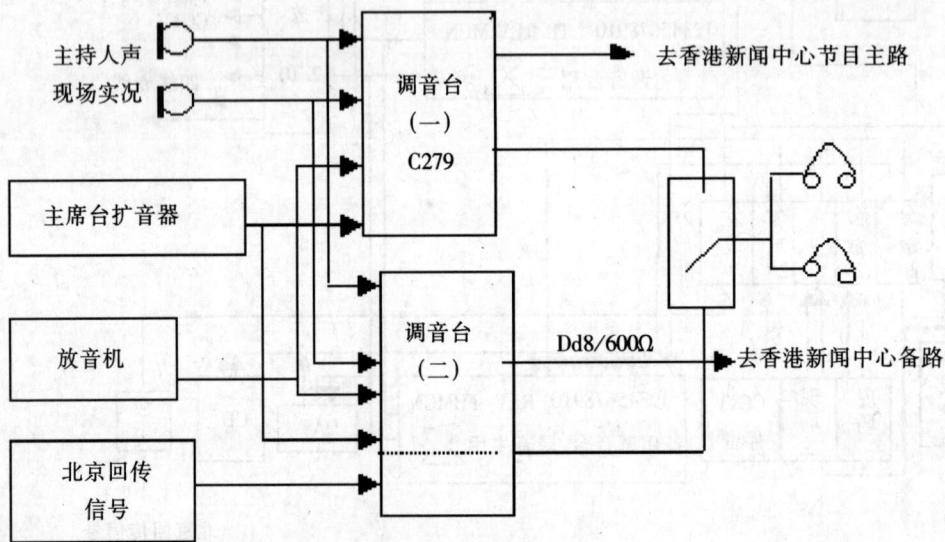

图 1-27 现场广播节目生成与传输

声源的混合生成节目并将节目送出，另一台为备用，主要用于接收中心返送的播出信号。两台调音台的输出配有监听耳机，主持人或导播收听返送回来的播出信号，便于掌握节目进度和变化，一旦通讯指挥失灵，导播或主持人可采取相应的应急措施。技术人员监听并调整现场传回中心的播出信号。

（2）现场信号的传输

中央台租用香港电讯的音频线路，作为信号传输通路。每一个现场到中心有三条音频线，两条用于现场广播信号向临时新闻中心的传输（一主一备），另一条用于临时新闻中心向现场回传北京的播出信号。

4．香港至北京的信号传输

为了保证信号高质量又安全地传回北京，中央台采用了不同的传输路由和不同的传输方式。4条传输通路构成了香港至北京的可靠节目传输网。如图 1－28 所示。

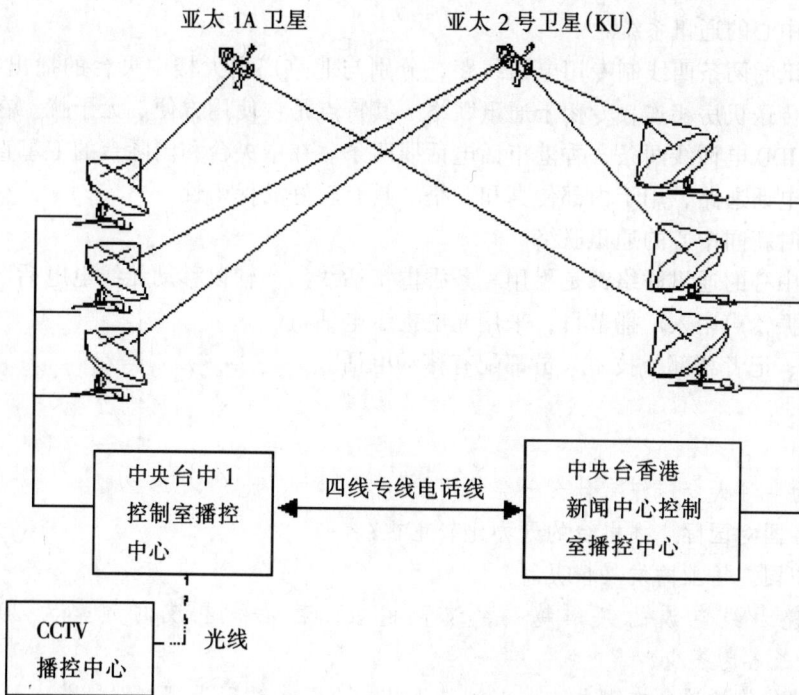

图 1－28　广播节目的传输通路图

（1）有线传输

租用香港电讯四线制电话专线一条，进行双向节目传输。香港至北京为正传，北京至香港为回送。两个不同方向的输入、输出由调音台的独立的对应输入、输出放大，再送出或送监听。

（2）卫星传输

采用亚太卫星公司的亚太1A卫星，C波段传输，信号从香港大浦卫星地面站上星，在北京广播大楼落地。

随中央电视台信号伴音进行传输，通过亚洲2号卫星Ku波段传输，信号在北京中央电视台落地，再经过光纤将信号送回广播大楼。

广电部广科院设计提供一套卫星直播系统，中央台和国际台在香港建立一个卫星上行站，通过亚洲2号第五转发器，垂直极化、Ku波段传送，信号在北京广播大楼落地。

以上三条传输通路在香港的地面信号传输，都是通过租用香港电讯音频线路，将临时新闻中心送至各卫星上行站的。

5. 通讯联络系统

在实况转播工作中，通讯联络系统是指挥系统正常运行的保证。只有指挥系统的指令通达，才能保证整个转播工作的协调一致，正常进行。通讯系统与节目传输系统同等重要，在通讯系统的建立上，中央台也采取了多种手段。

①临时新闻中心的通讯系统

租用香港电讯的两条四线制专用电话线路，分别与北京广播大楼中央台的播出机房、指挥中心和节目传送机房相连，专用于通讯联络。其特点是：使用方便、无干扰。在临时新闻中心还租用IDD电话线两条，香港市话电话线四条。在中央台和国际台的卫星直播系统中配置了两条电话通路，用于内部传真和联络，具有较好的保密性。

②现场与临时新闻中心的通讯联络

每一现场与中心的通讯联络都是租用一条香港市话线路，辅以移动无线电电话。为防止有线电话机的振铃声串入广播节目，采用光电提示电话机。

③每位编辑、记者和部分技术人员都配有移动电话。

思考题：

1. 广播作为一种大众传媒有什么社会作用？
2. 为什么各国对国际广播电台的开办比较重视？
3. 试谈谈中国广播业的发展情况。
4. 为什么说无线电波的频率越高，波长越短？若无线电波的频率为300kHz、300MHz，它的波长各为多少？
5. 无线电波的传播途径有哪些？它们的特点是什么？各适用于哪些波段？
6. 为什么在无线电广播中要进行调制和解调？
7. 中波广播波段的波长范围为187～560米，规定两个相邻电台的载波频率至少相差9KHz，问在此波段中最多能容纳多少个电台同时广播？
8. 画出无线电电波发射和接收的工作原理方框图，并指出各部分的作用？
9. 调制的实质是什么？调制有哪几种方式？
10. 什么叫信号的频谱？什么叫带宽？
11. 简述调频广播与调幅广播的异同点？

12. 超外差接收机为什么要利用变频器? 我国规定调幅和调频广播的中频分别为多少?

13. 试画出超外差调幅和调频接收机方框图, 并标明各环节相应的信号波形。

14. 接收机的主要性能指标有哪些? 它们分别指的是什么?

15. 人耳是靠什么因素来判别声源方位的?

16. 如果把单通道信号分为两路, 用两只扬声器放音, 有没有立体声效果? 为什么?

17. 调频立体声广播有什么特点? 对调频立体声广播有什么要求?

18. 我国采用的调频立体声广播的制式是什么? 画出它的发射系统方框图, 并简述它的工作过程? 立体声复合信号包括哪几部分?

19. 调频立体声接收机与调频单通道接收机有什么区别? 试画出调频立体声接收机方框图?

20. 为什么在调频立体声接收机中去加重电路不能紧接在鉴频器之后?

21. 什么是传声器? 有哪几种类型? 各有什么特点?

22. 传声器的技术指标有哪些? 有什么意义?

23. 简述动圈式传声器的工作过程。

24. 简述电容式传声器的工作过程。

25. 什么叫驻极体电容式传声器? 有什么特点?

26. 什么叫无线话筒? 它在使用中有什么好处?

27. 传声器与前级放大器怎样才能达到正确配接?

28. 传声器的使用要注意哪些事项?

29. 扬声器是什么? 有哪几种类型? 各有什么特点?

30. 扬声器主要性能指标有哪些?

31. 什么是分频器? 常分为哪两类, 各有何特点?

32. 为什么要进行扬声器组合?

33. 录音棚的主要设备有哪些? 并说明它们各起什么作用?

34. 从内部音频信号工作方式分调音台有哪几种? 它们之间有何区别?

35. 结合香港回归报道系统的技术方案, 谈谈现代广播技术的特点。

第二章 音像信息存贮技术

内容提要

音像信息存贮技术将人类活动过程中的音像信息进行采集和保存，进行加工处理和重现，使得这些音像信息传播得以永远"活"下来。音像信息存贮技术近几十年来发展迅猛，新材料、新方法、新技术层出不穷，各种各样的音像制品琳琅满目。本章主要论述的是现代信息存储技术中影响最大、应用范围最广或发展前景广阔的机械刻纹信息存贮技术、光学存贮技术、磁记录技术、激光刻录技术以及全固态信息存贮技术的特性和实现方法，并分别阐明它们的产生发展过程、应用领域，对它们的优势和局限性也加以一定程度的说明。

第一节　机械刻纹记录

机械刻纹录音的方法是人类最早发明用来存储声音信息的方式。它是用机械方式把声音信号记录在唱片上，唱片上的声音信号可以通过电唱机拾取出来，还原出声音。

一、机械刻纹装置的发明

世界上最早的录音装置是 1877 年爱迪生（T. A. Edison）发明的。它将声波变换成金属针的振动，随之将波形刻录在圆筒形蜡管的锡箔上。当针再一次沿着刻录的轨迹行进时，便重放出爱迪生刚刚朗诵的诗句："玛丽抱着羊羔，羊羔的毛像雪一样白……。"这一发明令全世界惊奇。当时电话的发明者贝尔也热心地从事过留声机的研究，但爱迪生和贝尔的留声机均是圆筒形，唱针作上下运动。美籍德国人贝利纳于 1888 年发明圆盘式留声机，唱针按照波纹左右滑动，并且研究成功唱片复制方法。1899 年起，胜利公司开始使用紫胶树脂材料大量生产唱片。进入 20 世纪，随着收音机研究的进展，各种原理的话筒（麦克风）和喇叭（扬声器）等技术也很快应用于唱片的录制。1931 年，密纹唱片研制成功，原来唱片转速为每分钟 78 转，密纹唱片每分钟 33.5 转，大大延长了播放时间。由于氯醋共聚树脂材料代替了紫胶树脂，唱片的颗粒变细，微小的振动也能录制下来，这样高保真的效果得到进一步保证。50 年代末，立体声唱片在国际市场上出现。

二、机械刻纹录音原理

机械刻纹录音就是利用声音的变化驱动刻纹刀，在蜡盘或胶片上以尖刀刻纹的方法记录声音的过程。直刻唱片的声频系统如图 2 – 1 所示。声频信号记录在蜡盘或胶片上以后，

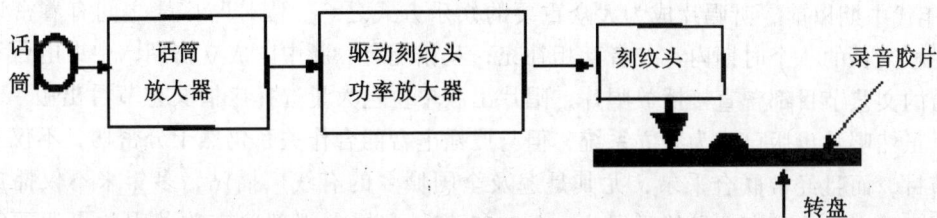

图 2 – 1　直刻唱片的声频系统

还要由它铸出铜模，然后再用塑料压制出千万张唱片。由于现代唱片刻纹技术的发展，使

得电唱放音的效果在失真度、频率特性、动态范围、信噪比等项指标都超过了磁带录音机，因而获得了新的生命力。但是由于制片工艺比较复杂，因此一般情况下用户不能亲自动手录制唱片，影响了电唱片的进一步推广，但是它在音像信息存贮技术中占有一席之地。

三、唱　片

唱片就是用机械刻纹录音的方法以音槽形式记录有声音信息的载体。唱片按其音槽的距离，分为普通唱片（音槽较疏，每厘米 33～42 槽，每分钟 78 转）和密纹唱片（音槽较密，每厘米 92～105 槽，每分钟 45 转，33.3 转，16.7 转）两种。目前，市场上出售的绝大多数是每分钟 33.3 转的密纹唱片。

唱片材料有胶木和塑料两种。一般唱片都很薄，受热、受潮易变形。存放时，应将唱片装入纸袋内，最好平放在通风、阴凉和干燥的唱片柜中，注意放置时相叠的片数不要太多，胶本唱片不要超过 10 张，塑料薄膜唱片以不超过 20 张为宜。唱片应保持清洁，唱片槽内积有灰尘，不但容易磨损，而且还会产生杂音。唱片在放音前，应先用绒布或软刷沿音槽轻轻揩去表面上的尘土，但不能用水洗刷，必要时可用毛刷蘸上汽油或酒精沿槽纹轻刷，刷后平放在木板上晾干，以防止干后变形。唱片存放柜不要用樟木制作，也不要在柜内存放樟脑、丙酮、香蕉水等化学物品，以免腐蚀和损坏唱片，影响唱片的使用寿命。

四、唱片在中国

20 世纪初唱片传入中国。1908 年，法国商人在上海开设了百代唱片公司。30 年代，美国和日本商人在上海联合经营胜利唱片公司。此外还有中国商人合资经营的大中华唱片公司。中华人民共和国成立前，有工厂设施的唱片公司只有三家。据统计，从 1908 年到 1949 年，全国共出版粗纹唱片约 60 万张。1954 年，完成了对旧唱片业的改造，形成了在中央广播事业局统一领导下的唱片编、产、销专业机构。为了更好地发展唱片事业，中国唱片社于 1958 年正式成立。在新技术开发上，1958 年 9 月，密纹唱片正式投产；1968 年，薄膜唱片研制成功投产；1980 年，立体声唱片正式投产。中国唱片内容丰富，品种多样，在 80 年代中期以前，听唱片成为大众重要的娱乐方式之一。唱片与广播之间有着密切联系，在相当长的一个时期内，二者互相补充，互相配合。新中国成立初期，中央电台和各地方台的文艺节目都曾直接播放唱片，唱片出版单位也大量选择广播文艺节目出版。1958 年后，虽然唱片出版已成为独立系统，但与广播电台的合作关系仍然十分密切，不仅互相提供节目，而且经常联合采录，尤其是遍及全国城乡的有线广播站，多年来不仅播放唱片，而且把它作为贮存节目的手段之一。1982 年，广播电视部决定改革唱片事业的管理体制，将以往供、产、销分割的机构——中国唱片社、中国唱片厂、中国唱片发行公司合并为一个机构，于当年 11 月 15 日成立了中国唱片公司（后改称中国唱片总公司）。这一体制上的改革，加快了中国唱片事业的发展，当然，准确地说，是在新技术条件下，加快了录音录像制品的发展。机械刻纹记录的唱片，在 80 年代中期以后，开始走下坡路，代之以录音带、激光唱盘的全面兴起。但唱片在记录、传播和保存文化艺术及其他门类声音资料方面，作出了特殊的贡献。

第二节　感光录音技术

我们在欣赏电影时，不仅受到影片画面吸引，还为电影声的震撼效果所陶醉。影片是一种胶片，画面是由摄影机拍摄，通过感光片感光取得的，电影声同样也是靠感光来记载的。

一、感光录音基本原理

感光录音（也称光学录音）是电影制作中在感光胶片上记录声音的方法。声波通过电声器械，在光调幅器的作用下，转换成有强弱和大小变化的光束，使恒速运行着的胶片曝光，经过洗印加工，即印成光学声带。影片放映时，声带经过放映机的发声装置，受到光的照射，由光敏换能装置产生光电效应，通过放大器，还原出声音。

光学录音有两种形式：一是定密式光学录音；另一是变密式光学录音。

1. 定密式光学录音

定密式光学录音，也称变积式光学录音。声音通过电声器械，在光调幅器作用下，转化为光照射于声带上；光的强度恒定不变，但胶片上受光的面积由声音变化的调制，曝光后经显影可在胶片上呈现密度不变、宽窄变化的波浪形条纹声迹影象。

调节声带面积的方法为：在电磁铁中悬挂一载有反光镜的线圈，使反光镜反射的光束对准声带片曝光窗孔。来自传声器的电流使电磁铁磁场内的线圈发生偏转振动，从而改变反光镜角度，控制窗孔受照射的面积。现多采用紫外光代替白光使声带曝光。

2. 变密式光学录音

变密式光学录音，就是声音通过电声器械，在光调幅器的作用下，转化为光射于声带片上。光的照射面积不变，但光的强度受声音变化的调控，声带片曝光显影后，可在胶片上呈现宽度不变，而密度浓淡变化的声迹影象。调节声带密度的方法有两种：

①辉光灯法：从传声器输出的电流经过适当放大，然后用以调节辉光灯射出的光量，并使声带片曝光。

②弦线电流计法：光源光强固定，但用来曝光的光线受光圈调节，光圈大小由声音调节的电流控制。这变密式录音现在应用不多。

二、电影数字声

目前，发展成熟的电影数字立体声有以下 3 种：即杜比实验室的 "杜比数字声 (Dolby Digital)"、由环球公司支持下的 "数字影院（Digital Theater Sound）" DTS 和索尼电影公司开发的 "索尼动态数字声（Song Dynamic Digital Sound）" SDDS，这 3 种数字声制式互不兼容，方法各异，在拷贝上所记录的光学数字声迹位置均不相同，见图 2－2 所示。

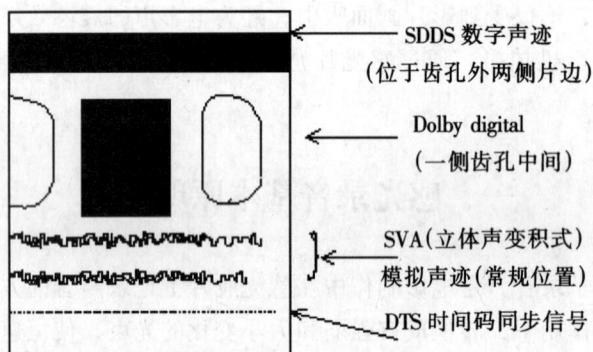

图 2－2 光学数字声迹

我国采用的是 "杜比数字声"（即 SR．D），该技术是从北京电影制片厂于 1996 年夏与杜比实验室达成《在中国制作杜比数字声带》的协议开始。1997 年 5 月底制作出 SR．D 数字立体声电影片《鸦片战争》，在香港回归时公演。

1．SR．D 声带的录制

杜比数字声制作过程：由录音棚接口器的 6 路输入信号，通过模拟/数字转换器及时钟发送器，经过编码器形成 6 声道的数字声数据流信号，由一台磁/光盘驱动器刻录成 6 声道的数字声母版信号。再由这数字声迹信号激发在光学录音机内的绿色发光二极管阵列，由特殊的光学通路传送到运行着的胶片片孔间使感光层曝光。记录在胶片齿孔间的数据块为 76×76 的方块阵列，它不仅含有音频数据，还携带同步、错误校正和其他数据。被曝光的声带底片送往洗印部门，得到声带底片。声带底片经鉴定合格后即可进行印片，数字声迹在拷贝上是位于两个齿孔之间，与模拟声迹不同的是不连续的，考虑到要在众多影院正常放映，对其位置的精度要求十分严格。此外曝光不足，过度以及不均匀曝光都会因高误码率引起还原声音失效、失真。

2．数字声迹的重放

数字声迹记录的重放是由影院的数字还音系统来完成。数字声影院还音系统由两个部分组成："影院处理机"和"功率放大器扬声器系统"。其工作过程是：当影片在放映机由输片机构驱动经过（按影片标准速度）数字读出头时，片孔间的数据块影像便由光学系统投射到一块CCD器件（电荷耦合器件）上，扫描CCD，产生对应该视频图象的电子信号，以重发6声道信息。这6声道信号经过数据提纯，纠错校正，解码，再经数/模转换，得到6路的模拟音频信号，然后再送到功率放大器放大并由扬声器还原出声音，如图2-3所示。

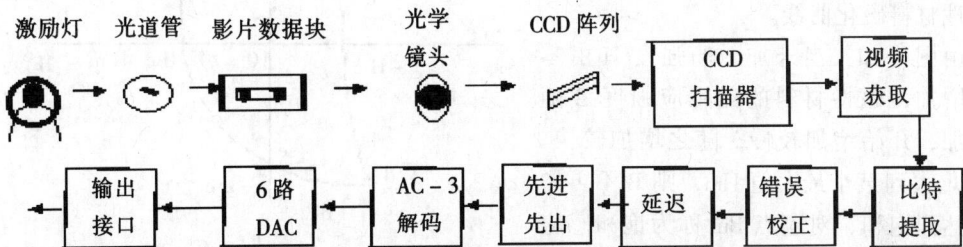

图2-3 杜比数字声解码原理

当前，数字声电影院在北京、上海、广州、长沙、长春、昆明、重庆、郑州等近十个城市已有40多家。由于数字声具有CD质量的音响效果，赢得广大观众和影院经营者的极大赞赏。

第三节 磁记录原理

人类物质文明的进步，科学技术的发展，使社会信息量猛增。与此同时，人们也发明了各种各样记录信息的方式，其中磁记录应用较广。磁带录音机和录像机都是利用磁记录原理来存储信息的。磁记录就是利用磁头完成电与磁信号之间的转换，并利用磁带作为信息的载体，记录、存储、传递声音和图象信息。

一、磁性材料的特性

物理学知识告诉我们，有磁性存在的空间称为磁场。在磁场中常用磁力线（即磁通）表示磁场力，用单位面积上的磁力线的多少（即磁通密度或磁感应强度）来表示磁场磁化的程度。

磁性材料是指那些在外界磁场作用后，能够暂时或永久地保持着比较明显的磁性的物质。自然界中，铁具有铁磁性，而其合金或化合物具有这种性质。磁性材料是实现磁记录的物质。磁性材料的特性主要由磁化曲线和剩磁曲线来表征。

1. 磁化曲线

磁化曲线是表示磁性材料在磁化过程中磁感应强度 B 与外加磁场强度 H 之间关系的曲线，又称 B-H 曲线。这种曲线可通过实验方法测量，图 2-4 是典型的磁性材料磁化曲线。

由图可知：当外加磁场强度 H 由零逐渐增加，磁性材料的磁感应强度 B 随之增加，开始增加较慢，随之增加较快。当 H 增大到某个最大值 Hm，则 B 不再增加而达到饱和，对应点 Bm 称为饱和感应强度。这段曲线为 o→a。有时把这段曲线又称为初始磁化曲线。

图 2-4 磁化曲线

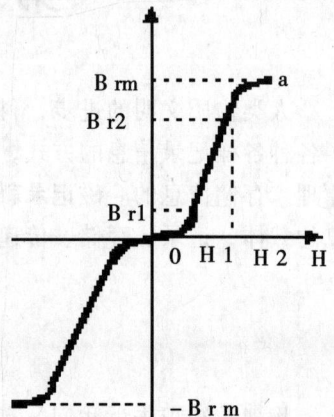

达到饱和后，若让 H 逐渐减小，B 也随之减小，但不按原来曲线，而沿另一曲线 cd 下降。当 H 减少到零时，B 并不为零，而保留一定值 Br，这称为磁性材料的剩磁。

要使磁性材料的剩磁为零，必须加一个原来方向相反的磁场 -Hc，Hc 称为矫顽磁力。若 H 继续向反向增加，则在 d 点又达到反向饱和点，当反向磁场 H 减弱，H 为零时，也存在一个反向剩磁 -Br。若 H 再继续正向增加，则在 Hc 点时对应 B 为零，也称 Hc 为矫顽磁力。H 值再加大，则又达到饱和点，便形成闭合曲线，a→b→c→d→e→f→a 又称为磁滞回线。

B-H 曲线形象地描述了磁性材料磁化的全过程，反映了磁感应强度变化落后于磁场强度变化的磁滞现象。从该曲线可看出磁性材料磁化后的剩磁及其矫顽磁力的大小。不同的磁性材料有不同的磁化曲线。

2. 剩磁曲线

剩磁曲线是表征磁性材料的剩磁性特性的曲线，即剩磁 Br 与磁场强度 H 的关系曲线，也叫 Br-H 曲线。如图 2-5 所示。

由图可知：当外加磁场 H 很小时，磁性材料基本不留剩磁。当 H 逐渐增大时，Br 也增大，但不成线性关系。在中间段，Br 随 H 增大呈线性变化而进入饱和状态。显然，剩磁特性曲线的变化规律也呈现出非线性。

图 2-5 剩磁曲线

磁性记录正是利用了磁性材料的剩磁特性，来记录信

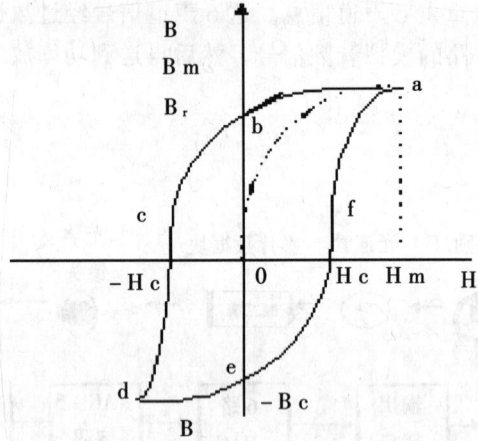

号的。由记录信号电流产生外加磁场对磁带进行磁化，使磁带上保留着与记录信号对应的剩磁而实现记录信息的。

3.磁性材料的类型

磁性材料一般可以分为软磁性材料和硬磁性材料，其磁化曲线如图2-6所示。

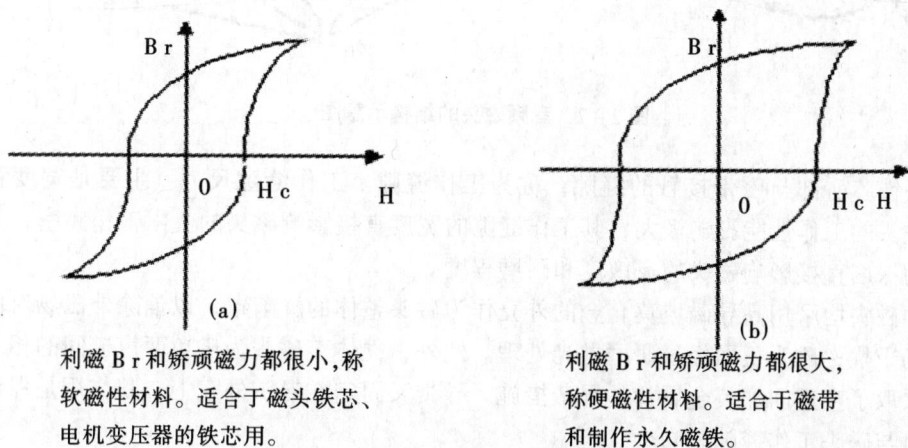

利磁Br和矫顽磁力都很小，称软磁性材料。适合于磁头铁芯、电机变压器的铁芯用。

利磁Br和矫顽磁力都很大，称硬磁性材料。适合于磁带和制作永久磁铁。

图2-6 软、硬磁性材料的磁化曲线

二、磁头与磁带

1.磁头

磁头是完成电与磁之间的转换器件，是磁性记录设备中关键部件之一。记录磁头是将电信号转换成剩磁信号记录在磁带上。重放磁头是将磁带上的剩磁信号转换为电信号输出。由于录音机的音频磁头与录像机的视频磁头在记录的信号频率和工作方式不同，其结构和要求也不同。

（1）音频磁头

音频磁头也叫录音磁头，主要用于记录或重放音频信号。音频磁头由带缝隙的铁芯、绕在铁芯上的线圈、防止电场和磁场干扰用的屏蔽罩、以及固定支架等构成。如图2-7所示。

磁头铁芯材料是磁头的基础，其物理性能和机械性能直接影响录音机的综合性能指标。对磁头铁芯材料性能的要求是：导磁率高、矫顽力小、损耗小以及耐磨性能好等。目前广泛应用的磁头铁芯材料有：坡莫合金、热压铁氧体、铁铝硅合金和单晶铁氧体等。

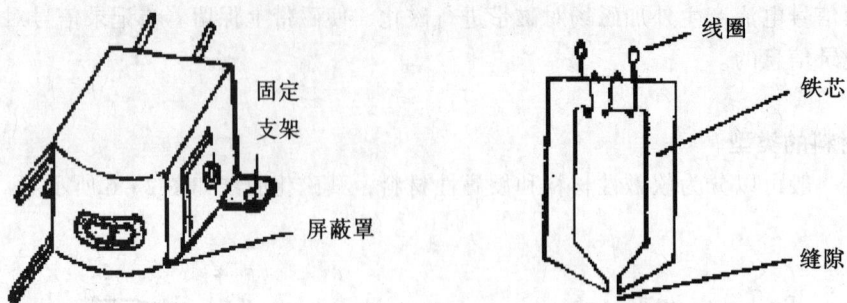

图 2-7　音频磁头的结构示意图

磁头铁芯前部与磁带接触的缝隙，称为工作缝隙。工作缝隙尺寸（主要是宽度和深度）对磁头的工作性能影响极大，其工作缝隙的宽度直接影响磁头的上限工作频率，其工作缝隙的深度直接影响磁头的灵敏度和耐磨程度。

音频磁头均采用高导磁坡莫合金的外壳作为磁头整体的屏蔽罩，以消除外磁场对内铁芯的磁场干扰；磁头正面经过研磨抛光处理。此外，立体声磁头为避免两声道间的相互干扰，而采取了声道间加装金属片的屏蔽措施。导带叉固定在磁头外壳上，其作用是保证磁带运行时与磁头工作缝隙相吻合。

磁头一般有单声道双磁迹的单声道磁头、双声道四磁迹的立体声磁头和四声道四磁迹的自动换向立体声磁头等几种类型。

（2）视频磁头

视频磁头主要用于记录和重放图像信息，是录像机的关键部件之一。视频磁头由带缝隙的铁芯、绕在铁芯的线圈和缝隙三个主要部分组成。如图 2-8 所示。

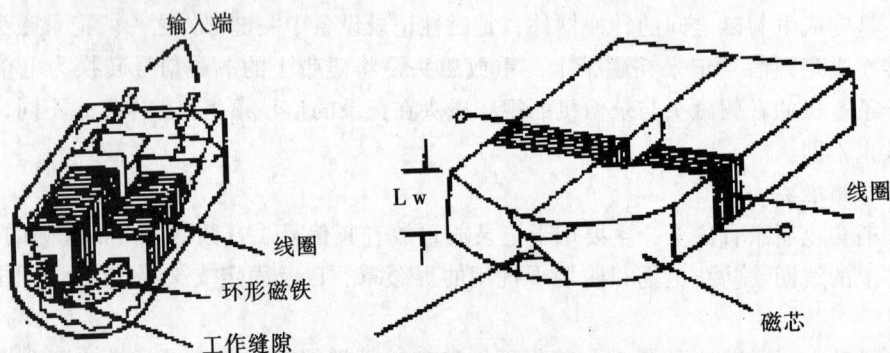

图 2-8　视频磁头结构示意图

整个磁头的体积很小，最大方向的长度仅为几毫米，且在小而薄的铁芯上绕有线圈。铁芯材料一般采用单晶铁氧体，由两片组合而成，前后两个缝隙，缝隙由玻璃薄膜夹在铁芯两端，在高温下熔结形成。前缝隙是磁头的工作缝隙，其宽度比音频磁头小得多，一般都在 1 微米以下。

视频磁头不但是录像机的关键部分，而且也是最容易损坏的部件。在正常使用情况下，一个新磁头也只能保证性能指标地使用 1 000 小时，如果使用不当，将会大大缩短磁头寿命。

视频磁头与音频磁头相比，具有工作缝隙小、磁头体积小、线圈匝数少、高频特性好等特点。

2. 磁带

磁带是记录、存储和传递声音和图像信息的载体，它具有和磁头同样的重要性，其质量的优劣不但对录放质量和记录密度有直接影响，而且对磁头的使用寿命也有直接关系。

磁带主要由带基和磁性层两部分组成，如图 2－9 所示。磁带主要分为盘式磁带和盒式磁带。盘式磁带主要用于广播用录音机和录像机。盒式磁带主要用于非广播用录音机和录像机。

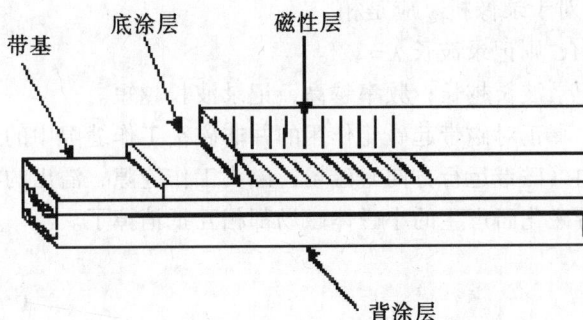

图 2－9 磁带结构

带基在磁带中起支承体作用，它主要决定磁带的机械性能。对带基的要求是具有一定的机械强度、耐磨性能好、不易划伤、温度湿度膨胀系数小、不易变形等。

磁性层是由针状磁粉通过粘合剂牢固均匀地粘附在带基上形成的，它决定了磁带的电磁性能。常用的磁粉材料有普通磁带三氧化二铁（Fe_2O_3）、二氧化铬（CrO_2）和金属磁带（METAL）等。各类磁带由于所用的磁粉材料不同而有较大的差异，因而在使用中应注意区分。

视频磁带主要用来录放视频信号，与音频磁带相比，录放信号的频率高得多，磁头磁带的相对速度也高得多。因此对视频磁带的电磁特性、高频性能、耐磨性、机械强度、表面光洁度等指标的要求更加严格。

三、磁记录信号的方法

1. 磁记录过程

磁记录过程是由磁头和磁带来完成的。如图 2 - 10 所示。

当记录信号电流通过磁头线圈时，铁芯中就感应出相应的磁通，磁通经过磁头缝隙有一部分磁力线外溢，在缝隙周围产生漏磁场。当磁带与磁头缝隙接触时，外溢的磁力线使磁头缝隙外的磁带磁性层磁化。当磁带以一定的速度离开磁头，就以剩磁的形式把信号记录下来。

通常，把记录信号电流变化一个周期在磁带上磁化的长度称为记录波长，记为 λ。

设磁带速度为 v（对于录像机 v 应是相对速度），信号频率为 f，则记录波长 $\lambda = v/f$。

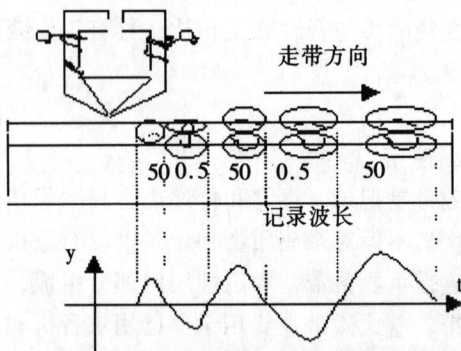

图 2 - 10 磁记录过程

显然带速越快，记录波长越长；频率越高，记录波长越短。

在磁记录过程中，真正对磁带起磁化作用的并非磁头工作缝隙中的总磁场，而是磁头工作缝隙中溢出的纵向（磁带运行方向）磁场；磁头工作缝隙，溢出的横向磁场（与磁带运行方向垂直）对磁带磁化而产生的小磁体磁场都相互抵消掉了。

2. 偏磁记录原理

如果将记录信号电流直接送入磁头，由于剩磁曲线起始段的非线性，必然产生失真，如图 2 - 11 所示。

为了克服这种失真，必须使用偏磁方式。偏磁记录有直流偏磁和交流偏磁两种。

（1）直流偏磁

在磁头线圈注入直流电流，形成一个固定直流磁场，从而使记录信号工作在剩磁曲线的线性段，这种方法称直流偏磁法。如图 2 - 12 所示。只要选择合适直流 I_0 和信号电流幅度，就可以使记录工作在剩磁曲线的线性区。

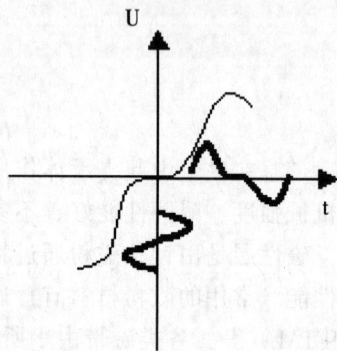

图 2 - 11 未加偏磁

（2）交流偏磁

在磁头线圈中注入一恒定幅度和频率较高的交变电流，以产生一个幅度恒定而方向交变的偏磁磁场，使记录信号工作在剩磁曲线的正负线性

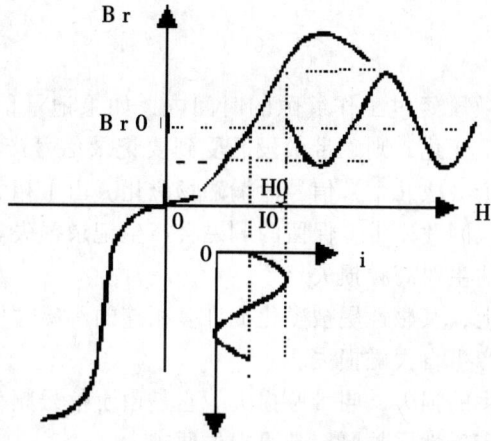

图 2 - 12 直流偏磁

段，这种方法称为交流偏磁法。如图 2 - 13 所示。由于偏磁电流和记录信号电流一起注入磁头，偏磁磁场的交变性使剩磁曲线两侧的正负线性段都被利用。因而使重放输出信号增加，提高记录灵敏度，交流偏磁输出信号的幅度是直流偏磁的 2 倍。交流偏磁信号的频率一定要大于最高记录信号频率的 3 倍以上，才能使交流偏磁本身不致于记录在磁带上，但又不能太高，否则容易引起高频辐射干扰。一般选取交流偏磁信号频率为记录信号最高频率的 3~5 倍。

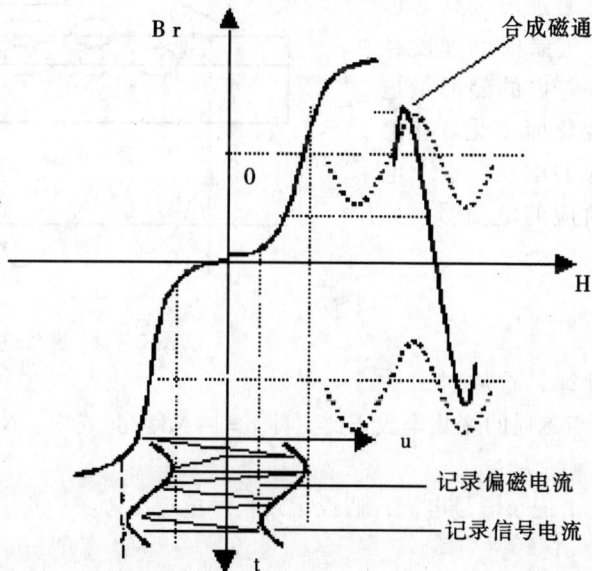

图 2 - 13 交流偏磁

这里要注意，并不是所有的磁记录都一定要加偏磁，对于数字信号的记录和调频信号的记录，就可以不加偏磁。

（3）磁记录的高频损失

在记录过程中，当磁带微段经过工作缝隙的时间内，如果记录信号电流极性已经改变，引起磁化磁场的方向发生变化，则磁带微段既受到要记录信号产生的泄漏磁场磁化，又受到与记录信号相邻的一个（或几个）信号泄漏磁场磁化。由于相邻的信号磁化磁场极性相反，具有相互抵消作用，因此磁带上保留的剩磁会产生记录损失。这种损失称为记录去磁损失，它是磁记录过程的主要高频损失。

另外，在记录后的磁带上，其磁性层被磁化成许多相连的小磁性体。由于它们自身或相互之间的退磁作用，也会产生自去磁损失。

在记录中由于带厚而产生的损失，叫带厚损失。它是由于信号频率较高时，对磁带磁性层的磁化较浅引起的。磁带磁性层越厚，带厚损失便越大。

四、磁带信号的重放

1. 重放过程重放是磁记录的逆变换过程

记录在磁带上的剩磁信号是一连串反映记录信号幅度大小和频率变化的小磁场，它们将在磁带表面形成磁场，并溢出。当磁带与磁头工作缝隙相接触时，磁力线便通过磁头铁芯形成回路。磁带以一定记录时的速度经过磁头工作缝隙，铁芯内的磁通量也随着磁带剩磁信号变化而变化。在磁头线圈中感应出相应的电压。这个电压就是与记录时相对应的电信号。如图2-14所示。

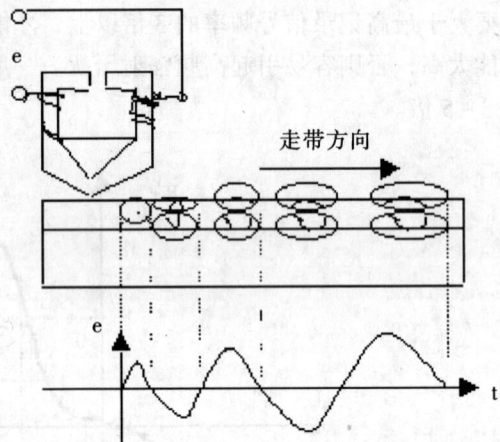

图2-14 重放过程

2. 重放特性

根据电磁感应规律，重放时磁头线圈上的感应电动势与磁通的变化率成正比，即 $e = -Nd\Phi/dt$ 式中，N 为线圈匝数，Φ 为磁通。

由于磁通 Φ 正比于记录信号电流，假设记录信号电流 I 为：

$I = I_m Sin2\pi f\, t$

而 $\Phi = KI_m sin2\pi f\, t$

则 $e = -Nd\Phi/dt = -2\pi f\, KI_m Ncos2\pi f\, t$

因此表明：重放信号电压随信号频率增加而线性上升，频率每增加一倍则重放电压也增加一倍，即每倍频程增加6dB。同时，重放电压也和记录信号电流成正比，但移相90°。

48

随着频率继续增高，重放电压曲线性增大，转而迅速减少。如图2－15所示，这是重放输出特性曲线。

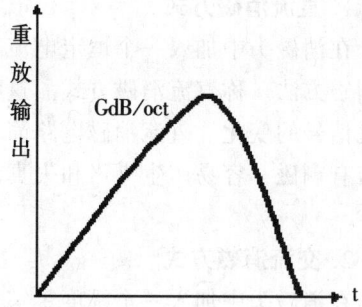

图2－15　重放输出特性曲线

3．重放过程的高频损失

①缝隙损失

所谓缝隙损失，是指重放过程中受磁头缝隙影响，使磁带上记录的剩磁信号不能完全通过铁芯构成回路，从而导致重放输出电压下降。

②间隔损失

间隔损失是由于磁头与磁带之间接触不紧，存在一定间隔，引起重放信号减弱，造成间隔损失。间隔损失是随信号的频率升高而增大。

③方位损失

磁头缝隙与磁带行进方向垂线的夹角，叫方位角。在录放时，磁带运动方向和磁迹的方向总是一致的。如果重放时的方位角与记录时方位角产生偏差，使得工作缝隙的上部和下部可能分别同极性不同的磁化区接触，如图2－16所示，使得上下两部分磁通作用相互抵消，导致重放输出电压下降。

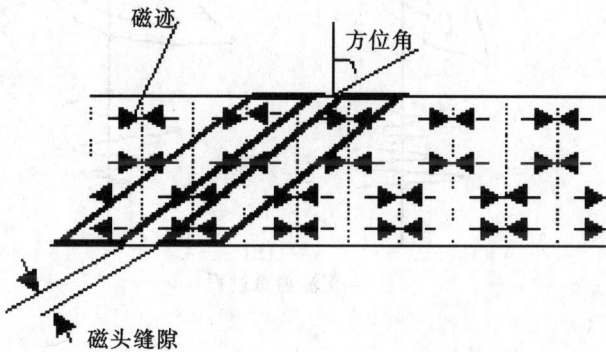

图2－16　方位损失

为了克服方位损失，应尽量保持录、放时磁头的方位角严格一致，并使同一机型录放磁头的方位角标准一致，以保证互换节目时不致造成输出电压下降。

五、消磁原理

消磁就是把记录在磁带上变化的剩磁信号抹去，使重放的输出电压为零。消磁是借助消磁磁头来完成。消磁的方式有直流消磁方式和交流消磁方式两种。

1. 直流消磁方式

在消磁头中加入一个恒定电流，形成一个很强的固定磁场，使重放磁头感应不出电压的消磁方法，称直流消磁方式。这种消磁方式实际上并没有真正把剩磁消去，而是消去了剩磁信号的变化。直流消磁电路简单，成本较低，适用于一般低档录音机。但是由于磁带上留有剩磁，容易产生噪声和失真较大。

2. 交流消磁方式

在消磁头中加入一个幅度足够大和频率较高的交流电流，于是磁头缝隙中形成一个很强的交变磁场，当磁带通过磁头缝隙时被反复磁化达到饱和，又随着磁带渐渐远离磁头，交变磁场逐渐减少，磁带剩磁也逐渐变小，并且沿着一个逐渐缩小的磁滞回线变化，最后减小到零，达到消磁目的，这就是交流消磁。如图 2－17 所示。

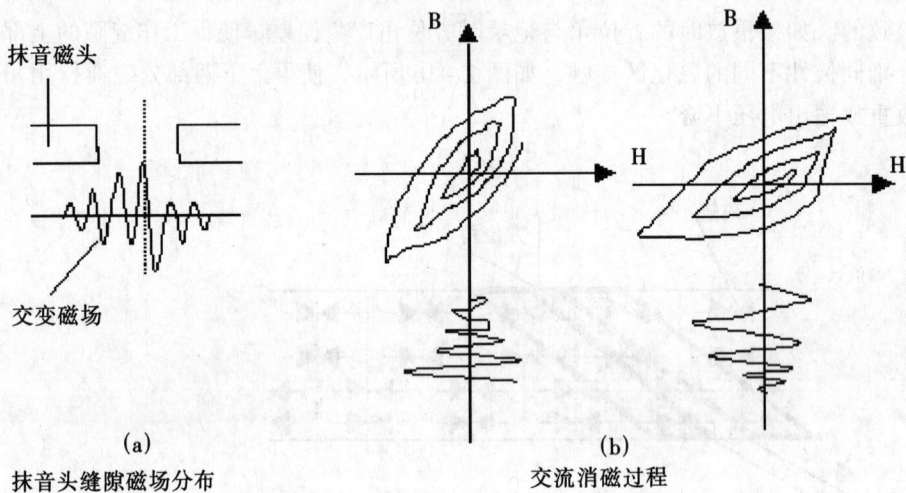

抹音磁头

交变磁场

(a)

抹音头缝隙磁场分布

(b)

交流消磁过程

图 2－17　交流消磁过程

显然，交流消磁对磁带是一种理想的消磁方式。为了达到理想的消磁效果，对交流消磁电流有以下要求：

①交流消磁电流的频率要足够高。一般要 3～5 倍于最高记录信号频率。

②消磁电流要足够强。

③交流消磁信号的正弦波应严格对称，要求无谐波分量和直流分量，以免在磁带上留剩噪声。

④消磁过程中，交变磁场必须有一个从饱和磁场逐渐减到零的过程。

第四节　激光存贮技术

激光存储技术就是利用激光记录、存储和读取信息的技术。由它刻录制作的盘片称光盘，1972 年荷兰飞利浦公司首次推出激光视盘技术。最早的光盘产品是 1978 年采用 He－Ne 气体激光器 VDP（Video Disk Player，视盘唱片播放机）系统。1981 年记录活动影像的激光影蝶（LD）投放市场，1981 年，飞利浦公司和索尼公司共同确定了音乐 CD 规格，1982 年激光唱片（CD）上市，此后光盘技术一日千里，形成了多种数据规格。根据激光对光盘介质的物理性质的作用不同或读写性不同，可分为只读式光盘、一次性写入光盘和可擦重写式光盘三大类。

一、只读式光盘记录技术

只读式光盘，也称预录节目的重放专用光盘。这种光盘是在专业工厂中以凹凸"压"制出来的，用户只能重放光盘上的内容，不能进行重新修改擦除再刻录。如我们在市场上购买的各种各样的成品 CD 光盘、VCD、DVD、LD、CVD、CD－ROM 等只读性光盘。当然，它的录制和重放都是靠激光光束的作用实现的。

1. 普通只读光盘记录和制作过程

只读式光盘其制作过程和工艺类似电唱片的压制过程。它是用激光烧蚀坑点的方式来记录视音频信息的。首先是由记录信号去控制激光束，使其令涂有感光材料的玻璃原盘上曝光，经显影加工后获得有按一定规律排列的凹坑的原盘。再将原盘进行银化或电铸镍处理，成为金属母盘，然后由母盘电铸镍制成模版，再压印塑料，即可复制出大量原版的光盘。

2. 激光光盘信息的读取

只读光盘是以光盘的凹凸坑来记录信息的。也有人称之为"岛"和"坑"，如图 2－18 所示。

激光拾取头的激光束聚焦在光盘的反射层上，如果激光束入射在"岛"上，几乎全被反射，入射在"坑"上，则只有极少量的被反射，大部分被散射掉。反射的激光束由光检测器接收，再由信号处理电路放大，解调、解码，由 D/A 变换成原来的音频信号。

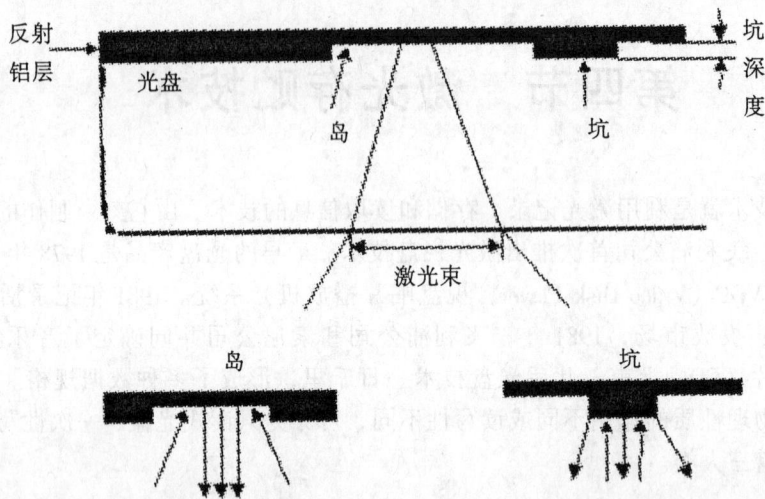

图 2 - 18　激光光盘信息的读取

二、一次性写入光盘技术

一次性写入光盘（CD – Recordable），是指用户可自行写入信息，写上后可直接读出，不能再修改，但在盘上留下空白处还可追加写入信息。它是由激光视盘刻录系统和一次性写入光盘来完成。一次性写入光盘，在一般光盘制作中用得较多，它与市场上所见的普通只读光盘是不同的。从外观上看，CD – R 的记录面有黄色和绿色两种，它们都是用染料聚合层记录信号，以金膜作反射层，我们一般把这种盘称为金盘。我们刻 CD – R 是用光盘刻录机把电脑制作好的节目"烧"在光盘上，一次只能刻一张，一旦刻录完成，其上内容就无法更改，它的刻录和读取同样是靠激光束来完成，CD – R 的激光反射率为 65%，与普通的 CD 的 70% 相当接近，因此，CD – R 盘片可以在 CD – R 驱动器上阅读，也可以在一般的 CD 驱动器上阅读（驱动器是根据光盘反射光读出数据的）。但 CD – RW（可重复擦写光盘）盘片只能在 CD – RW 驱动器上阅读，这是因为 CD – RW 盘片的反射光比较弱（反射率为 25%）的缘故，但 CD – RW 驱动器可以阅读 CD – R 盘和 CD – ROM 盘片。

三、可擦写光盘技术

可擦写光盘（CD – RW，即 CD – Rewritable），是应多媒体时代信息量急剧膨胀的需求而产生的，它有利于大容量数据信息的记录、保存和拷贝。CD – RW 就是可重复擦写的光盘，即在激光的作用下盘片可重复擦写。常用的 CD – RW 有两种：相变型光盘和磁光盘。

1. PD——相变型光盘

相变型可重复擦写光盘全名 Phase Change Rewritable Optical Disk，采用与 CD – ROM 相同的反射光方式读取数据，所以可以向下兼容 CD – ROM 和 CD – R 盘片。

自 1983 年日本松下公司展出第一台可重写相变型光盘以来，产品市场化才真正拉开了序幕。到 1989 年，可直接重写的 3.5 英寸相变型光盘又告研制成功。

相变型光盘主要是利用相变型光存储材料在激光作用下材料发生晶态与非晶态相变及由此而引起的反射率变化来进行记录和擦除的，这种技术可以获得较高的信噪比。相变光盘用的介质薄膜一般先结晶成直径小于 $1\mu m$ 的多晶态结构，当较大功率短脉宽的激光束聚焦到薄膜上时，被照射介质吸热后迅速达到熔点，并在骤冷条件下形成非晶态，这就是写入过程。由于晶态和非晶态材料的折射率和反射率不同，因此记录点的反射率和周围区域有明显差别，用小功率激光束来检测出差异就可读出写入的数据，用较长脉宽和较低功率的激光束再作记录点，使该点温度上升到低于材料的熔点而高于非晶态的转变温度，使其结晶而恢复成多晶状态，这就是擦除过程。

对于相变型光盘记录材料的最基本要求是高度稳定（即记录点在室温下长期保持稳定）高速擦除和写/擦重复次数高。由于相变型光盘仅用光学技术来读写，所以读/写光学头可以做得相对简单，其读出方法与 CD – ROM 和 CD – R 光盘相同，因而单功率的相变型光盘驱动器就比较容易实现。日本松下公司 1994 年 9 月 21 日发布的"PD"系统，采用容量为 650MB 的 12cm 的相变媒体，并可在多倍速 CD – ROM 驱动器上工作。可以认为，相变型光盘的应用前景很大程度上取决于记录介质的性能。

2. MO——磁光型光盘

磁光型光盘（Magneto – Optical Disk，MO）也是一种可重复擦写的光盘，由磁光型可擦写光盘驱动器来完成。光盘采用的介质是非晶态的稀土——过渡金属（RE – TM）薄膜，这是一种亚铁磁材料，稀土一般采用钆（Gd）和铽（Tb），过渡金属常用钴（Co）和铁（Fe）。折中薄膜具有较大的磁单晶各向异性常数，高的矫顽力（Hc）、适中的居里温度（Tc，材料超过此温度后，磁性消失）和好的磁光效应。在信号写入前，先用强磁场对介质进行初始磁化，使介质的磁畴具有相同的方向。写入时，在激光束聚焦区，介质吸收激光能量后，温度上升，当温度升高到居里温度，净磁化强度为零（退磁），此时通过光头中绕有线圈的磁场的反向磁化，在激光束离开聚焦区时，使该区产生与周围磁化方向相反的磁畴，这样就把信号写入介质。根据光头中激光束和磁场的设计不同，可以分成激光调制和磁场调制两种，前者用信号调制激光束，随光头移动（相对光盘）的磁场是固定的，后者则用信号调制磁场。信息的读出是利用克尔效应，当线性偏振光束入射到磁介质时其反射光束的偏振面会发生旋转（磁畴不同，偏振面旋转也不同），这个旋转角度称为克尔角，根据克尔角就可以读出信号。信号的擦除过程与写入过程类似，只要把磁化方向再次反转过来就可以了。

相对于相变型光盘（PD）而言，磁光型（MO）光盘的光头部分增加了磁场线圈，即增加了光头复杂程度。但是由于磁光记录材料的寿命相对较长，状态也较稳定，设备就容易控制，生产难度不大，而相变型光盘由于记录材料性能较难控制，以及可改写次数不够，直到 80 年代末才有少量应用。但是它具有记录密度提高的潜力大，与只读光盘容易兼容、不用磁头可简化设备的优点，所以在 1996 年初制定 DVD – RAM（可改写 DVD）标准时，十大公司组成的 DVD 集团决定采用相变光盘，已于 1997 年 4 月公布了这项标准。

从技术上来看，相变型和磁光型两种光盘各有特色，发展都很迅速，其中相变型具有能读取 CD – ROM 以及 WORM 系统的功能，即具有向下兼容的特点，在一定程度上弥补了因晶相转变速度慢造成存取时间长的不足。与磁光盘相比，它不受外界环境磁场的影响。不过磁光型设备则以其介质寿命长、存储速度快而具有明显的优势。

第五节　全固态存贮技术

一、什么叫全固态记录

全固态记录就是采用半导体存储器作为记录媒体的记录方式。它与普通的磁带或光盘数字式记录媒体相比，不仅具有数字记录技术的特点，而且省去了普通磁带或光盘所必需的复杂机械运转机构和精密伺服控制系统，因此结构简单，耗能低，可靠性高，可小型化和微型化，适宜制成多种用途、甚至特殊用途存储信息设备。由于这种视音频记录设备不用磁带，因此不存在磁头和磁带的磨损之虑；也不用光盘，因此也不存在防震问题。此外，由于这种设备的录制和重放类似计算机存取信息的原理，因此，易于通过计算机进行数字信号处理，更易于与一切数字式信息处理系统互联，应用范围广泛。

二、全固态存贮技术原理

实现全固态记录的首要条件是需采用一种存储容量足够大，而且可擦写的半导体存储器。可是占当前存储器市场主要地位的动态随机存取存储器（DRAM）却存在切断电源后存储信息随之消失的缺陷，因此需寻找一种新型半导体存储器。后来，人们发现了有两种半导体存储器适用于作数字记录装置，而且近几年发展极为迅速：一种是快闪存储器（Flash memory）；另一种是铁电存储器（Ferro electric memory）。

1. 快闪存储器
快闪存储器是一种新型电可擦非易失性半导体存储器。它的工作原理是利用"热电子"注入完成录入过程，利用福威尔—诺德海姆隧道效应完成擦除功能。因此要采用写命令寄存器的方法来管理各种写入功能，并通过电的作用，一次擦除若干区域或整个存储器的存储信息。

快闪存储器既具有存取速度快的优点，又没有动态随机存取存储器那样断电后存储信息消失的缺点；既和只读存储器（ROM）一样是一种不挥发性存储器，又和随机存取存储器（RAM）一样存储容量大；既和电可擦可编程只读存储器（EDROM）一样可以改写，又比它容易改写，且价格便宜；既比硬盘存取速度快，又比它体积小、重量轻、功耗低和不易损坏。据国外报道，近几年这种快闪存储器发展很快，用途非常广泛，现除了主要用于计算机信息存储之外，还用于通讯、医疗以及其他工业，用于录音和摄像等装置是近年来的新发展。

2. 铁电存储器

铁电存储器是一种正处于研制中的新型可擦非易失性存储器。从研制的成果来看，它不仅在读写次数和存取速度两方面都高于快闪存储器，而且还具有抗辐射特性，并与CMOS工艺和CaAs电路工艺兼容。可望成为最终存储器。

思考题：

1. 世界最早的录音装置是什么？它是由谁发明的？它的发明有什么意义？
2. 唱片是怎样刻录的？使用唱片应注意什么问题？
3. 电影胶片上的光学录音是怎样完成的？
4. 光学录音有哪两种形式？它们之间有什么区别？
5. 说一说电影传播技术的发展情况。
6. 什么是磁化曲线、剩磁曲线？
7. 磁性材料有几种？它们用什么来表征？
8. 为什么要加偏磁记录？
9. 简述磁记录过程、重放过程和交流消磁过程。
10. 录音磁头和视频磁头的结构怎样？它们两者有什么不同？
11. 磁头方位角是指什么？重放高频损失主要有哪几种？
12. 激光存储技术是指什么？它在信息存贮技术中的地位和作用如何？
13. 光盘一般有哪三种？它们之间有什么区别？
14. 简述光盘是如何读写信息的？
15. 可擦写光盘技术的成熟和普及有什么意义？
16. 什么叫全固态记录？它有什么特点？
17. 全固态记录中有哪两种新型半导体存储器？它们有什么异同？

第三章　录音技术基础知识

内容提要

录音方法有机械录音（唱片）、光学录音（电影片音迹）、磁性录音（磁带、磁盘等）、激光录音（光盘）和全固态录音（半导体存储器）等。录音技术的发展日益增快，记录的音频信号从模拟向数字化转变；记录媒体自磁带到光盘再趋向于全固态。随着数字化技术和芯片技术的发展，录音新产品层出不穷，普遍应用于各个领域。本章介绍录音媒体的出现与发展概况，着重阐明普遍使用的磁带录音机的工作原理。此外，还针对录音机在工作过程中出现的常见故障的应急排除处理加以表述。

第一节 磁带录音机概述

一、磁带录音机的产生与发展

早在 1880 年就开始了各种磁性记录技术的实验研究工作。1898 年，丹麦科学家波尔森发明了人类历史上第一台磁性录音机。这台录音机使用钢丝作为储存声音的磁性载体，用电磁铁作为录放音头，采用直接录音方式，信号失真严重，还音效果差，但是，这一实验却为磁记录技术的发展揭开了序幕。1907 年，波尔森又发明了钢丝式直流偏磁录音机，录音灵敏度和保真度都有较大改进，使录音机进入实用阶段。

此后的一段时期，磁性记录技术进展不快，直到本世纪 20 年代末期，由于出现了两项重大的技术突破，才使磁性录音机的录放质量达到较高的水平：其一，是在 1927 年，美国的卡尔森和卡潘特两人首次提出了使用交流偏磁的方法。这项技术使得当时钢丝录音机的失真和信噪比得到了显著的改善。其二，是在 1928 年，德国的弗勒玛提出了把磁性材料涂敷在纸带上代替钢丝的方法，这就是磁带的雏形。此后不久，随着纸质、乙烯树脂和醋酸纤维质为带基的各种氧化物磁带的出现，从而迫使钢丝、钢带录音机逐渐退出历史舞台。1935 年，德国通用电气公司使用塑料带基磁带制成了世界上最早的磁带录音机，它是现代磁带录音机的始祖。

第二次世界大战期间，磁带录音机的发展受到严重影响，战争结束后，各国同时开展对磁带录音机的研制和技术交流。在 50 年代，盘式磁带录音机和立体声录音机发展很快。在 60 年代初期，许多国家对录音机的小型化和改进磁带的使用方法进行了大量的研究。1962 年荷兰飞利浦公司发明了盒式磁带录音机。该机特殊的走带机构和磁带结构具有操作方便、互换性好的特点，为许多国家所接受。它的出现标志着录音机历史的一个飞跃。

70 年代以来，盒式录音机已突破便携式机型的性能限制，其功能更多、实现了更好的电声指标。目前，盒式录音机之极品，盒式录音座的主要技术性能已达到专业录音机的水平。

数字录音机的出现是对磁性记录技术的划时代的变革。如果从日本 NHK 研究所在 60 年代末研制出来的 PCM（即脉冲编码调制）录音机算起，至今已有二十多年了。这二十多年中，尤其是从 80 年代初开始，数字录音技术有了飞速的发展，各种数字录音机应运而生，不少已进入商品阶段。它与传统的模拟录音机相比有着许多明显的优点：动态范围宽、频带宽、频率响应好、串音极小以及转录时失真小等。毫无疑问，随着数字技术、集成电路技术以及超精度加工技术的发展，数字录音机必将逐步普及，成为今后发展方向。

在中国，1951 年生产了"钟声"牌钢丝录音机，1954 年又生产了"钟声"牌磁带录音机。盒式录音机开始进入家庭是在 70 年代中后期。录音机与录音磁带的市场相互促进，录音机的国内市场推动录音磁带的国产化。1979 年 1 月广东广播电视厅所属太平洋影音公司成立，同年 5 月开始生产，这是中国第一家使用现代化设备录制并出版盒式有声磁带的厂家。同年 8 月，中国唱片公司所属中国唱片厂引进盒式有声磁带快速复制设备，10 月 1 日，试生产的乐声牌盒式录音带投放市场。到 1983 年底，太平洋影音公司投产 4 年半就生产盒式磁带 1172 万盒，中国唱片公司生产 1020 万盒，因而很快在中国市场上形成了一股盒式磁带的消费热。

二、磁带录音机的分类

磁带录音机的种类繁多，可以从结构形式、功能、使用磁带以及工作原理等来进行分类。
①按结构形式分类，有落地式、台式、便携式、袖珍式、车载式及立柜式等；
②按功能分类，有单放式、录放式、多功能组合式及特殊用途专用式等；
③按使用的磁带分类，有盘式、盒式和卡式等；
④按工作原理分类，有模拟磁带录音机和数字磁带录音机。

三、磁带录音机的基本构成

磁带录音机是电声设备和机械设备的组合。虽然种类繁多，但其内部结构大致由磁带传动机构和电路两大部分组成，如图 3 - 1 所示。

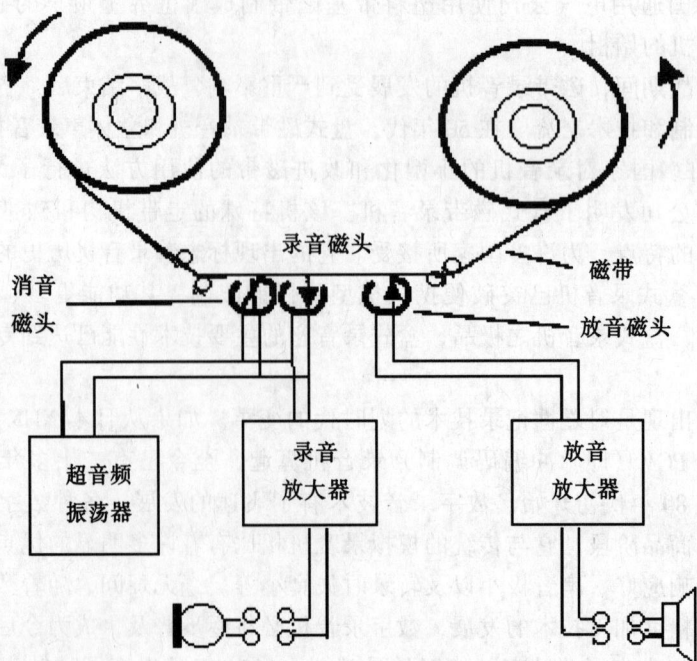

图 3 - 1 磁带录音机的基本构成

磁带录音机传动机构一般是指磁带走带机构，在盒式录音机中又称机芯。它包括使磁带稳速运行的走带机构，用于快进、倒带的快速走带机构、制动机构以及一些其他的附属机构。磁带录音机的电路主要由录音放大器和放音放大器组成，它包括录、放音前置放大和输出放大电路，录、放音频率均衡补偿电路及偏磁振荡电路等。

第二节　磁带录音机的基本电路

磁带录音机是由电声器件和机械器件所组成。录音机的电路是完成音频信号的传输、加工、处理的通道和保证，其电路性能的好坏直接关系着录、放音质量的高低。

一、磁带录音机基本电路构成

磁带录音机的主要功能就是完成录音和放音两大功能，录音电路和放音电路也是磁带录音机的最基本电路。在磁带录音机中，有录音磁头和放音磁头分别专用的三磁头方式和录音磁头、放音磁头兼用的两磁头方式，它们的基本电路如图3-2（a）、（b）所示。

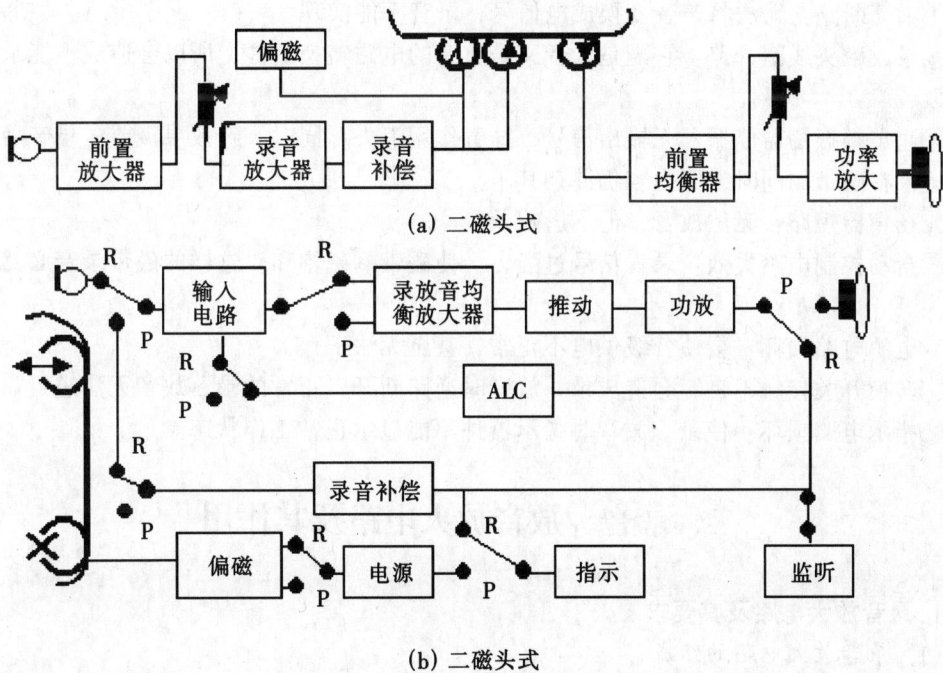

(a) 二磁头式

(b) 二磁头式

图3-2　录音机基本电路

这两种方式在电路结构上的区别是：前者分别设置了专用的录音放大电路和放音放大电路，后者则是录音、放音合用一个放大器，使用时通过开关转换来实现。由图可见，基本电路有输入电路、录、放音均衡放大电路、推动及功放电路、自动电平控制电路、频率补偿网络、超音频振荡器、指示监听电路，还有为全机提供能源的电源电路。图中的"R"代表录音，"P"代表放音。

1. 放音过程

开关置于"放"，已录音的磁带通过录放磁头缝隙，使磁头线圈感应出电信号，经输入回路，送至放音均衡放大电路，同时对低频进行补偿，然后通过推动级放大和功率放大电路放大到足够的功率，送至扬声器发出声音。

2. 录音过程

录放开关置于"录"，声音通过话筒变换成电信号，经输入回路，送入录音放大电路，经推动级、功放级放大，并经录音频率补偿电路提升高频分量后，送给录放磁头线圈。同时超声频振荡电路一路输出给抹音磁头线圈，另一路输出与录音电流一起加入录放磁头线圈。抹音头对运动的磁带抹音，录音磁头产生变化的磁场，使磁带磁化，并以剩磁的形式记录下来。在这个过程中，自动电平控制电路控制录音信号电平，避免录音失真。

3. 利用方框图判断电路故障

由图 3-2（b）方框图可以判断电路故障。

①话筒断路：无法将声音变换成电信号，录音不能实现。

②录放磁头线圈开路：它既是录音又是放音的电磁转换器件，所以会造成不能录音也不能放音。

③超声频振荡器停振：无输出信号，抹音作用消失，同时录音效果极差。录音后，新内容记录在磁带的同时，旧内容仍混杂其中。

④扬声器短路：无法放音，但不影响录音。

⑤自动控制电路失效：录音信号过强，会使磁带剩磁饱和。这样的磁带录音必然造成严重失真。

⑥电源电路损坏：会使各级供电不正常，甚至无法工作。

⑦转换开关接触不良：会造成录、放音时通路断开，正常的录、放音无法进行。

⑧指示电路损坏：使录、放音时指示器件不能显示正常工作状态。

二、录音、放音放大电路及其作用

1. 录音放大电路及其要求

（1）录音放大电路的组成

高档的磁带录音机中，录音放大电路包括话筒放大器、混合放大器、线路放大器和录音输出放大器等。一般盒式录音机中，录音放大电路由录音前置放大器和录音输出放大组成。

（2）录音放大电路的主要作用

对录音放大电路的主要要求是：

①录音放大电路是磁带录音机的基本电路，包括有各种前置放大和输出放大电路。

②要与各种输入信号源匹配、增益要高、线性动态范围要大以及噪声要低等。

③规定统一的输入输出电平和输入输出阻抗。规定统一的输入输出电平，目的是保证任何两台录音机能满意地对录而不致于产生过载失真或录音磁平不足。规定统一的输入输出阻抗，目的是保证任何两台录音机进行转录时输出信号对输入端呈恒压源。

录音放大器输入方式有：机内话筒输入、外接话筒输入、线路信号输入、机内收音机信号输入和混合信号输入。

2. 放音放大电路及其作用

（1）放音放大电路的组成

放音放大电路一般由放音输入电路和放音输出电路组成。在高档磁带录音机中，还设置一级中间线路放大电路。

放音输入放大电路，又称为磁头放大器。它是将磁头输出的微弱信号进行放大，其电路形式与录音放大电路基本相同，主要不同点是，放音放大器要求信噪比高以及要进行放音补偿。

（2）放音输出电路的主要作用

放音输出电路的主要作用是：

①把输入电路送来的音频信号，经功率放大后，送至扬声器。

②实际上它是一个音频功率放大器，主要用来推动扬声器。

③还要输出转录信号、监听信号，或进行再次放大。因此，往往要附有外接扬声器端子、放音输出或耳机输出插孔。

三、录音、放音频率补偿电路

在前面的磁记录原理分析中，由于录、放过程中存在各种低频损耗和高频损耗的影响，使得录放音磁头上的信号电平随信号频率的不同而有很大的差异。即使录放音放大器的频率响应特性是平坦的，而录放全通道的综合频率响应特性也不可能平坦，如图3-3所示。为了能使全通道的频率响应特性平坦，就要求录音、放音放大器综合频率响应特性不平坦，如图3-4所示。所以，必须进行频率补偿，这种频率补偿又称频率均衡。

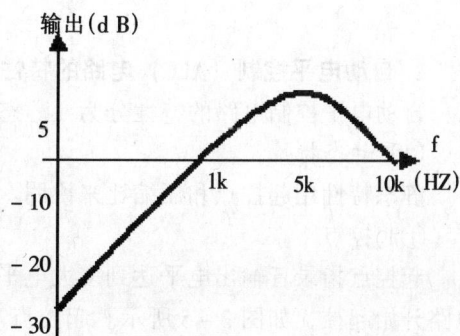

图3-3　未加补偿时全通道频响图

在放音时，由于磁头是电感元件，根据法拉第电磁感应原理，感应电动势的大小与磁通量的变化率成正比。磁带匀速走过放音磁头时，磁带上记录的高频信号由于频率高，因而穿过放音头线圈的磁通量的变化率大，放音输出电压就高，反之磁带上记录的低频信号放音输出电压就低。所以在磁带上记录的高低频信号磁平相等的条件下，放音头输出的大小正比于磁带上记录信号的频率。理论上讲，频率每升高一倍，放音电压增加一倍，即重放输出是以每倍频程增加 6dB。因此，为了使放音输出的幅频特性曲线成为平坦的直线，则要求重放补偿是以每倍频程 6dB 进行衰减。

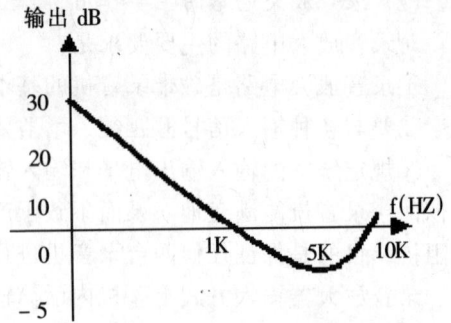

3－4 加补偿时放大器频响图

在录音时，对录音信号的高频部分加以适当的提升。补偿录音过程的高频损耗和磁带的自去磁损耗等，以满足录放音全过程的总频响曲线平坦的要求。由于录音高频补偿量对不同类型的磁带有较大的变化，偏磁电流也有较大的变化，因而要用转换开关来变换补偿电路、改变偏磁电流的大小，以满足不同类型磁带的要求。

四、自动电平控制（ALC）电路

自动录音电平控制电路通常称 ALC 电路，是录音机录音状态时常用的一种电路。

1. 自动电平控制（ALC）电路的作用

自动电平控制电路的作用是自动地将过大的录音信号的动态范围压缩到现有磁带和磁头的小动态范围内：当强信号输入时，自动地降低录音放大电路的增益，使通过录音头的录音电流不致于过大造成磁带和磁头的饱和过载失真；而在弱信号输入时，又能保证有足够的增益灵敏度，将弱信号放大到足够的录音电平。它主要用于话筒录音或语言节目的线路录音，对于音乐节目的线路录音，一般不宜采用。

2. 自动电平控制（ALC）电路的特性

自动电平控制电路的特性分为：静态特性和动态特性。

（1）静态特性

静态特性用起控点和压缩比来说明。

①起控点

起控点指录音输出电平达到多大电平（与之相对应的是磁带上记录的磁平）时，ALC 电路开始起控，如图 3－5 所示。起控点高，有利于信噪比的提高，但磁带在大信号时易饱和，对降低录音失真不利；起控点低，会使磁带动态范围下降，信噪比下降。

②压缩比

压缩比是表示 ALC 电路起作用后录音信号被压缩的程度。即指输入信号电平变化量与控制后输出信号电平变化量之比。压缩比过高会浪费磁带的动态范围，太低又会使失真度增加。通常压缩比根据磁带的最高录音磁平和起控点决定。起控点较磁带最高录音磁平低 6－8dB 为宜。

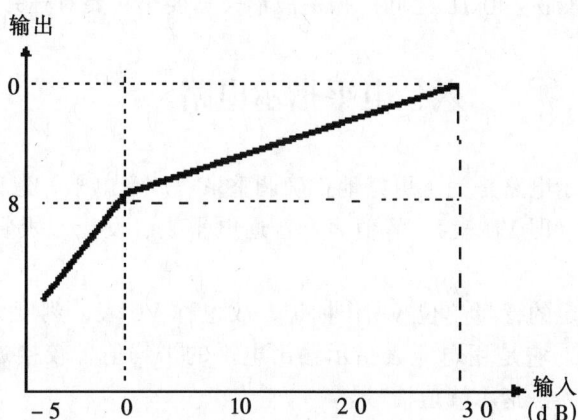

图 3－5　自动电平控制特性

（2）动态特性

动态特性用启动时间和恢复时间来说明。

①启动时间

从录音信号加入控制电路到控制电路起作用总有一段时间间隔。这就是说，强录音输入信号到来时，ALC 电路不是马上起作用的，它有一段时间延迟，这段延迟时间成为启动时间，启动时间一般设计在毫秒量级。启动时间过长，则在强信号输入时，因自动录音电平控制电路来不及起作用使录音电平过高，出现饱和失真；启动时间过短，则电路容易受短脉冲信号干扰。原则上，启动时间应尽量短些为好。

②恢复时间

当自动录音电平控制电路起作用后，即使输入信号电平已降低到起控点以下，录音放大电路也不会立即恢复到原来未起控时的状态，而是有一段时间延迟，然后才会恢复到原来的状态，这段时间称为恢复时间。恢复时间通常选为数百毫秒至数秒。恢复时间的主要作用是，用传声器录制语言节目时，中间常有停顿，要求在停顿期间内 ALC 仍然在起作用，否则在停顿的过程中，放大电路的噪声得不到抑制而被充分放大，当语言节目到来时才又与节目一起被压低，这样，在语言节目的间歇期间内，本底噪声就显得比较严重，但是恢复时间也不能过长，因为在强信号转变成弱信号的过程中，过长的恢复时间会使自动录音电平控制电路的动作跟踪不及时，甚至使弱信号丢失。简言之，恢复时间过长会造成电路的跟踪不及时，从而丢失了强信号后面的弱信号；恢复时间过短，间歇期间的噪声增大。原则上，恢复时间应尽量长些为好。

五、偏磁振荡电路

偏磁振荡电路就是产生交流偏磁和交流抹音所需要的超声频信号。这超声频信号的频率应为录音信号最高频率的 3 ~ 5 倍。如果录音信号的频率范围是 50Hz ~ 8kHz，那么要求超声频信号的频率为 24kHz ~ 40kHz 之间。振荡波形失真要小、要对称并且幅度要稳定等。

六、电平指示电路

录音机设置电平指示电路是为了更好地正确调整录、放音电平，保证良好的录、放音质量。常用的有音量表（即 VU 表）、峰值表、普通电平表、发光二极管指示电路和液晶显示图等。

音量表是以国际规定的音量单位 VU 作标记，故也称 VU 表，刻度为 – 20VU ~ + 3VU（0VU 在满刻度 70%处）。它是用电流表指示输出电平的平均值，较接近响度的变化。由于表头指针惰性较大，无法指示峰值信号。

峰值表可以克服音量表对瞬时峰值指示差，因而引起调节不当，产生过负荷失真的特点。一般峰值表的刻度范围是 – 50 ~ 5dB（或 – 40 ~ + 5dB），单位为 PPU（0PPU = + 6dB），表面以 dB 作标记。由于输出信号经峰值整流、保持电路及直流对数放大器，这样升快回慢，对峰值电平的指示和观察，都是非常理想的。

普通电平表为一般录音机所使用，其灵敏度在 1mA 以内的直流电流表，接入较为简单的电平指示电路中，并在表头上加适当的阻尼，使表针的摆动尽量与信号大小相一致，表面刻度仿照音量表，通常用 – 20dB ~ 0dB ~ 3dB 来表示。普通的盒式录音机的电平表大都是一表多用，录音时指示电平、放音时指示电源电压；有些在放音时也能作放音电平指示。

发光二极管指示电路就是利用发光二极管（LED）所具有的反应快、可靠、指示醒目，特别是对瞬时信号脉动的反应迅速，反应时间仅为普通电平表的 1/300，而指示保持时间却与电平表差不多。显示器可以是单个发光二极管，也可以是多个。同时还可以发出红、绿、黄单色或变色光，给整个机器的外观增色不少。

七、降噪电路

磁带录音机的降噪电路主要是降低磁带本身的固有噪声，提高录、放音的保真性能。降噪电路的种类很多，常用的有以下几种：

```
                    ┌── 杜比（Dolby）A
                    ├── 杜比（Dolby）B
                    ├── 杜比（Dolby）C
           ┌─互补型──┼── dBX
           │        ├── 伯尔温（Burwen）
降噪电路────┤        └── 德律风根（Telefurken）
           └─非互补型──── 动态降噪系统（DNRS）
```

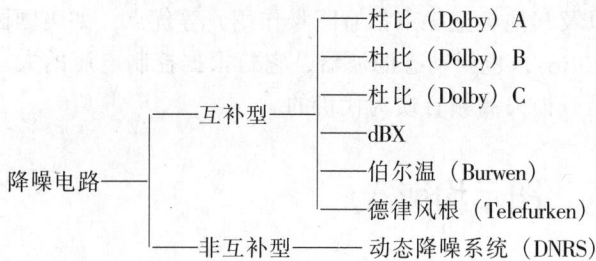

虽然种类繁多，但就其工作原理来说，不外乎两种类型：互补型和非互补型。

1. 互补型降噪系统

所谓"互补"型降噪系统就是在录音和放音过程中，同时处理信号，录音之前对录音信号的动态范围进行压缩（编码），而在放音之后对信号的动态范围进行相应的扩张（解码），由于压缩和扩张是互补对称的，能够保持信号原特性，从中降低了噪声。这种互补型降噪电路处理信号虽然过后不会引起信号的失真，而且大大降低了磁带的放音噪声，但是对录音峰值电平有所下降，经录音处理的录音磁带必须在相应的降噪系统中放音，否则会使信号频率分布受到损害，如用杜比电路录制的磁带，用普通录音机放音，会使高频增强，普通方法录制的磁带，用杜比系统的录音机放音，反而会使高频损失过大。下面以杜比 B 型降噪系统（Dolby – B)为例，对降噪电路的原理作简单的介绍。

杜比降噪系统是根据人耳的"掩蔽效应"而设计的。掩蔽效应是指人耳听觉有强音和弱音同时进入时，弱音会被强音掩盖而听不出来的现象。因此，对于强信号来说，信噪比不成问题，重要的是降低弱信号时的噪声。特别是当放音处于磁带节目的空隙处，这种噪声尤为严重。杜比 B 系统仅对音频中的高频段信号进行降噪处理，这是因为人耳对于不同音频感觉的灵敏度不同，一般感受低频声的灵敏度要差些，加上磁带本身噪声的频谱在高频端较丰富。如图 3－6 所示，是杜比 B 降噪原理示意图。图 3－6（a）是一个弱信号节目的频谱，录音时对其高频部分进行提升（图 b），在磁带重放时得到图 c 所示的频谱，然后针对录音提升部分进行互补衰减（图 d），最后得到图 e 所示的信号。图 3－6 中斜纹部分表示盒式磁带噪声分布。可以看出，图 e 中最后信号和图 a 中原有信号是一样的，但是信号中的磁带高频端噪声却被除去

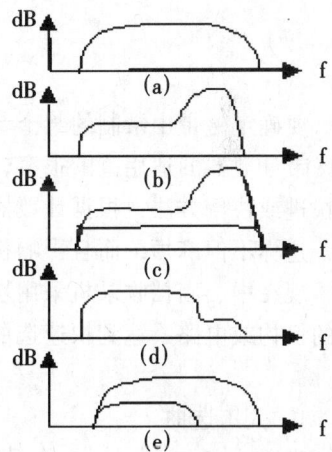

图 3－6　杜比 B 降噪原理

了。尽管还有低频噪声，但对于人耳的影响已经不大。以上就是杜比 B 的基本降噪原理。

2. 非互补型降噪系统

非互补型降噪电路仅在放音时进行信号处理，从而降低噪声。它具有电路简单、适用

面宽（对于录音时未作处理的磁带以及其他类型噪声都有降噪作用）等优点。如美国国家半导体公司开发的动态降噪系统（DNRS），也叫动态滤波器，它是根据控制电压的大小来改变低通滤波器的带宽，因此，它是以损失高频音质为代价的。

八、图示均衡器

图示均衡器（GEQ – Graphic Equalizer）又称多频率音调控制电路，它是将整个音频频段分割成许多较窄的频段或频率控制点（5~10个）。通过各个音调电位器，可以对所需频率点进行 ±10dB 的提升或衰减，而且各频率点的调整基本上互不相关。因此，放音时能有效地突出或者削弱某个频率以满足各种听音要求或补偿听音环境声学结构的不足，获得较好的听音效果。

九、等响度控制电路（Loudness Contral）

人耳在听小音量（低响度）的声音时，对高音频和低音频信号的灵敏度比中音频信号要低得多，而在听大音量（高响度）的声音时，对各种频率信号的灵敏度却大致相等。

等响度控制电路就是在小音量放音时，对高频和低频进行提升补偿。与音调控制电路不同，音调控制电路对高、低、中音的调节与音量的大小无关。

十、选曲电路

要确定磁带中录制的某个节目的位置是比较困难的，当然可以借助于磁带计数器，但是磁带计数器的适用范围很窄，不易准确确定曲目位置。如果想复听某一个节目，必须采用快进或快倒方法，根据计数器数字大略估计位置，放音试听，如内容不符，还要反复寻找，这样不但麻烦，而且影响机械部件的使用寿命。

现在中、高档收录机采用快进或快退状态下根据放音节目之间的间隙来确定节目起始端的机构或电路，达到快速选曲的目的。

1. 人工选曲

带有人工选曲功能的录音机在录放功能键中加有选听键（CUE）和复听键（REVIEW），并允许放音键与选听或复听键同时按下。

它的工作原理是：普通录音机在磁带快进、倒带时录放磁头远离磁带。有人工选曲的录音机在放音状态下，按下选听键，磁头稍后退，磁带微贴于磁头，并变为快进状态，这时扬声器中的声音由于磁带快速走动，而发生轻微的"瞿瞿"声，节目间隔处，声音间断，使用者即可断定曲目位置，此时，放开选听键，便可直接恢复放音状态了。按下复听键，只不过磁带迅速后退而已。这种录音机的选听键，只是在选听、复听时需先按下放音键。

2. 自动选曲

自动选曲通常包括自动选曲电路（又称自动找曲首 APSS 即 Auto Program Selector Start）和电脑选曲电路（又称自动定位装置 APLD 即 Auto Program Located Device），它们已普遍应用在中、高档录音机中。

（1）自动找曲首电路

自动找曲首电路是一种简单的逐段自动选曲机构，这能够自动快速地向前或向后作单曲选择。

（2）电脑选曲电路

电脑选曲电路是一种比较复杂的、具有记忆功能的自动选曲机构，这能够按预先选定的节目内容迅速向前或向后跨越多个曲目来选择。

第三节　磁带录音机的驱动机构

磁带录音机的驱动机构的功能主要是完成必不可少的磁带走带运动（如录放音走带、快速卷带等），并根据需要进行运动状态的控制变换。主要包括磁带稳速走带机构、供带卷带机构、制动机构以及附属机构等。

一、盒式磁带录音机驱动机构的基本结构

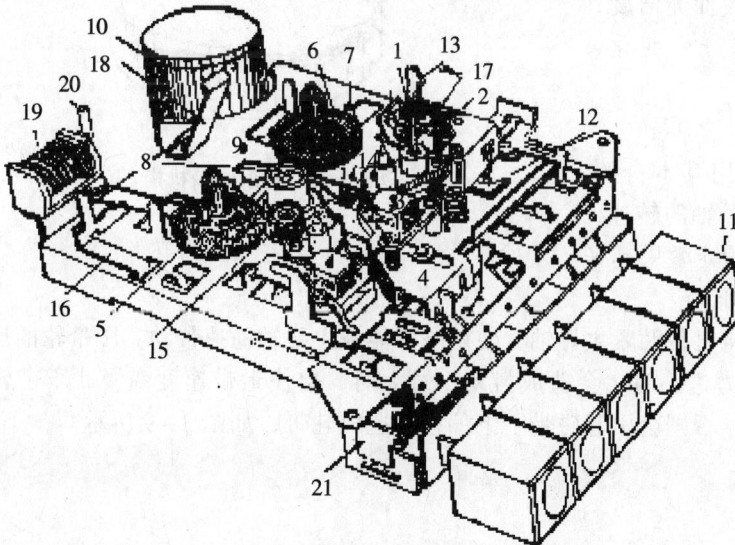

图 3 - 7　盒式录音机机芯结构

在盒式录音机中，驱动机构与磁头及各转换控制开关合为一体称为机芯，如图3-7所示。图中：1-主导轴；2-压带轮；3-抹音磁头；4-抹音磁头；5-供带盘；6-收带盘（也叫卷带盘）；7-收带小轴；8-收卷轮；9-制动器；10-电机；11-直键开关；12-自停机构；13-取盒机构；14-定位钉；15-防误抹机构；16-倒带轮；17-暂停机构；18-磁带盒压片；19-计数器；20-计数器复位按钮；21-功能操作机构。

二、磁带稳速走带机构

1. 主导机构的构成

磁带稳速走带机构又称为主导机构。它主要由主导轴、压带轮以及飞轮所构成，如图3-8所示。

2. 主导机构的作用

主导机构的作用是靠主导轴与压带轮之间的摩擦力来牵引磁带稳速地通过磁头工作缝隙。

（1）主导轴的作用

主导轴是走带机构中最重要的部件。对它的材料选用和加工精度都要求很高。外径尺寸精度、不圆度、弯曲度以及表面光洁度，一旦产生误差，带速产生变化，产生频率失真。

（2）飞轮的作用

飞轮的作用是利用其本身的转动惯量，来稳定主导轴的转速，飞轮转动惯量越大，稳定效果越好。

（3）压带轮的作用

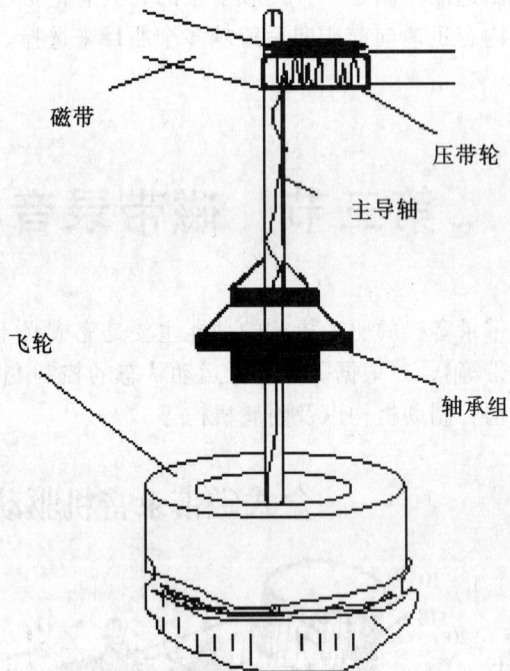

图3-8 稳速走带机构

压带轮的作用是将磁带贴紧主导轴，使得磁带能被主导轴稳速带动。压带轮的压贴力一般为1~2kg，压贴力过小时，会造成抖动；过大时，会使走带速度变慢。压带轮轴与主导轴必须严格平行，否则会引起磁带上下偏移，造成轧带，如图3-9所示。

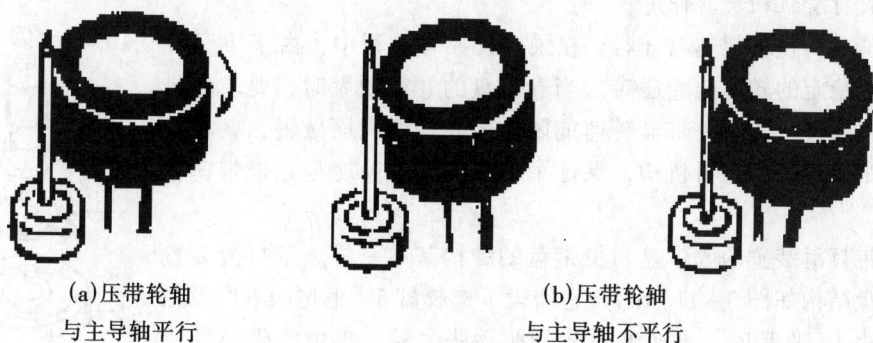

(a)压带轮轴　　　　　　　　　　　(b)压带轮轴
与主导轴平行　　　　　　　　　　　与主导轴不平行

图3-9　压带轮轴与主导轴不平行情况

三、供带、卷带机构

录音机的供带、卷带机构是给两个盘芯提供旋转力矩，使磁带能从一个盘芯卷入另一个盘芯。"供"和"卷"是对录、放音状态而言的，倒带则相反。供带、卷带机构由供带盘座、卷带盘座、卷带轮及传动组件等构成。

1. 供带机构

(1) 供带机构的作用

供带机构的作用是在录音、放音或快进状态时，给磁带提供一个适当而稳定的反张力，使被送出的磁带不致松驰；在倒带状态时，使供带盘座能快速转动，让磁带很快地进行倒卷。

(2) 供带盘的结构

供带盘与盒式磁带的盘芯相互配合卷绕磁带。它的结构一般如图3-10所示。图中1是开口档圈，2是止动帽，用来防止滑动轴套3被压簧弹出供带盘轴5。滑动轴套的内孔呈多角形，可以沿供带盘轴上下移动，并压紧压簧。轴套上有三条均匀分布的凸筋，用以与盒式磁带中盘芯的花键孔配合。6是供带盘座，它外面套有橡胶圈7，用来增大制动和传送时的摩擦动力。

2. 卷带机构

(1) 卷带机构的作用

卷带机构的作用是在录、放音状态时，能将磁带均匀地收卷；在快进时，能快速地收卷磁带；在倒带时，能给磁带提供微小的反张力，以免磁带松驰。

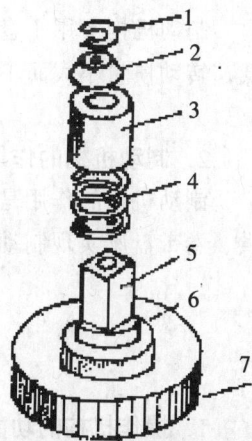

图3-10　供带盘结构

69

（2）打滑机构及其作用

打滑机构也称超越离合器。在录音、放音过程中，由于主导机构以稳定的转速收卷磁带。当卷带盘的卷径增大时，要求卷带盘的转速变慢。为了使带盘转速能随磁带卷径增大而减慢，就在卷带机构中设置一种打滑机构，保证了带盘的卷带速度与磁带带速相一致。

不带打滑装置的收带盘与供带盘的结构基本一样。带打滑装置的收带盘结构如图3－11所示。它增设了橡胶盘5、毛毡圈6以及三爪弹簧片4。收带时，电机通过皮带驱动张力轮，再由收带小轴驱动收带盘上的橡胶盘。由于橡胶盘与收带盘座8之间夹有毛毡，所以通过摩擦传动带动收带盘座和收带盘轴7去卷收磁带。当负载过重时，橡胶盘与毛毡圈或毛毡圈与收带盘座之间打滑，收带盘座和收带盘轴不再转动或降低转速。调整轴套2的松紧，即调整三爪弹簧片的压力可调整橡胶盘与毛毡圈和毛毡圈与收带盘座之间的摩擦力。图中1是弹簧挡圈，3是调整垫圈。

3．快进与倒带机构

快进与倒带机构主要作用是快速地分别在正反两个方向传动磁带，正方向快速传动称为快进；而相反方向传动称为倒带。

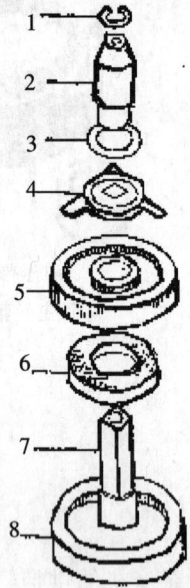

图3－11 带打滑装置的收带盘结构

四、制动机构

1．制动机构的设置

制动机构多用于盘式录音机和高档盒式录音机。普及型盒式录音机因重量小，转速低，转动惯量不大而不设置。

2．制动机构的作用

制动机构的作用是：当要把传动机构从各种运动状态转换为停止状态时，能够立即对供、卷带盘座实现制动（刹车）。

五、操作机构

1．操作机构的功能

盒式录音机中各种走带状态的转换，都是由盒式录音机上操作机构的各种按键来完成的。除了停止（常兼开门）键外，其余键在工作时都是要锁定的，有的自锁（如暂停键），有的互锁（其余各键），以便能保持机构的某种状态，它所操作的功能有：放音、录音、快进、倒带、停止、出盒及暂停等。

2．操作机构的形式

一般盒式录音机的操作机构，都采用机械组合方式，并能相互联锁的按键开关，而开关按键又分直键式和琴键式两类，如图3－12所示。

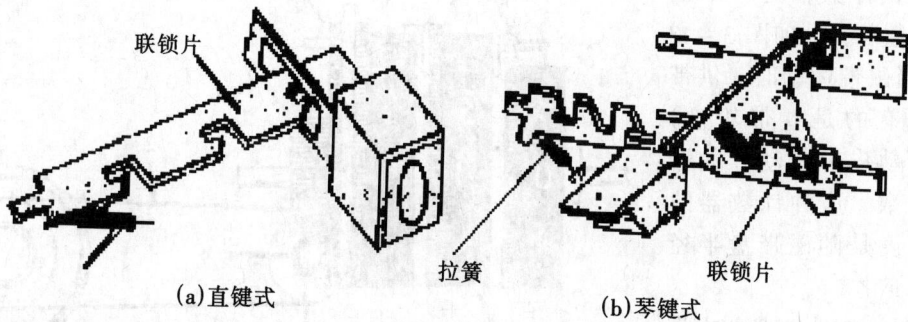

图3－12　按键开关及其联锁形式

目前高档机中趋向采用轻触式电气操作键，它是利用微型电磁继电器与控制电路来实现各功能的控制转换。

六、附属机构

录音机驱动系统的附属机构主要包括自动停机机构、暂停机构、防误抹机构以及磁带计数机构等。

1．自动停机机构

自动停机机构的作用是当磁带走到末端时，能使各功能键自动复位并转换为停止状态，从而使整个机构的全部运动停止。

2．暂停机构

暂停机构的作用是在录、放走带过程中仅能让磁带停止运动，并不停止其他机构的运动。

3．防误抹机构

防误抹机构的作用是为了防止因误按录音键，而将磁带上需要保留的内容抹掉。防误抹功能是依靠磁带盒上的防误抹片、防误抹机构及录音按键三者的相互配合来实现的。

4．计数机构

磁带计数机构是为了能方便地寻找磁带上所录节目内容的位置而设置的。可分为机械式和电子式两大类。

（1）机械计数器

机械计数器是一个三位数计数装置，如图 3 - 13 所示。当磁带运动时，供带轮盘（有的是卷带轮盘）通过传动皮带带动计数器转动计数。这种计数器的计数速度是随磁带盘半径大小而变化。

图中，1 是供带盘或收带盘，2 是橡胶皮带，3、4、5 是用于传动的蜗杆轮、蜗杆和蜗轮，6、7 是双联小齿轮和间歇小齿轮，它们带动示数齿数盘 8 转动，达到计数目的。

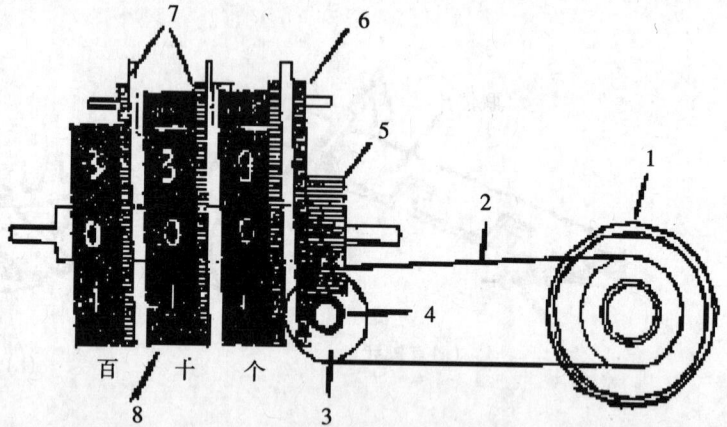

图 3 - 13　机械计数结构示意图

这种计数机构是显示的数字与某个带盘的转数成比例，而与磁带走带长度不成正比例，所以它只是大致估计走带时间。

（2）电子计数器

电子计数器实际上是一种计时器，它用计时的方式记下磁带所走的长度，所显示的数字与磁带走带长度成正比例。

第四节　常用典型录音机简介

日常生活和工作中，常用的录音机主要有盒式磁带录音机、盘式磁带录音机和数字磁带录音机等。

一、盒式磁带录音机

以熊猫牌 SL - 05 型盒式立体声收录机整机为例，加以简要分析介绍。

1．整机主要性能指标

接收频率：

调　频：88～108MHz

中　波：525～1605KHz

短波Ⅰ：3.2～9MHz

短波Ⅱ：9～24MHz

中　频：FM 10.7MHz；　　　　　AM 465KHz

频　响：FM 200～7000Hz；　　　AM 200～3000Hz

立体声分离度：＞20dB

FM/SWⅡ：旋转式拉杆天线；MW/SWⅠ：机内磁棒天线

音轨形式：双声道四轨迹

带速：4.76cm/s

抖晃率：＜0.3% WRMS（JIS）

录音系统：交流偏磁

抹音系统：交流抹音

放音频响：125～8000Hz

录音频响：125～6300Hz

输出功率：5.8W＋5.8W

电　　源：DC12V

　　　　　AC220V/50Hz

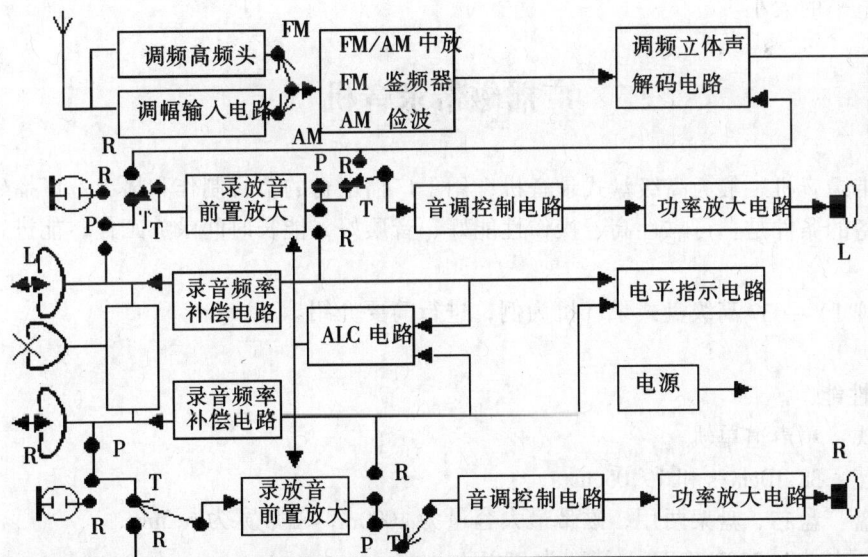

图 3－14　SL－05 收录机方框图

2. 整机电路原理方框图

熊猫牌 SL－05 型收录音机由电源电路、录放音前置均衡放大电路、音调控制电路、功放电路、调幅/调频收音电路、调频立体声解码电路、电平指示电路和录音机芯等组成。图 3－14 所示是其整机电路的原理方框图。各部分电路的作用简述如下：

电源电路给整机各部分电路提供 ＋12V 的直流电压。

录音均衡放大电路是将话筒或线路或收音电路输入的电信号进行录音均衡放大，然后送到录放磁头将电信号变为磁信号记录在磁带上。录音均衡放大电路包括录音放大电路、录音自动电平控制电路（ALC）、录音频率补偿电路、偏磁振荡电路和抹音电路。放音前置均衡放大电路的作用是将录放磁头从磁带上感应出来的微弱信号进行放音放大，并进行放音均衡，再送往音调控制电路和功放电路放大，由扬声器放出声音。

音调控制电路可以对音频信号中的高音和低音信号分别进行提升或衰减。它是由低频放大电路和音调控制网络组成。

功率放大电路是对音频信号进行功率放大，使左、右声道最大输出功率各为 5.8W。

收音电路的作用是将天线接收的调幅、调频或调频立体声广播信号进行变频、放大和解调。如果收听的是调频立体声广播，则解调后的立体声复合信号还要送到调频立体声解码电路解码为左、右声道的音频信号（调幅和单声道调频电台的音频信号能直接从解码电路通过）。这些音频信号经过收音和放音共用的音调控制电路、功放电路由扬声器输出，或送到录音电路录音。

电平指示电路的作用是各用 5 只发光二极管（LED）来显示左、右两声道的录音电平或功放输出电平的大小。

二、广播磁带录音机

广播磁带录音机一般为高级盘式录音机，用于广播电台的节目制作和播出。广播磁带录音机应具备的条件是：可靠性高、操作性能好、音质好，能长时间录放工作，能进行磁带编辑等。

以乐羊牌 LY－637 高级盘式录音机为例，进行简要介绍。

1. 技术性能

音轨方式：单声道单轨

带　　速：38.10cm/s 和 19.05cm/s

带　　盘：盘芯、盘架两用，磁带最大容量为 1000m，磁带宽为 6.3mm

电源及耗电：AC220V/50Hz，消耗为 230VA

输入阻抗大于 5000Ω（平衡式）；输出阻抗：600Ω（平衡式）

输入电平：最小 －2dB；额定 ＋4dB；输出电平：额定 ＋4dB

带速误差：不劣于 ±0.2%

抖晃率：带速 19.05cm/s 不劣于 ±0.2%（计权）

带速 38.10cm/s 不劣于 ±0.15%（计权）

倒带时间：满盘小于 2.5 分钟（1000 米）

录放通道频响：38.10cm/s $f_1 = 40Hz$ $f_2 = 63Hz$

                                  $f_3 = 12KHz$ $f_4 = 16KHz$

                19.05cm/s $f_1 = 40Hz$ $f_2 = 80Hz$

                                    $f_3 = 10KHz$ $f_4 = 14KHz$

录放通道信噪比：带速 19.05cm/s，56dB；带速 38.10cm/s，58dB

录放通道总谐波失真：带速 19.05cm/s，小于 2.5%；带速 38.10cm/s，小于 2%

消磁电流：大于 70mA；偏磁电流：最大 20mA

外形尺寸：高 1090mm，长 672mm，宽 610mm

重　　量：80kg

2. 穿带路径

磁带由供带盘引出→左张力臂→左惰轮→磁头架固定导带柱→消磁头→录音挑带柱→录音头→放音挑带柱→放音头→磁头架固定导带柱→主导轴和压带轮之间→右惰轮→右张力臂→收带盘，如图 3－15 所示。

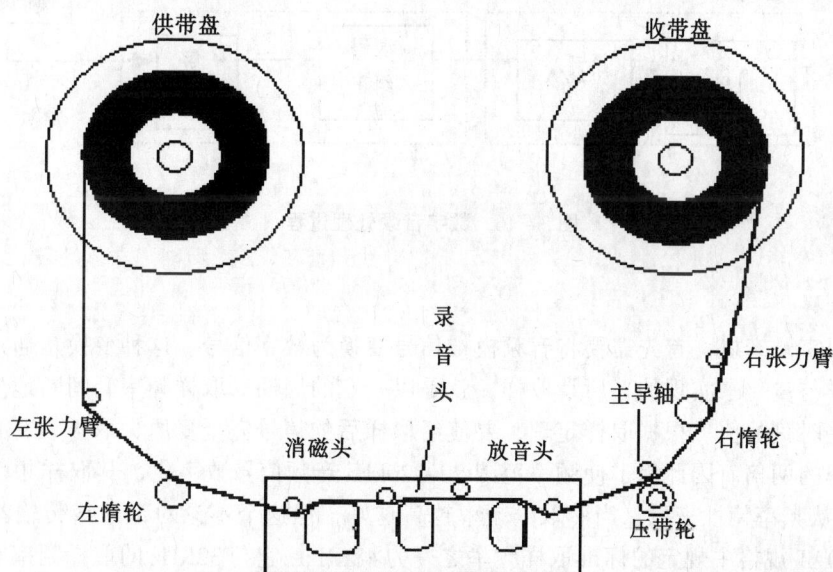

图 3－15　穿带路径

三、数字录音机简介

60 年代末，日本 NHK 研究所研制出 PCM（脉冲编码调制）录音机，标志着数字录音机的诞生。二十几年来，尤其是从 80 年代初开始，数字录音机技术有了飞速的发展。CD（激光式数字音频唱片）及其放唱设备的商品化，显示出数字技术与传统的模拟录音技术相比有许多明显的优势。时隔几年，一种能自行录音、复制和编辑的家用数字音频磁带录音机（Digital AudioTape – DAT）又于 1987 年初在日本投放市场。DAT 的出现，在音响界被认为是相当于彩色电视迅速取代黑白电视的一场革命。本节将简要地介绍 DAT 的基本工作原理和性能。

1. DAT 的音频处理过程

DAT 作为记录和重放 PCM 信号的新一代数字录音机，它的音频信号处理过程如图 3 – 16 所示。

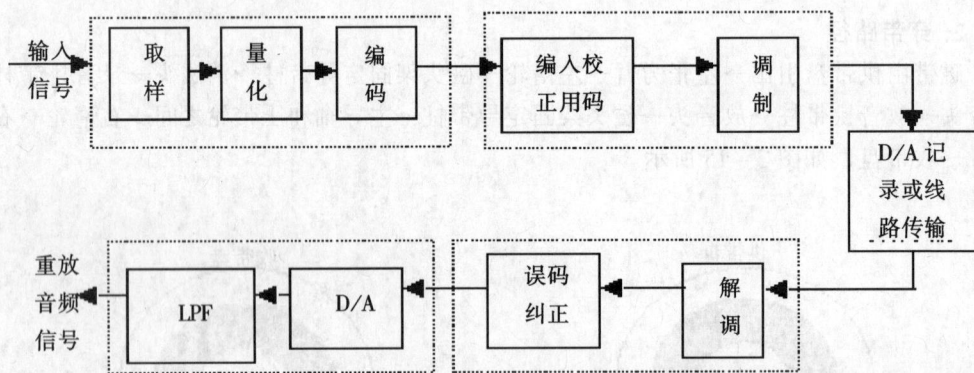

图 3 – 16　数字音频处理过程

（1）取样

作为数字录音机，首先需要将音频模拟信号变换为数字信号。这种变换是通过对模拟信号的取样与量化来实现的。所谓取样，就是以一定的周期（取样频率）间断地处理模拟信号在这些时刻的值。根据取样定理，要使经取样后的信号完全复原，取样频率必须至少为信号频率的两倍。因此为了使频率范围 20 ~ 20kHz 音频信号数字化，其取样频率要大于 40KHz，单从频率特性来看，当然取样频率越高越好，但这个不论对记录或传输都是不经济的。在 DAT 规格中规定的标准取样频率之一为 48KHz，它与 32KHz 的取样频率有很好的兼容性，并且在 24 幅/秒的电影和 625/25 的电视系统中都不会产生润帧问题。在取样之前，要将超过信号最高频率的频率成分用极陡峭特性的低通滤波器切除掉，以免在取样时这些频率成分折返回频率内成为失真。

（2）量化

所谓量化，就是将幅度划分为若干等分值，将取样所得的结果与等分值比较，四舍五入取其整数，对落在同一等分值内取样值归入同一量值。

76

显然，等分值划分得越多，量化误差就越小。DAT采用的主要是16bit线性量化，也就是将模拟信号总的幅度范围划分为65536级（即等分值，16bit = 2^{16} = 65536级）。这样，取样后的每个脉冲信号被分为65536级，其中幅值（音量）最小的级被定为1，而幅值最大的级被定为65536。

（3）PCM编码

对每一级的量值，用16位的二进制数码来表示称为PCM编码调制方式。取样后脉冲的每一量化级都有自己的编码，这一量化编码过程由A/D（模/数）转换器来完成。至此，也就完成了模拟信号——PCM编码——数字信号的转换过程。实现数字化的调制方式还有脉冲幅度调制（PAM）、脉冲宽度调制（PWM）和脉冲计数调制（PNM）等。由于PCM是用二进制1与0编码的，反映在电路只有高低两个电平，因而具有动态范围大，噪声改善和非线路改善性能好等一系列优点，是各种数字化调制中最佳的方式，被各种数字音频装置所广泛采用。

（4）传输线路编码

为了在极其恶劣的传输条件下仍能充分发挥PCM调制带来的种种优点，一般在传输前在PCM信号的基础上编入种种纠正错码用的校正代码，并为了进一步改善传输条件而作第二次调制，通常称为传输线路编码。然后进行CD唱片的灌制、DAT磁带录制或进行线路传输。

（5）PCM信号的还音

PCM信号的还音过程与上述正好相反。首先要经过相应的线路传输解码，进行误码纠正，然后让PCM信号通过D/A（即数/模）转换器，再经过低通滤波器，就使PCM信号转变成原来的音频模拟信号了。

2.DAT的优点

下面，我们就一些主要的录音技术指标，将DAT录音与模拟录音做一对比，从而了解DAT的优点。

（1）动态范围及信噪比

我们知道，在模拟录音中，动态范围的下限是由磁带背景噪声，直流剩磁噪声及放大器的固有噪声取其准峰值所定，而上限则为与最高磁通对应的电平。国家标准规定，录音机的信噪比应≥61dB（不计权），则动态范围≥64dB。数字音响的信噪比主要是量化噪声，以DAT的量化以16bit为例，其动态范围可高达96dB。即使考虑到其他因素，一般也可达90dB，大大高于模拟录音。

（2）频率响应

在模拟录音和还音中，整机的频率响应特性，尤其是高频段的频率特性会因各种损耗而劣化，而低频段也由于放大器的增益及阻容元件影响造成下跌。国家标准规定：63Hz～10kHz，±2dB；40Hz～14kHz，±4dB。DAT由于采用了PCM技术，其频率特性可以做到2Hz～22kHz±0.5dB的高水平。

（3）失真率

我们知道，模拟录音的失真主要是电磁转换过程存在的非线性产生的，记录时产生的失真，以三次谐波为主，而二次谐波成分则很少。国家标准规定：谐波失真系数（参考磁平，1kHz）整机≤1.5%。DAT不是像模拟录音那样将音频电信号直接进行电磁转换，而是采用PCM技术，重放时只要能判断出有无脉冲信号即可，这样电磁转换引起的非线性失真和噪声都不会直接影响高频信号的质量。DAT的失真率可以做到在1kHz时<0.0055%。

（4）抖晃率

所谓抖晃率是指在录音及还音过程中因录音载体不规则运动而在已录信号中引起的寄生调频现象。通常将频率高于10Hz时称为抖动；当频率在10Hz以下时称为晃动，有时也称为带速波动。带速的这种周期性变化的相对值（相对于带速平均值），称为抖晃率。

模拟录音机带速抖晃率的大小主要由机械传动系统性能决定。我国标准定为<±0.1%（计权），国外产品最高指标可达<0.04%（计权）。

DAT的带速由主导电机决定，而主导电机由石英晶体振荡器产生的时钟脉冲来进行速度和相位伺服，且重放时由AFT控制，因而DAT的抖晃率是由晶体的精度来决定的。更确切地说，DAT磁带在重放的时候，信号中还存在抖晃的成分，将这一信号送到缓冲存储器以后，按照精确的时钟读出时，抖晃就在此被吸收解决了。因为晶振的精度远高于抖晃率的可测极限（±0.001%计权），所以，一般看到的DAT技术指标中抖晃都称为"测量不出"或"低于可测量极限"及"限于晶振的精度"等。

（5）复制转录

录音节目的成品，一般都是经过剪接和复制转录完成。在模拟录音中，每经过一次复制，磁带上的噪声就被积累一次。因而，噪声是随复制的次数增大的，使用DAT进行复制转录时，由于可直接进行数字间的复制，因此，不存在任何复制损失及噪声叠加。如果母带由于存放过久或通过磁头次数过多以及局部受到机械损伤，造成信号失落，还可以纠错和补偿，使复制带完好如初。DAT的这种数字复制时音质毫无劣化的特点对于唱片出版商构成了极大的威胁，因而出现了有关版权的问题，并为此制定出了DAT的新的格式，使DAT不能以数字的方式复制CD唱片，而只能以模拟的方式进行。但是，对于专业领域使用的DAT，将不受上述的限制。

第五节　新型录音机概况

随着数字技术的迅猛发展，新型的录音机也不断推陈出新，如CD唱机、磁光盘录音机和全固态录音机等。

一、CD唱机和唱片

激光唱片唱盘机又称CD唱片、唱机，所谓CD，即Compact Disc – Digital Audio 的缩写，原义为"数字化精密型唱片及放唱系统"，该系统由激光唱片和唱机组成。它是采用激光方法来刻录和读取信息的小型数字音响唱片系统。CD是索尼和飞利浦合作开发的结果。1980年宣布的CD技术标准对表示数据的凹痕及其螺旋光道上分布的物理特性进行了描述。CD是集中了光、机、电于一体的高科技产品，因此具有传统的模拟放唱所不可比拟的优点。例如：记录信息密度高、寿命长、不怕灰尘、功能齐全、操作方便、音质好、失真小等，这都是普通磁带及唱片系统所望尘莫及的。

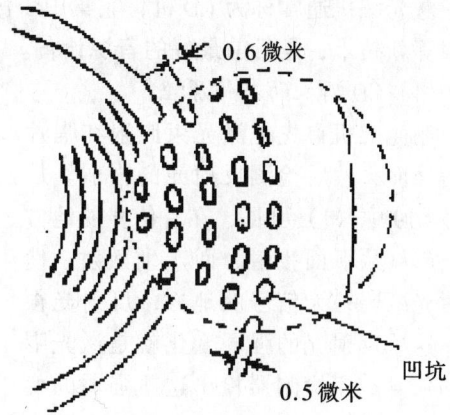

图 3 - 17　CD 唱片

1. CD 唱片

CD唱片是由聚碳脂材料注塑模而成的唱片。摩托车头盔和防弹玻璃也是采用这种材料制成。该材料寿命长且不易损坏，不过对光盘仍要小心，保持干净。

（1）CD 唱片的结构

CD唱片的基片是由厚度为 1.2mm 的透明聚碳酸酯板构成的，在它的内表面刻有深度为 $0.1\mu m$、宽度为 $0.4\sim0.5\mu m$，长度不同的信号坑，经过镀铝膜和涂敷树脂保护层而构成，如图 3 - 17 为激光唱片的剖面图。

CD唱片为单面结构，呈银色，其外径为 120mm，信息面分为三个区域：导入区、内容区和导出区。

（2）CD 唱片信号的录制

CD唱片信号的记录与制作过程为：将模拟信号经过取样，量化和编码，转换成数字信号。再以这些数字信号去控制激光束，在涂有感光材料的玻璃原盘上一会儿曝光、一会儿不曝光，经显影后则在原盘上留下按一定规律排列的凹坑，如图 3 - 17 所示。这些凹坑的长度和间隔表示了信号的编码，由此完成了信号的数字化记录。记录了数字信号的原盘可以用来大量复制生产 CD 唱片，其生产工艺与普通的密纹唱片很相似，如图 3 - 18 所示唱片的制作过程。

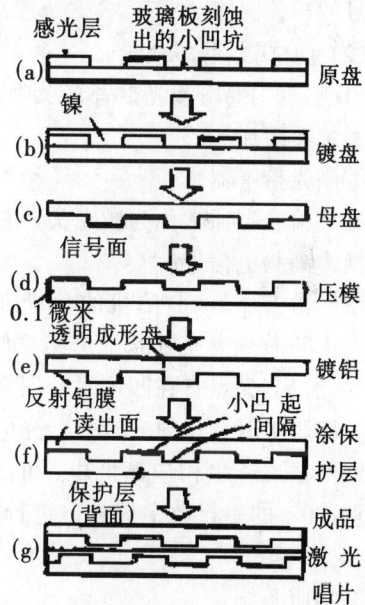

图 3 - 18　唱片制作过程

首先将原盘进行银化或电铸镍处理，成为唱片的金属母盘，再由母盘电铸镍制成模版，利用模版进行压印塑料即可复制出大量忠实于原版的 CD 唱片。通常为了保护 CD 唱片上刻录的信息，都在复制的信息层上蒸镀一层铝反射层并涂上保护膜。

2.CD 唱机

激光唱机通常称为 CD 机，它集中了激光技术、数字信号处理技术、自动控制与精密伺服等新技术，是目前最好的音源设备。

（1）CD 唱机的工作原理

激光唱机首先把激光束照射在唱片的信号面，然后检测反射光的强弱。从图 3-19 中（1）可见，在有信号的地方有凸起（从下面投射）而产生散射，使反射光减弱；无信号的地方，反射光很强。这些反射光的强弱变化就是激光唱片的信号。用检测器检出这些强弱的变化，经放大和处理后，便可还原出原来的声音。

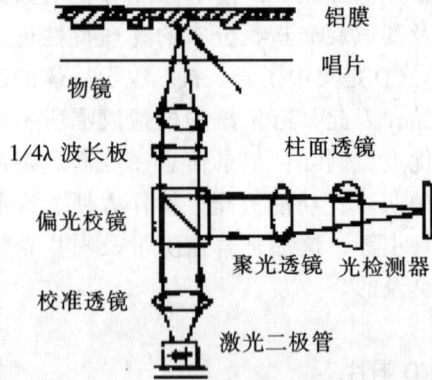

图 3-19 激光拾音器

从图中（2）可以看到，激光束聚焦在透明聚酯板的内表面上，距外表面为 1.2mm。当唱片表面沿有灰尘或带有划伤时，它们处于激光束的焦点以外，因此，不影响信号的检拾。

（2）CD 唱机的组成

CD 唱机主要由激光拾音器及唱盘系统、伺服系统、信号处理系统、信息存储系统与控制系统等组成。

①激光拾音器

激光拾音器通常称为激光头，它的作用是正确读取激光唱片反射的光信号，并把光信号转换为高频电信号。

激光拾音器是 CD 唱机的关键部件。激光器是一个小功率（mv 级）AIGAS 激光二极管，发出的激光束通过光学透镜系统投影到唱片的信息面上，由于唱片上记录了许多凹坑，因此，当光点打在凹坑时，因发射光较弱，光电检测器检拾的信号小；当光点打在无凹坑的铝膜上时，反射光较强，光电检测器检拾的信号大，这样，对应着凹坑的有无就在检测器的输出产生相应高低电平的脉冲信号，然后经过 RF 放大，由其内部比较器得到"1"和"0"的串行数字信号，进行处理，然后由 D/A 变换成声音信号输出，如图 3-19 所示。

②伺服系统

在激光唱片上，信号轨迹排列得十分紧密，信息凹坑（从树酯面向下看）又非常小。为了保证激光拾音器发出的激光能准确地照射到信号轨迹上，又不致于受到唱片可能发生的形变的影响，在激光唱机内设有自动聚焦伺服系统、自动循迹伺服系统和进给伺服系统。另外，为了保证激光拾音器能以恒定的速度扫描信号轨迹，还设有主轴伺服系统。

a. 自动聚焦伺服系统。激光拾音器的激光聚焦平面正好和唱片的信息层面相重合。当唱片发生翘曲等变形时，唱片位置到聚焦透镜的距离就会改变，造成反射光强度的误差。这种由距离产生的误差称为轴向误差。

自动聚焦伺服系统的作用是消除拾音器拾取信号时的轴向误差，保证在唱片有小面积变形时，仍然能实现自动聚焦。

b. 自动循迹伺服系统。激光束在扫描信息轨迹时，如果不能准确地落在信息点上，而是忽左忽右，就会降低拾取精度。这种循迹误差称为径向误差。

产生径向误差的原因很多，如：唱片加工精度不高、激光唱机振动或抖晃等。

自动循迹伺服系统通过检测扫描轨迹与正确轨迹之间的偏差，用检得的偏差信号驱动透镜或反射镜沿径向移动激光头，达到准确循迹，消除径向误差。

c. 进给伺服系统。激光唱片在放唱时，激光拾音器是从内圈向外圈沿着信号轨迹不断地作径向循迹移动的，这个移动过程称为进给。激光拾音器移动的速度应非常精确、稳定，否则将不能对准信号轨迹，而产生循迹失真。

进给伺服系统从循迹伺服驱动放大器得到循迹误差信号，经低通滤波、进给驱动放大后，使进给电机带着激光拾音器沿径向移动，消除循迹误差。

从进给伺服系统和自动循迹伺服系统的作用可以看出，它们都是为了消除径向误差而设置的。进给伺服是径向的粗伺服，自动循迹伺服是径向的细伺服。

d. 主轴伺服系统。激光唱片是采用恒线速度方式录制的，因此在播放时要求激光拾音器应以恒定的速度扫描信号轨迹。

激光唱片内圈与外圈直径不同，要想得到恒定的线速度，唱片的转速就不能是定值。内圈直径小，转速必须加快；外圈直径大，转速必须减慢。

唱片转速的变化是由主轴伺服系统来控制的，它的目的就是使激光拾音器在单位时间内拾取的信息量为一恒定值。

③信号处理系统

a. 射频放大电路。对激光拾音器输出的高频电信号进行放大、整形，输出 EFM 信号。

b.EFM 解码及数字信号处理电路。对 EFM 信号进行解调、纠错、插补等处理，输出16 位的数字音频信号。

c.D/A 转换电路。将数字音频信号转换成模拟音频信号，经低通滤波后输出。

④控制显示系统

接收各种操作指令和各种检测数据，并对各种输入信息进行判断和处理，产生相应的输出指令控制机械部分和电路部分工作，并显示各种信息。

⑤电源

向激光唱机各部分提供所需要的不同电压和电流。

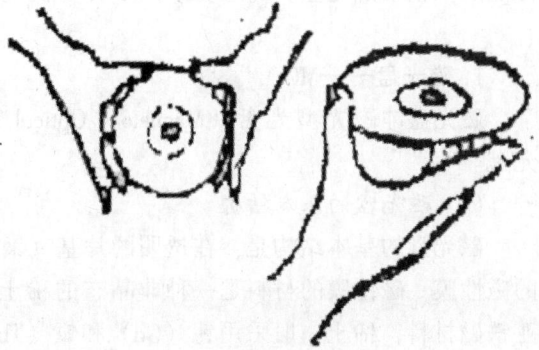

3. 使用 CD 唱片、唱机的注意事项

(1) CD 唱片的使用

①持边轻拿

图 3－20　手持激光唱片的正确姿势

从片盒中，拿取唱片时，要手持唱片的边缘部分或中心孔，如图 3－20。以防唱片表面沾上指纹或被指甲等硬物划破。

②正确放置

放音时，按下唱片座开/闭按钮，要等唱片盘全部操出后，再用手持唱片边缘轻轻置入抽屉内放平整。注意有字的面向上，不要放反，因为 CD 唱片只有单面记录信息。要轻拿轻放，避免跌落，摔裂和损伤。

③合理清洁

如唱片表面有污迹，可以用柔软的绒布蘸水或专用 CD 清洁剂擦拭，应注意须从唱片中心直向外擦，而不能顺着螺纹擦。

④妥善存取

CD 唱片应放在专设的唱片盒内，并竖直存放，防止唱片翘曲。应存放在阴凉通风的地方，要远离热源。要注意防灰尘、太阳直射或磨碰损伤。

⑤严防损伤

不要在唱片上粘贴别的标签或纸物，也不要用圆珠笔、硬笔等在唱片标签上写字。搬运唱机时，要将唱片从唱片抽屉取出。

（2）CD 唱机的使用

①不要使用有裂纹或扭曲变形的唱片，以免损坏机器。

②不要长时间使用暂停功能。因为暂停时，虽然声音停止了，但唱片仍在旋转，如果打算较长时间停放，则应按停止键，使唱片处于静止状态。

③CD 唱机在使用中应避免震动，不要随便搬动。

④CD 唱机内部结构精密，以保证放音质量达到高标准。因此，不要随便拆开机器，自己乱修。

二、磁光盘录音机

磁光盘录音机是数字音频技术与计算机相结合，以磁光盘为记录载体的录音机，它的性能既依赖于磁光盘，而且更取决于计算机硬件的速度和软件的开发。

1. 磁光盘——MO

磁光盘即磁光型光盘（Magneto - Optical Disc 即 MO 或 MD），是一种可重复擦写的光盘。

（1）磁光盘的基本结构

磁光盘的基本结构是：在透明的片基（聚碳酸酯）上用阴极蒸发法附上一层薄而均匀的磁性膜。磁性膜的材料是一种非晶态的稀土——过渡金属（RE—TM）薄膜，这是一种亚铁磁材料，稀土一般采用钆（Gd）和铽（Tb），过渡金属常用铁（Fe）和钴（Co）。

（2）磁光盘的录放基本原理

磁光盘上磁膜的垂直方向是容易磁化的方向。如果对磁膜施以垂直的外加磁场 H_0，且 $H_0 > Hc$（磁膜材料的矫顽力），不论原有磁极性如何，这时，磁膜的磁畴将全部与外加磁场的方向一致；若在磁膜的局部加上与原来磁场极性相反的外磁场，且 $H_0 < Hc$，磁膜的极性仍将维持原状。但是，在同样大小的反向磁场的作用下，用聚焦在磁膜上的激光束照射，让磁膜局部的温度达到居里点，使磁性体的矫顽力减小到足够小的程度，这时由于反向外磁场的作用，很容易使磁性膜倒转它的磁极性。当激光点移开，温度降低以后，这点的磁性就保持下来，也就写入了信号。这就是磁光盘的记录基本原理。

从磁光盘读取信号是利用克尔（Kerr）效应，即用一束固定偏振方向的激光照射到已磁化的磁膜上时，反射光的偏振面要旋转一定的角度。当磁膜的极性反向时，反射光的偏振面要向相反的方向旋转。虽然这个旋转角只有 0.5^0 左右，但这对于系统区分二进制的"0"和"1"是足够的，利用偏振光分离器转换成光量差，从而可以读出信息。

（3）磁光记录的两种基本形式

要把数字信号记录到磁光盘上，信号的调制方式基本上有两种：

①光调制方式。即用数字信号去调制激光束，使光束的强弱对应数字信号的"0"和"1"，只有当激光束处于强的"1"状态时，信号才被写入；激光束处于弱的"0"状态时，磁膜极性仍维持"0"状态的极性。

②磁场调制方式。即把数字信号送入磁头，产生与"1"和"0"信号相对应的极性变换的磁场，而激光束以恒定的记录强度照射，不管磁光盘上原来记录的是什么信号，通过激光照射点以后，磁膜就按磁头输入信号的极性磁化，即写入了信号。磁场调制方式在记录前不需要消去原来记录的信号，在写入新信号的同时就消去了原有的信号，这种特性叫做可重叠写入，或称之为超可写性。SONY 开发的 MD 录音机，就是采用这种磁场调制方式。

用连续激光照射的磁场调制，当信号数码率较高时，易产生拖尾现象而降低信噪比，所以在数码率较高时采用激光脉冲磁场调制，即让激光束按一定间隔进行脉冲照射，同样起到局部加热的作用。

2. 磁光盘录音机

现在磁光盘录音机在广播新闻节目制作和记者采访中已开始使用。如 SONY 公司开发的 MD 磁光盘录音机已上市几年。1997 年 8 月 26～29 日在北京举行的 BIRTV'97 展览会上，日本小谷公司展出并交流了近年推出的三款磁光盘录音机，三种型号为 PD－20、PD－80 和 DX－5050，下面就其功能、应用与特点进行简介，以此展望磁光盘机的未来。

①PD－20 是具有 2 通道输入和输出的磁光盘录音机，内部可进行 4 轨记录，它是一台主要用于 2 声道信号录放、复制的录音室设备。机器还具有一定的剪接、编辑功能，内部有四轨可供调用，能完成较简单的节目加工制作以及配音。可安装于 19 英寸的标准机架，通过摇控器进行操作。

②PD－80 是小谷公司 1996 年的产品，是一部专为广播、电视录音棚及视音频节目制作设计的 8 通道磁光盘录音/编辑机，具有数字输入/输出接口。

③DX－5050 是具有 2 声道便携式磁光盘录音机，该机适用电台、电视台在录音棚作现场及远距离录音用。DX－5050 采用 ISO 标准化的 3.5 英寸磁盘作为记录载体，这种已广泛用于计算机的 MO 盘可以很容易买到，目前有 230MB、540MB 和 640MB 三种，录音时

间分别为 20 分钟、50 分钟和 60 分钟（44.1kHz 取样，立体声）。DX – 5050 的操作与传统的磁带录音机很相似。

DX – 5050 的最大优点是，所用 MO 盘的格式与 DOS 的格式相同，因此市面已格式化的可直接使用，MO 盘录音的数据格式与 Windows 标准的 WAVE 格式相同。因此，一般 PC 机的数据与 DX – 5050 的声音数据是相通的，连机后可以互相抓取。正是因为这样，DX – 5050 录的声音数据可以由抓取并经调制解调器（Modem）传送到远地，进行远地录音，或者把采访的内容迅速传回台内。

三、全固态录音机

近年虽然国内外报道全固态录音产品并不多，但这种新型产品现确实已经问世，目前不仅美国、日本市场已有此类产品上市，而且我国也已有企业正在研制，并投入生产。

1．全固态录音机基本原理

全固态录音机不同于其他录音机，主要区别在于其采用了半导体存储器作为记录载体，而他录音机是使用磁带或光盘。实现全固态录音的首要条件是要有一种存储容量大而且可擦写的半导体存储器。这种存储器不同于动态随机存取存储器（DRAM），因为 DRAM 在切断电源后存储信息会随之消失。利用全固态的半导体存储器是新型电可擦非易失性的半导体存储器，如快闪存储器，它是利用"热电子"注入完成录入过程，利用福威尔—诺德海姆隧道效应完成擦除功能。又如铁电存储器，同样是一种新型可擦非易失性存储器。从研究的成果来看，其性能优于快闪存储器，有望成为最终存储器。目前各国和各大电子公司正在积极研制之中。

2．全固态数字录音机

全固态录音机也称集成电路录音机。因为它不需要磁带或光盘，而是直接记录在半导体芯片上。从目前市场推出的产品来看，此类新型录音机的性能离高保真录放音要求尚远，有待继续研制和开发，但已达到清晰语言录放的要求，适于一些特殊的用途。例如日本三洋公司的 TRC—ICPI 型数字式集成电路录音机，采用了插拔式快闪存储器集成电路卡作录音媒体，32M 芯片可录音 44 分钟，可通过语声启动录音，无机械传动机构，可高速访问、提示索引。采用直流 3V 电源，体积为 69（宽）× 120（高）× 27（厚）mm。目前售价约合人民币 1 700 元。

又如我国北京莱狮电子有限公司研制生产的微型数字式集成电路录音机，采用类似 MD 和 DCC 的数据压缩技术（即压缩至 1/4 或 1/5），一块 32M 的芯片快闪存储器集成电路片可录音 1 小时，采用 64M 芯片，可录音 2 小时。整机体积与上述三洋公司产品相似，产品性能和功能优于前者，售价为 850 元。从现在出台的全固态数字录音机来看，其存在的最主要问题是录放音的频带太窄，只限于语言频段，例如日本三洋的 TRC—ICPI 型集成电路录音机的录放音频率范围仅为 200～2900Hz，这主要仍是采用的半导体存储器存储容量的限制。如果在芯片技术上再上一层，全固态数字式录音技术将是今后发展的趋势。

第六节　录音机的使用与维修保养

一、录音机的使用

只有熟悉盒式收录机的功能及其控制按键、旋钮和各种装置的使用方法，才能顺利地操作，充分发挥机器的优点，取得最佳效果。

1. 基本功能按键

①放音键（PLAY）：常用"▶"作标志。

②录音键（REC 或 RECORD）：常用"●"作标志。

③快速键（F·F 或 F·FWD）：常用"▶▶"作标志。

具有人工选曲功能的录音机，常在此键旁标有"CUE"字样，表示此键兼有"选听"功能。

④倒带键（REW 或 REWIND）：常用"◀◀"作标志。

具有倒带复听功能的录音机，常在此键旁标"REVIEW"字标，表示此键兼有"复听"功能。

⑤停止键（STOP）：常用"■"标志。

⑥取盒键（EJECT）：常用"▲"作标志。

许多录音机中取盒与停止键共用，第一次按下此键，起停止作用，第二次按下此键，盒仓打开。

⑦暂停键（PAUSE）：常用"Ⅱ"作标志。

2. 功能开关

①电源开关（ON/OFF）

有的录音机无此开关，这种录音机工作完毕后，应将交流电源插头拔掉。

②磁带选择升关：常用"NORMAL, Fe_2O_3"即普通磁带，它又分为 LN 带（适用于语言录音）、LH（适用音乐录音）、高性能 LH 带（适用于专业音乐录音）；"CrO_2"即二氧化铬磁带（适用于录制交响乐曲）；"METAL"即金属磁带，最高质量磁带，最适用于录制各种动态范围大的高保真音乐节目。

③单声道、立体声转换开关：常有"STEREO（立体声）、NONO（单声）和 WIDE（立体声展宽）"。

④工作方式选择开关：常有"RADIO（收音）、TAPE（磁带）和 SLEEP（睡眠）"。"SLEEP"是机器具有定时关闭收音和录音部分电源开关。在收听或收录广播节目时，机

内装有一盒磁带，并将此开关置于"SLEEP"处，磁带走完，自动切断电源。

⑤差拍消除开关（BEAT）：在收录调幅广播时，用以消除因超声频振荡与外来信号所形成的啸叫声。

⑥监听开关（MON 或 MONITOR）：机内话筒录音用"OFF"；线践（LINE）用"ON"。

⑦自动电平控制开关（ALC）：有"AUTO（自动）和 MANUAL（人工）"。

⑧自动频率跟踪开关（AFC）：在收听调频广播时，找准电台后，拨至"ON"。正在调谐时用"OFF"。在收听调幅广播时无效。

⑨编辑开关（EDIT）：在录制节目时，可将此开关按住 4～5 秒钟，磁带上可空出 4～5 秒，作为自动选曲用。

⑩响度开关（LOUD 或 LOUDNESS）：保证音量小时的音质。

⑪杜比降噪开关（DOLBY）：当开关拨至"ON"时，降低高频噪声 3～10dB。

⑫"语言研究"开关（LL 或 LANGUAGE LABORATORY）：录音时，可使双声道分开使用。

⑬收音机波段开关（SW 是短波、MW 是中波、LW 是长波、FM 是调频），即 BAND SELECTOR。

3. 旋钮

①音量控制钮（VOL 或 VOLUME）：旋向"MAX"为最大，旋向"MIN"为最小。

②音调控制钮（TONE）：旋向"HIGH"为高，旋向"LOW"为低。

③平衡钮（BALANCE）：用来调节左、右声道的平衡。

④微调钮（FINETUNING）：收音时，用来微调电台。

⑤变速钮（SPEED）：用来调节磁带走带速度。

4. 插孔

①话筒输入插孔（EXTMIC）：用外接话筒录音时的输入插孔。

②线路输入插孔（LINE IN）：电平较高的录音信号由此孔输入。

③线路输出插孔（LINE OUT）：是放音输出信号的输出插孔。一般在线路转录或外接功率放大器时，信号由此输出。

④遥控插孔（REM 或 REMOTE）：用此开关可远距离控制录音机电动机电源，使走带机构暂停运转。

录音时，如果声音有较长时间停顿，则为了节省磁带及减小电动机等磨损，用此开关（多设在手持话筒手柄上）切断电动机电源。如果需要录音时，推至"ON"。

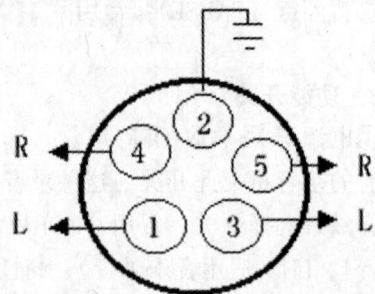

图 3－21　DIN 插座

⑤外接扬声器（EXTSP）和耳机插孔（HEADPHONE）。

⑥五芯标准插座（DIN）：即按德国工业 DIN 标准，如图 3－21 所示。

在立体声收录机中，DIN 插座的接法如下：1 孔为左声道输入，4 孔为右声道输入，2 孔为公共接地，3 孔为左声道输出，5 孔为右声道输出。

在单声道录音机中，DIN 插座的接法是：1 孔为录音输入，2 孔为公共地，3 孔为录音输出，4、5 孔空出。有的是 4 孔与 1 孔、5 孔与 3 孔相连。在 DIN 插座中多置有一个开关，当插头插入时，此开关自动将机内话筒或喇叭切断。

5. 注意录音机的使用环境

①使用环境温度要适宜：环境温度过高，会造成机内零部件损坏；环境温度过低，会影响电机起动，走速不稳等。

②注意防潮：潮湿会引起电子电路漏电、传动机构锈蚀、磁带粘附造成运转不灵。因此，在阴雨天要常通电去湿。

③注意防磁：远离磁场的地方。

④注意防震：录音机是精密的机构，受过分振动会使部件松动脱落、变形、错位、造成不会正常工作。

6. 录放音前的准备工作

①首先应仔细阅读说明书，了解录音机的性能。

②根据录音内容和录音机的特点，选择磁带。

③接通电源。注意电压适配。

④检查盒式磁带盒内的磁带是否松散，如果松散，可用铅笔杆等将磁带旋平整、紧密。

⑤由于盒式录音机能在录音时自动抹音，为了防止误抹，要去掉防误抹片。录音时，要检查磁带防误抹片是否存在。

⑥按取盒键打开盒仓盖，装入磁带。注意装入时，磁带应面向磁头，不要装反。

⑦如果是使用收录两用机，在录音前应将功能选择开关置于"TAPE"位置，如果是立体声，则选在"STEEREO"处。

⑧将磁带计数器复位（000），录音时记下来各节目的数字，以便放音时查找。

⑨放音操作比较简单。

使用有杜比降噪功能的录音机放音时，如果磁带不是采用杜比降噪系统录制时，则应把杜比降噪开关置"OFF"处；否则反而会引起高频信号的损失。如果磁带是采用杜比降噪系统录制的，则把杜比降噪开关置"ON"处，否则会引起高频信号的提升，效果不好。

二、录音机的日常维护

盒式录音机的日常维护和保养主要应注意以下几项：

1. 要经常保持清洁

空气中的灰尘、粉末等粘附在磁头上会影响磁头与磁带的紧密接触而造成高音衰减、有杂音，灰尘等粘附在机芯零部件上，特别是磁带走带路径的部件上，会使走带系统发生故障，使录放音效果变差。可用电动吸尘器或软毛刷轻轻扫除积尘，再用镊子卷上脱脂棉或纱布，蘸一些无水酒精擦洗磁头工作面、主导轴、压带轮及橡胶皮带等。如图 3-22 所示，应注意绝不用硬物和磁性的螺丝刀碰撞磁头，以免损坏和磁化。

除此之外，为了保证操作灵活和外观整洁，还应经常清洗按键杆、滑板及机壳等处。

2. 定期加油

盒式录音机目前采用两种不同材料的机芯，一种是金属材料结构，另一种是注塑材料结构。两种机芯都配合含油轴承电机。机械传动部分及功能操作机构存在经常性摩擦，

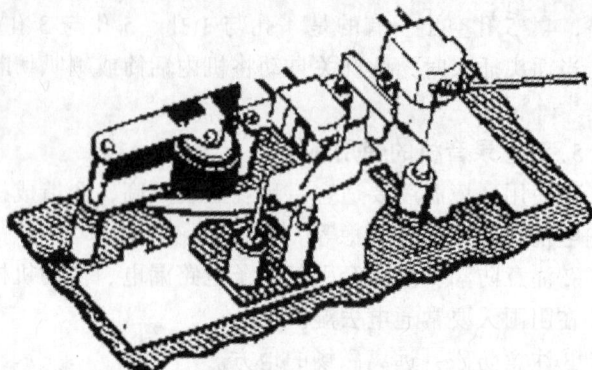

图 3-22 录音机的清洁

为了保持较好的机械性能，消除噪声，应定期给电机、机械中的转动和传动部分注入适当的润滑油，特别是飞轮轴、压带轮轴、供带盘轴、卷带盘轴等部分。旋转轴可注入定子油，其他机械部分可涂上低温润滑脂。

注意：油不要飞溅到传动带、压带轮和主导轴上。供、卷带的摩擦传动及制动部分不必加油，直流电机禁止大量注油。

3. 定期去磁

录音机经过长期使用，录放磁头受到磁化而产生剩磁，使放音时发出噪声，降低信噪比。因此，应对录放磁头定期消磁。可采用磁头消磁器或盒带式磁头消磁器对磁头进行消磁。如图 3-23 是磁头消磁器。

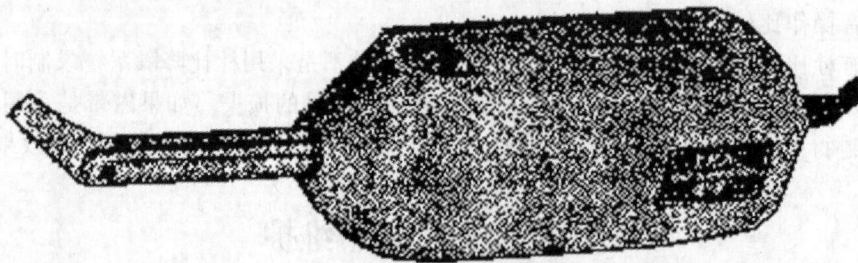

图 3-23 磁头消磁器

消磁的方法是：打开录音机磁带门座，按下放音键（录音机不接通电源），把消磁器感应头紧靠磁头的端面，再打开消磁器的开关，缓慢地上下来回移动数次（见图 3-24），然后慢慢离开磁头，在距离大约 30 厘米后，把消磁器的电源断开（见图 3-25）。应注意如果使用不当，反而成了充磁。消磁时，磁带切忌靠近消磁器，以免磁带上的局部信号被

88

消磁。

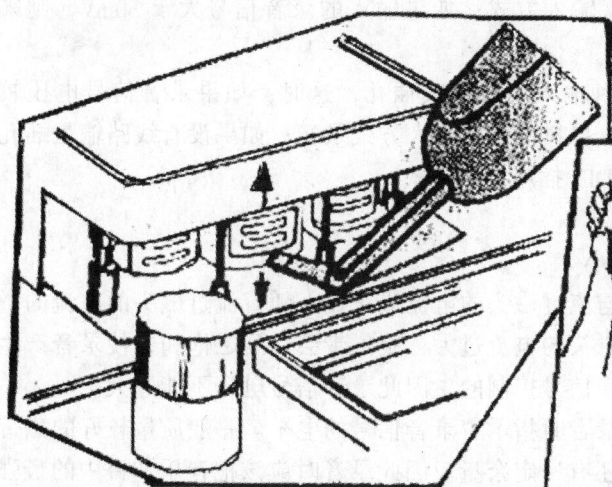

图 3 - 24 缓慢地上下来回移动　　　　图 3 - 25 慢慢离开磁头

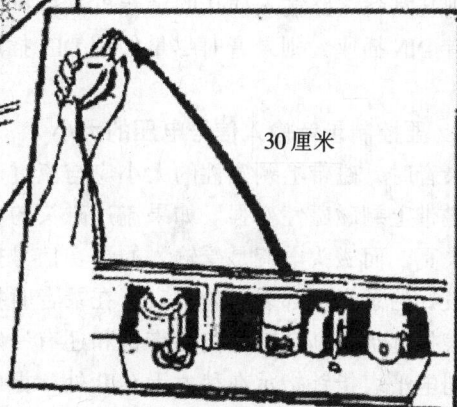

三、录音技术的基本原则

录音质量的高低除了与录音机和磁带本身的质量有关外，还与录音的方法有关。要使录音效果好，应注意以下几条原则：

1．尽量避免录声音信号，要录电信号

录节目时，除非特别需要，应避免用话筒直接录音，最好用话筒输入插孔或线路输入插孔直接录取电信号。这是因为对一般录音机来说，录音环境的噪声会通过话筒录入磁带中，影响录音效果。

2．尽量用高电平录音，而不用低电平录音

用高电平录音，录音信号与干扰信号相比要大得多，这样录音的效果好，对接线和插头的屏蔽要求就小。

3．选择录音的输入方式

录音机有几种电信号录音方式：线路输入，DIN 插座输入和话筒输入。各种输入方式对输入的电信号的要求是：

①线路输入：约为 20mV ~ 100mV 左右。

②DIN 插座输入：约为 30mV 左右。

89

③话筒输入：约为 0.1mV ~ 1mV 左右。

如果输入的录音信号电压在 30mV 以下，一般采用话筒输入方式；如果输入的录音信号电压在 30mV 左右，则采用 DIN 插座输入方式；如果输入的录音信号大于 30mV，则采用线路输入方式。

有些录音机并不是具有所有这三种输入的插座或插孔，这时，如果录音信号电压较大，则凡具备线路输入插孔的录音机，尽量用线路输入方式录音；如果没有线路输入插孔而具有 DIN 插座，则录音时尽量使用 DIN 插座录音方式。

4. 要控制录音输入信号电压的大小

录音时，磁带上剩磁性的大小应与流过磁头的电流成正比。随着流过磁头的电流的增加，磁带上剩磁磁性变强。如果流过磁头的电流过大，则磁带会达到磁饱和，使录音产生严重失真。而磁头电流是受输入的录音信号控制的，因此录音信号电压不能过大。

较好的录音机都装有电平表，在录音时指示着录音信号的电平。一般质量较好的磁带电平表指针指到 0dB 时，离磁带饱和还有一定余量。因此录音时应该把音乐节目中的最强音录到电平表指针指示在稍大于 0dB 处，把中等音录到 – 10dB ~ – 5dB 之间。应该注意的是，一些普及型录音机的电平表指示的不精确，因此，需在实践中反复试验，找出音量最大的不失真的录音电平指示位置。

有些录音机具有自动电平控制开关，则可以用录音电平控制旋钮（即音量电位器旋钮）来改变输入电信号电平的大小，使录音效果好。一些普及型简单录音机只设有自动录音音量控制，而没有手动录音音量控制，使用这种录音机录音，虽然可以适当放宽录音信号大小的范围，但仍不能无限制扩大。这是因为录音信号过强时，录在磁带上的信号并不强，致使磁带上强、弱信号的比值比原来大大压低了，也就是说，声音的动态范围变小了。因此对于有自动录音音量控制功能的录音机，其输入的录音信号电压也不宜过高，一般不宜超过机器要求输入电压最大值的 5 倍。

5. 要正确选用衰减器和发挥录音机暂停键的功能

如果输入的录音信号电压过大，则必须采用外接衰减器的方法，来控制输入信号电压的大小。

例如，某录音机喇叭两端输出的电压约为 0.5V，另一录音机只有话筒输入插孔，要求输入的录音信号电压约为 1mV。这样，两台录音机进行转录时，需在它们之间加一个衰减器，把由喇叭两端输出的音频信号电压衰减为 1mV 左右再输入另一录音机的话筒输入插孔。

在录音过程中，利用暂停键可以避免电源接通瞬间的脉冲干扰信号记录在磁带上。在磁带复制或转录过程中，暂停键的使用程序应是：

①先按录音机的暂停键后按录（放）键。

②在放音机上找出待转录节目的开始端前一些，同时调整好输出电平。

③先按放音机的暂停键再按放音键。

④开始录音时，先释放放音机的暂停键，待放音磁带将转到节目开始端时，释放录音

机的暂停键。

⑤录制完毕后，同时按录音机和放音机的暂停键或先按录音机的暂停键，随即按放音机的暂停键，然后录音机的停机，放音机再停机。

四、几种声源的录音

1. 话筒录音

使用话筒录音，其操作可分为三个步骤：首先做好录音前的准备工作，然后进行试录，调整录音电平，最后开始录音。在做准备工作时，除了做好上面已讲过的录音前的一些准备工作外，还需注意以下几点：

①若用机内话筒进行录音，则声源应距离话筒 30cm ~ 50cm，距离太远，录音的信噪比差，声音中的弱音不清；距离太近，容易产生录音失真，使声音模糊不清。此外，应将录音机的监听开关置于"ON"处，以免产生啸叫声。

②若用机外话筒进行录音，应根据声源特点、录音环境和录音机情况合理选用话筒，例如，录音环境噪声较大时，应选用指向性较强的话筒；录音机灵敏度不高时，应选用频率特性好的话筒等等。

③话筒的输出阻抗应等于或小于录音机输入阻抗。为避免感应交流声或其他噪声的干扰，话筒与录音机话筒输入插孔之间的连线以不超过 5m 为好。

使用机外话筒录音时，可把机器的监听开关置于"OFF"处，用机内喇叭来监听录音情况。

④进行立体声录音，必须使用立体声录音机，并应按一定方位同时接两个（左与右）话筒以便同时录音。注意要将立体声开关置于"STEREO"处。

话筒录音是录音方式中最基本但又是比较难于掌握的方式。在注意设备使用的同时要加强实地练习，以获得较为满意的录音效果。就具体某个录音节目录制过程而言必须把握下面几个环节：

第一，录音室的选择。录音节目或作品的表现形式确定之后，录音室的选择是非常重要的，直接关系到录音的艺术形式特色以及达到某种欣赏评价要求。在什么环境什么地方录制什么样风格和艺术品味的作品是非常讲究的。如广播剧、话剧、民乐队演奏等，由于各种节目源的艺术流派风格上有差异，而在选择录音室的空间体积大小、自然混响是否得体，能够使得两者"熔铸"其中。要是大型交响乐、大功率器或要选择大体积的录音厅室能够保证其自然混响等乐理声学规律，而对那些格调均衡和谐的民乐演奏则选择 5000m³，自然混响 1.5 秒为宜，否则难以保证好的效果。也就是说表演艺术和环境布局紧密相联的。后者不仅对表演风貌发生着重要的制约作用，更对表演艺术相关厅堂和欣赏形成典型的艺术形式特色，取得独有的风韵、意趣等，这就是强调录音环境选择的重要性。

第二，主传声器的选用。一般严肃音乐节目，除特殊效果需要外，均采用主传声器拾音方式，一定程度地效仿双耳欣赏的声学机理来实现拾音。如瑞士录音师耶克林发明的OSS（Optimal Stereo Singnal）一种主传声器，它在一个直径 30cm 的隔声圆盘两侧分置，可支小振膜无方向压力式传声器，两传声器膜片间距 16cm，圆盘两侧敷以阻尼材料。从这结构上不难发现，它是以仿生学理论为基础的：16cm 约等于人的双耳间距，30cm 直径圆盘是效仿人头掩蔽效应的，显然创立者是参考了双耳定位机理的，即 700Hz 以下的声源主要依赖到左右传声器的时间差来实现声像定位，700Hz 以上主要依赖强度差来显现声像。如同其他以仿声学原理为出发点的拾音方式一样，OSS 兼顾了路程差、时间差、相位差、强度差和方位差几方面效应，具有空间深度感，真实、自然、声像方位准确、单声兼容好等优点。

由此，从传声器技术特性、音响特性的认识、体验到立体声拾音方式的实践、探索是一个台阶，理论与实验结合，不断积累和总结经验是录音创作价值的鲜明体现。

第三，设备整体配置。通常录音节目制作的整体设备主要由调音台、录音机、录音带或光盘、传声器、音箱以及混响器等构成一个系统，它们的选择和搭配是比较讲究的，如同一根链条，中间任何一个环节的品质不佳，都会影响整个链条。比如使用高质量的录音机、传声器和监听音箱，却忽略调音台质量，这就难以保证高质量的拾音不受到影响，所以设备整体配置的优化是录音技术保证录音节目质量的重要之举。

第四，表演和导演。录音节目录制的最后一环还要考虑到人的因素，录音师的技术无可挑剔的情况下，表演者和导演是取得成功的关键，要求表演者水平淋漓尽致地发挥与默契配合，导演的临场指挥天衣无缝，各尽其职密切配合才能录制出精品节目。

2. 复制录音

复制录音是指由唱片或磁带转录到磁带上的录音方式。唱片转录方式比较简单，只要将唱机输出信号用专用针形插头连接线输入到录音机并注意输出、输入电平的匹配即可。

磁带转录需要两台录音机。一台作放音用称为放机，另一台作录音用。立体声录音机都具备 DIN 插口，因而两台录音之间的连接很方便，只要用一根 DIN 五芯连线即可。如果录音机没有 DIN 插口，则要注意在使用外接扬声器输出插口、线路输出插口以及外接话筒输入插口和线路输入插口时的配接问题。因这些插口的输入、输出电平不同，有时需要加接衰减器。

3. 广播和电视伴音的录音

许多录音机兼有收音功能，用这类收录机录广播节目很方便，只要调准要录的电台（一般为调频电台）先按下暂停键，再同时按录、放音键，然后，在正式节目开始前，将暂停键释放就可以录音，不需要外接连线。

转录电视伴音信号，则要外接连线。电视伴音信号应从电视机鉴频器输出端取出，可用屏蔽线或 DIN 线送至录音机的线路输入插口或 DIN 插口。此时，电视机输出的伴音信号电平约为 50mV 左右，一般不要从电视机扬声器取出信号作为录音输入。

4. 编辑录音

编辑录音就是用某种方法将几部分节目进行组织、删剪、添补等工作再组成一组节目的操作过程，与复制相比需要更高的技术。编辑的方法一般有两种，一是将不需要的磁带剪去，而将需要的磁带重新粘接（用接头带），这叫人工编辑；另一种是不剪断磁带而以转录方式进行，这叫电子编辑。

在编辑录音时，最好利用自动选曲机构，可迅速而准确地找到所需节目的开头。编辑录音的接线和操作方法，基本上与磁带复制相同，这里不再赘述。

五、录音机维修基本技术

录音机的维修是一项技术性较强且较为复杂的工作。这不可能要求所有的广播电视新闻工作者全部熟练掌握，但是在实际工作中又经常遇到自己手上的录音机不听"使唤"，有时仅仅是一些小毛病，只需稍微检测就可排除，所以从事广播电视新闻工作的同志，出于工作性质和条件，掌握一些录音机维修基本技术是非常必要的，也将会对今后的工作生活带来极大的便利。

1. 常用故障检测方法

(1) 直观检查法

直观检查法就是通过维修人员的视觉、听觉、嗅觉和触觉的感受来检查机器，从而判断故障的部位。

(2) 功能比较法

功能比较法是利用盒式录音机的功能开关，使机器分别工作于不同功能状态，用以判断故障的部位。

(3) 信号注入法

信号注入法是设备检测常用方法之一。将信号发生器的信号或其他信号注入可能存在故障的电路。

然后通过扬声器或仪器所反映出的情况来判断故障的部位。

使用此法时，应从电路的后级向前级逐级检查，发现情况，重点检查。

(4) 仪表测量法

主要通过三用表测量元器件的电阻、电压和电流值来确定故障和排除故障的一种常用方法。

(5) 元器件代换法

元器件代换法是指对于可疑有损坏的元器件用好的元器件去替换，并观察替换后工作是否正常来判断故障的检测方法。

2. 录音机典型故障的分析与排除

(1) 驱动机构不转动

当盒式录音机的机械驱动机构产生不转动的故障时，应从以下几个方面来进行检查和修理。

①无供电电源：检查电源线是否断线；电源插座是否接触不良；机器上与电源插座连动的交、直流转换开关触点是否良好；电池夹是否接触不良等。

②机芯的电源簧片开关接触不良：由于与按键相连的电源簧片开关上两片磷青铜片接

触不良，或因电源簧片开关固定螺丝松动，致使开关架子下移，按键按下时造成开关不良等。维修时，只需用细砂纸将青铜片端部触点打干净，再用酒精进行擦洗清洁即可；或者对簧片开关重新进行调整和正位。

③电动机发生烧结、断线或损坏：如遇电动机故障，就进行拆修或换新。

④橡胶传动带出故障：电机转动正常，橡胶传动带脱落、老化、沾油或严重松动，都会引起驱动机构不转动。维修时，要注意电机皮带轮和飞轮不在同一平面上时，传动带最容易脱落，同时，对已变质的橡胶带也要进行更换。

⑤飞轮轴和轴承配合不当：飞轮轴与轴承配合过紧，会产生驱动机构不能转动的故障。维修时，要检查飞轮轴与轴承的配合，可卸下橡胶传动带，用手转动一下飞轮，此时如发现旋转不灵活、不平稳，应对轴承进行清洁，并适当地注入一小滴润滑油。

⑥机芯中的轮或轴被卡死：走带部分的某个轮或轴被卡死，以致影响整个机构的运转。此类故障可用目察或用手转动涨带轮即能发现被卡的部位。如果是油污杂质过多而影响驱动机构正常转动，则可用清洗的方法来排除。此外，也可能由于机芯中制动机构失灵，供带轮和卷带轮被制动机构卡死。维修时，可用改锥拨动，再检查和调整支点及传动连杆处，也可在支点处注入一滴润滑油，使制动机构动作灵活。

(2) 磁带轧带

磁带轧带是盒式录音机最容易发生的故障，一般是由于驱动机构不正常或磁带本身的原因所引起，具体表现在以下几个方面：

①卷带力矩过小引起：这类故障往往在磁带行走到接近尾部时容易产生，其原因主要是卷带盘座内的螺旋压缩弹簧压紧力太小；卷带盘座内的摩擦垫圈阻尼太小；卷带靠轮打滑；卷带机构中打滑机构调节不当等。维修时，可将卷带盘座机构拆卸进行清洁或调整。

②压带轮与主导轴不正常引起：主要表现为压带轮与主导轴不平行，压带轮的橡胶表面压在主导轴上的接触有歪斜；压带轮对主导轴的压力不当；压带轮打滑或变形等，可进行调整或清洗压带轮，压带轮变形后可更换。

③磁带或带盒质量不佳引起：由于磁带质劣或过薄，走带时松时紧，造成轧带，此时，应停止使用。带盒质量差易于变形，使卷带不齐也容易造成轧带，此时也应停止使用。

(3) 带速时快时慢

盒式录音机在放音时，音乐节奏明显失真，音调忽高忽低。仔细观察磁带在驱动机构中走带速度，会发现有较明显的变化。影响带速变化，大多是如下几种机械方面的原因。

①驱动机构上所积污垢过多：主导轴、压带轮、录放磁头、卷带轮或橡胶传动带上所积的磁粉、灰尘、油垢等过多，引起各传动部件之间摩擦系数变化及走带阻尼增加，造成带速不稳。此时，可用清洁剂进行擦洗。

②录放磁头压向磁带的压力过大或过小：这类故障表现在更换新磁头后出现，此时应调整磁头位置。

③压带轮对主导轴的压力不正常：此时可调整压带轮弹簧直到速度正常为止。

④供带轮组转动不正常：判别供带轮组是否有故障，可另用同型号的盒式录音机一起装上磁带，并都把磁带置于起始端进行放音，观察磁带走带时运行情况或用手旋转供带轮

组手感有无阻滞现象。维修时，可卸下供带轮组件进行清洁或调整。

⑤橡胶传动带松动：检验方法是用一只手轻按电动机皮带轮，另一只手拨动飞轮使其旋转，如此时皮带上的橡胶传动带不能驱动电机，而发生打滑现象，说明传动带松动。此时可清洗传动带或涂抹松香或更换新的传动带。

除上述原因外，电动机的故障也会使带速时快时慢，维修时应注意区别。

(4) 被轧磁带的修理

由于盒式磁带的质量问题或驱动机构的问题，会产生轧带故障。磁带缠在主导轴和压带轮上，使机器停止运行，甚至使盒仓门无法打开。磁带也会被轧受损，损坏较轻时，磁带被轧部分会有许多皱；严重时，磁带会被拉断。

①取出盒式磁带

a. 先按取盒键，如果仓门打开，则取出磁带盒，慢慢拉出缠在主导轴、压带轮上的磁带。若打不开可再按几下倒带键试试。

b. 若仍打不开，则打开机器的后盖，用手慢慢拨动飞轮，使它向倒带方向旋转几圈，另一只手按下出盒键，一般情况下可打开仓盖。

c. 有的机器前开盖形式的，因盒门打不开，前框也就打不开。这时反复按倒带键及取盒键，并用手轻拉盒仓门，然后用细钢丝做成鱼钩似的小钩子，并伸入仓内，慢慢钩出缠在主导轴和压带轴上的磁带，与此同时另一只手轻轻拉动盒仓门，直至拉开为止。

千万不可硬撬、硬掰盒仓门或盒式磁带，以防主导轴变形。

②被轧磁带的修理

a. 如果被轧的磁带未断，而且被轧部分不长，不严重，可把轧皱部分放在 60 瓦左右的白炽灯泡上烫平。在烫平过程中应使磁带来回移动，一个地方不要烫得过久，以免变形。

b. 如果被轧的磁带被轧部分过长，轧的严重，应将被轧部分剪去。断开的磁带可按下述步骤修复：

第一，将磁带两断头剪成平行斜角。

第二，用胶带纸粘好断开的磁带。粘磁带时应注意磁带的断口要对齐，断口处要小，胶带纸应粘在带基面。

第三，粘好后应剪去磁带两边多余的胶带纸。

思考题：

1. 磁带录音机由哪几部分组成？各有什么作用？
2. 对录音放大电路的主要要求有什么？
3. 放音输出电路的主要作用有哪些？
4. 什么是掩蔽效应和非互补型降噪电路？
5. 什么叫互补型降噪电路？它有什么特点？
6. 选曲电路有几种？各有什么特点？
7. 录音机的驱动机构包括哪些部分？各部分的作用是什么？
8. 为什么在卷带机构中要设置打滑机构？

9. 数字录音与模拟录音有什么区别?

10. 什么叫取样? 什么是量化?

11. 什么叫抖晃率?

12. 什么叫 CD? CD 唱片信号的录制过程是怎样的?

13. CD 唱机的工作基本原理是怎样的? 由哪几部分组成?

14. 使用 CD 唱片时应注意什么?

15. 什么叫磁光盘录音机? 它的录放基本原理如何?

16. 全固态录音机是什么? 它有什么特点?

17. 如何对录音机进行日常维护和保养?

18. 为什么大部分录音机录音时需要同时按下"放音键"和"录音键?

19. 如何才能保证录音质量?

20. 信号注入法指的是什么? 其操作过程如何?

21. 试分析磁带录音机驱动机构不转动的原因? 并说明如何加以排除?

22. 试分析磁带轧带的原因? 并指出如何排除?

23. 试说明带速时快时慢的原因? 并指出如何排除?

24. 磁带被轧之后,有何办法进行修复?

第四章　电视广播基本知识

内容提要

　　电视是 20 世纪电子科学技术的一项重大成果。电视在人类进行信息传播过程中起着重大的作用，以至今天有人感叹：如果今天没有了电视，我们的生活将会是怎么样？从电视技术的诞生至电视技术的广泛应用，以及电视所发挥的社会作用，都充分显示出电视技术的神奇和奥妙。电视是如何完成图象的光电转换、传递、接收以及相关各种功能的，本章将作深入浅出的介绍。此外还着重介绍电视广播的新技术，如高清晰度电视、数字电视、有线电视和卫星电视等，并展望我国在新电视技术方面的研究与应用的前景。

第一节 电视的产生与发展

随着社会政治、经济状况和文化传播的发展，人们对传播技术的要求也越来越高，人们不满足于文字和声音的传播，而是希望能够亲眼目睹活生生的感人场面，于是传送活动影像便成为信息传播的新途径。

一、电视的产生

有关电视技术的发明，可以追溯到 1817 年瑞典科学家布尔兹列斯发现了化学元素"硒"。1865 年，英国工程师约瑟夫·梅在测量海底电缆性能时，发现测量结果变化不定。经研究发现，这是由于"硒"材料的光电作用的影响。根据此原理，19 世纪末期，就有少数先驱者开始研究设计传送活动影像的技术。1884 年，德国人尼普科夫（P·Nipkow）发明了机械电视扫描盘，用机械的方式来完成光电转换，但效果不佳。20 世纪初，进入电子扫描的研制阶段，直到 1927 年，美国的全电子式电视通过电缆把图像和伴音从华盛顿传到纽约。1928 年，英国科学家贝尔德（J·L·Baird）运用机械扫描方式成功地进行了伦敦与纽约之间的开路播出实验，传出了静止图像。1930 年，美国的兹沃雷金（V·K·Zworykin）发明了具有光电转换和电子扫描双重功能的摄像管，把电视广播向实际应用又推进了一步。同一时期，德国、法国、苏联、日本等都进行了实验研究。1936 年，英国广播公司在伦敦亚力山大宫建立世界上第一个大众电视台，并且从当年的 11 月 2 日开始定期播送电视节目，其图像在当时各国进行的电视实验中具有最高的清晰度。1939 年初，美国、苏联开始进行电视实验广播。1941 年，美国国家标准委员会确定美国的电视技术标准为帧 525 行，每秒 30 帧（就每帧行数和场数来说，现行电视标准主要有 525 行/60 帧和 625 行/50 帧两种）。同年 7 月 1 日，美国联邦通信委员会正式批准建立美国第一座电视台——全国广播公司的纽约 WNBT 电视台。第二次世界大战前开办电视的国家还有德国、法国、意大利等国。战争期间这些国家的电视台或完全停播，电视技术也处于停滞状态。50 年代末期，发达国家几乎全部有了电视台，20 多个亚、非、拉国家也开办了电视广播，全世界开办电视广播的国家达 50 个。70 年代，大多数国家建立了电视台。

电视问世之初，新闻性节目大量采用电影片来拍摄，其传递、洗印、编制过程同新闻的时效性要求距离很大。60 年代初期，所有影片从 35mm 改进为 16mm，并且能做到声像同时收录，但电视新闻的基本录制状态没有改变。后来录像机用于电视，70 年代后制成电子新闻摄录机（ENG）等设备，提高了电视新闻的时效性，使电视真正发挥了声像兼容、传播迅速的现代化新闻报道工具的作用。

1940 年，美国无线电广播公司试制成功彩色电视机。1953 年，美国国家电视制式委员会提出 NTSC（National Television System Committee）制。1954 年，美国全国广播公司首先正式播送 NTSC 制彩色电视节目。日本、加拿大分别于 1957、1966 年采用同一制式播出。

1956 年，法国提出 SECAM（Sequentiel Couleura Memoire）制。1960 年，联邦德国提出 PAL（Phase Alternation Line – by – Line）制。为便于转播和交换节目，各国曾经多次讨论统一电视制式问题，但始终未能达成协议。于是国际上形成了 3 种彩色电视制式同时并存的局面。彩色电视机在哪国使用必须符合该国电视制式（黑白制式和彩色制式）及频道的划分，还要注意电源标准（有 110V/60Hz 与 220V/50Hz 之分），这样才能保证电视接收机安全可靠地接收到良好的彩色图像和伴音。目前世界上采用 PAL 制的国家最多。中国所采用的电视制式为 PAL/D，国家标准为：每帧扫描 625 行，每秒 25 帧。

二、中国电视事业的发展

1958 年 5 月 1 日，中国第一座电视台——北京电视台（1978 年 5 月 1 日改名为中央电视台）使用二频道试播黑白电视，9 月 2 日正式播出。从此，中国广播事业由声音广播发展到声像广播，在新闻事业中只听其声不见其人的时代结束了。第一套电视广播设备，从摄像机到发射机，除了某些关键器件外，均为国产的。发射机的功率为 1 千瓦（1959 年增加到 5 千瓦）。当时发射天线架设在北京广播大厦的楼顶上，高度为 80 米。覆盖半径 25 公里。1958 年 7 月，又研制出中国第一辆 3 信道电视转播车。北京电视台开播后不久，从苏联进口了 200 部黑白电视机，以后天津无线电厂很快试制出"北京"牌黑白电视机。1960 年，北京电视台建成了电视中心，有 600、150、50 平方米的大、中、小演播室各一间，配备了相应的摄控设备。由于当时还没有用录像机记录电视节目，而是采用电影胶片进行节目保存，所以还建立了一个洗印车间，洗印自己拍摄的 16 毫米新闻电影片。

继北京电视台（即中央电视台）开播之后，全国一些大城市也相继开办黑白电视广播。1958 年 10 月 1 日上海电视台开始试播，12 月 20 日哈尔滨电视台（今黑龙江电视台）开始试播。到 1961 年底，全国共建立地方电视台 19 座。1959 年，无锡市建立了中国第一座电视转播台，用差转的方式转播上海电视台的节目。60 年代初，中国国民经济遇到严重困难，大部分电视台纷纷"下马"。在"文革"中，一些电视台又被迫停播。从 1968 年起，停播的电视台陆续恢复播出，一些没有电视台的省份也陆续开办电视台，到 1971 年，全国已建有电视台 32 座。当时只有北京市和西藏尚未建立（北京电视台于 1979 年 5 月 16 日开播；西藏电视台于 1978 年 5 月 1 日试播）。在我们广东地区，1959 年广东电视台岭南台试播；1988 年广州电视台开播。

电视事业发展初期，一般每个电视台只有一个发射台，在省会城市才能看到电视。60 年代末至 70 年代初，调频广播作为节目传送手段得到发展，各省大都建立了高山调频发射台，这就为电视的发展提供了条件。已建成的调频发射台加设电视发射机和天线，便迅速建成一批电视转播台，扩大了电视的覆盖面。到 1971 年，建成的电视发射台和转播电视台共 80 座。1968 年，中央电视台在月坛公园内建成了电视发射塔，高度为 196 米，发射机功率增加到 10 千瓦（为北京广播器材厂制造的电子管式发射机），覆盖半径达到 40 公里。1971 年，邮电部的微波中继干线初步建成后，中央电视台的节目才通过微波线路向全国各省、市、自治区传送。

黑白电视开播第二年，即 1959 年，以当时的广播科学研究所为主，与北京广播器材厂及有关院校合作，开始进行彩色电视研究。一年多后，就研制出全套国产彩电演播设备和发射机，并于 1960 年 5 月 1 日在北京建成了第一个彩电试验台，用 NTSC 制进行了试播。但后来也由于国民经济暂时困难而"下马"。1969 年，彩电研究再度开展。经过调研，决定暂用 PAL 制（1982 年正式决定 PAL/D 制为中国彩色电视的标准制式）。1973 年 5 月 1 日，中央电视台用 8 频道在北京地区试播，发射功率为 1 千瓦，同年 10 月 1 日正式播出，同时将发射功率提高到 7.5 千瓦。到 1973 年底，上海、天津、成都等地方电视台也开始试播彩色电视节目。中央电视台的彩色节目从开播之日起就通过微波线路向地方传送，到 1976 年底，已达 25 个省、自治区、直辖市。从 1977 年 7 月 25 日起，中央电视台的第一套节目全部改为彩色播出，从此，中国电视完成了由黑白向彩色的过渡。

三、电视的社会作用

电视称得上是迄今为止人类进行信息传播变革过程中影响最大的成果。电视传播声像并茂，能远距离传送。它使真人、真事、真景、真情的表现达到最佳状态，使观众具有现场感和参与感。它兼容了电影、戏剧、雕塑、音乐、绘画、建筑、舞蹈、文学等各类空间艺术形式之所长，通过电子编辑手段对各门艺术进行再加工、再创造，具有灵活性和综合性。社会以各种方式、各种途径作用于电视，电视也以其独特的形式参与塑造社会的面貌。电视形成了独特的"电视文化"。它影响着人们的思想观念和生活方式，已成为人们生活中不可缺少的部分。通过电视，可以得到与世界、与社会的某种联系，可以得到新的信息、新的知识，对根本不可能亲历的事件可以目睹，对终身难以涉足的异域可以一览无余。电视确实有着不可阻挡的魅力。电视观众不需要具备报刊读者那样的文化程度，在现代国家中几乎所有的社会成员每天都可随时、轻易地接触到它。它的这一特征，使它成为"大众文化"最具影响的传播工具。它可以使一首歌一夜流行，也可以使一个演员一夜成为明星。由于电视提供大量娱乐性节目，使个人的娱乐性倾向得到空前的发展，它吸引人们把更多的时间投入到收看电视之中。

人们在电视发展过程中，对电视文化褒扬的同时，也时时抨击它带来的消极影响。如对电视商业化倾向的批判，对电视大量暴力、色情节目和镜头的批判，对电视使人们远离书籍、报刊的批判，对电视降低人与人之间进行交流和沟通的批判等等。一般来说，传媒越发达，这种传媒幻像也就越强大，人也就越迷失自我。西方有一幅漫画很说明问题：一只猴子在不断地思考，于是逐渐变成了人；这个人整天看电视，于是又逐渐变成了猴子。有的人大声呼吁："关掉电视，带着你的孩子，走向自然，走向书籍，去做那些你该替他做而还没有做的事。"

第二节　电视广播过程

从技术角度着眼，电视广播事业的功能是综合利用现代化的信息传播手段，将各种可听、可视的声音和图像节目传播到千家万户。电视广播是根据人眼的视觉特性，利用光学原理及无线电原理远距离地传送静止图片和活动影像的系统。电视是利用电的方法传输光学信息的方式。电视系统通常由摄像、传输、显像三部分组成。电视广播之关键是如何将活动的图像变成电信号和如何将电信号复原成活动图像。

一、图像的传送

无线电广播是一个声—电—声的转换过程。而在电视广播中，被传送的是图像和伴音，其中伴音的传送相当于调频无线电广播。而图像的传输是光—电—光的变换过程。

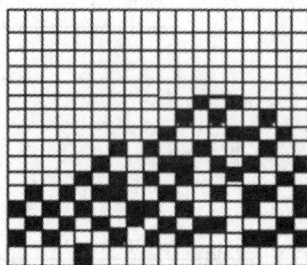

图 4-1 一幅图像

一幅图像是由许多亮暗不同的细小点子组成的，这些细小的点子是构成一幅图像的基本单元，称为象素。象素越小，单位面积上的象素数目越多，图像越清晰，如图 4-1 将它划分为许多小方格，若每一格为一个象素，则这一方格的平均亮度就代表了这一小块面积的亮度，可见小格子划分得越细，每格的平均亮度越接近于实际情况，这样图像的轮廓越清晰。35mm 电影片一幅图像约有 100 万个象素，电视图像约 40 万个象素。

把图像分割成象素后，怎样传送这些象素呢？我们可以设想，用一块由几十万个光电管组成的光电板和一块由几十万个灯泡组成的显示板来传递图像，见图 4-2 所示。这种传送是将组成图像的所有象素的信息同时进行传送，所以称为同时制传送方式，这需要有几十万个传输通道，显然是难以实现的。

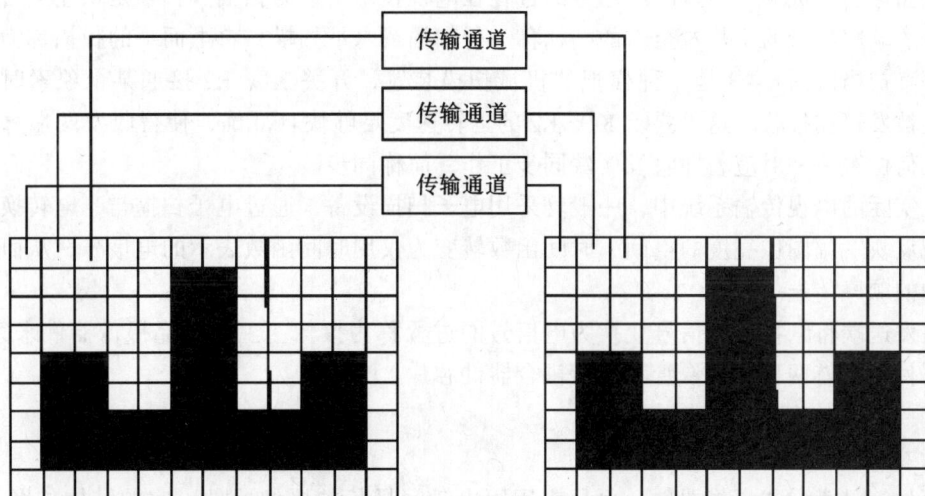

图 4-2 同时制传送方式

在实际的电视广播中把被传送图像的各象素按一定顺序转变成电信号，并依次传送出去。在接收端的荧光屏上，再按同样顺序将各个电信号在相应位置上转变为光，只要这种顺序进行得足够快，由于人眼的视觉暂留现象和荧光屏发光材料的余辉特性，就会使我们感到整幅图像同时发光而没有顺序感，这种方法称为顺序传送方式，它只需要一个信道，如图4-3所示。

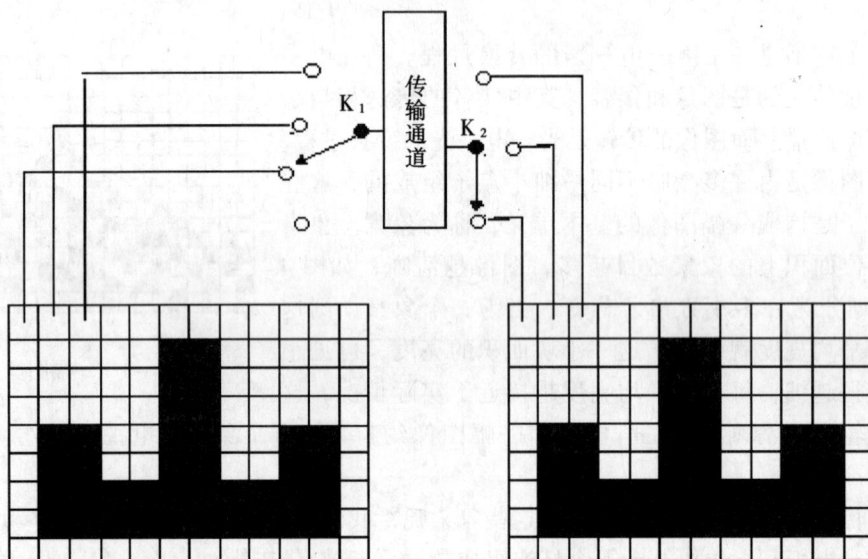

图4-3　顺序制传送方式

将图像转变成顺序传送的电信号的过程在电视技术中称为扫描。扫描是从左至右，自上而下的顺序进行的。从左至右的扫描称为行扫描或水平扫描，自上而下的扫描称为帧扫描或垂直扫描。图4-3是一种模拟的机械扫描装置，开关K1、K2接通某个象素时，此象素就被发送和接收。这里要求K1、K2的运转速度足够快且准确，使得收发两端每个象素的几何位置一一对应，即收发两端同步工作，简称同步。

在实际的电视传输系统中，一般均采用电子扫描设备，通过电子扫描与光电转换，就可以把反映一幅图像亮度的空间、时间函数转变为仅用时间函数表示的电信号，从而实现了图像的顺序传送。

在发送端将景物的光信号变换为电信号的过程称为摄像。主要依靠摄像器件来完成。摄像器件通常有两种：摄像管和电荷耦合器件芯片。

1. 摄像管

摄像管是真空式摄像器件，也是应用历史时间最长的摄像器件。它的结构如图4-4所示。当被摄景物透过镜头在光敏靶上成像。光敏靶是由光敏半导体材料制成的，在光作用下它的电导率增加，即相当于电阻减小。由于被摄景物各部分的亮度不同，因此使得靶面上各部分的电导率也不一样。较亮象素对应的靶单元的电导率较大,较暗象素对应的电导率较小,而且各靶单元之间是互相绝缘的。于是图像上各象素的不同亮度就变成了靶面上各单元的不同电导率,于是光象就变成了"电象"。

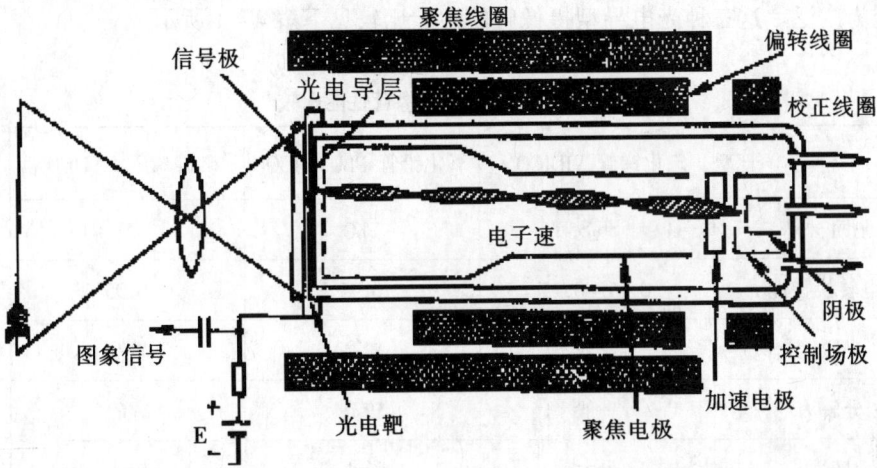

图 4-4 摄像管结构

在摄像管内部有一个电子枪,它产生一个电子束,在高压电场作用下高速射向靶面,并且在偏转磁场作用下按一定规律扫过靶面的每一个点。当电子束扫到靶面上某个象素时,使摄像管阴极与信号板、负载电阻 R_L 和电源构成一回路,在 R_L 中就有电流流过,而电流的大小取决于光敏靶上该点电阻的大小。当电子束一行一行地扫描时,通过 R_L 的电流大小就会随光敏靶各单元的电导率而变化,于是在 A 点取得大小不同的电平,它正好反映了各象素明暗程度。在 A 点输出的信号电压称为图像信号。如图 4-5 所示是被摄景物和相应的图像信号。为了便于讨论,将它分 9 行,每行 12 个象素。

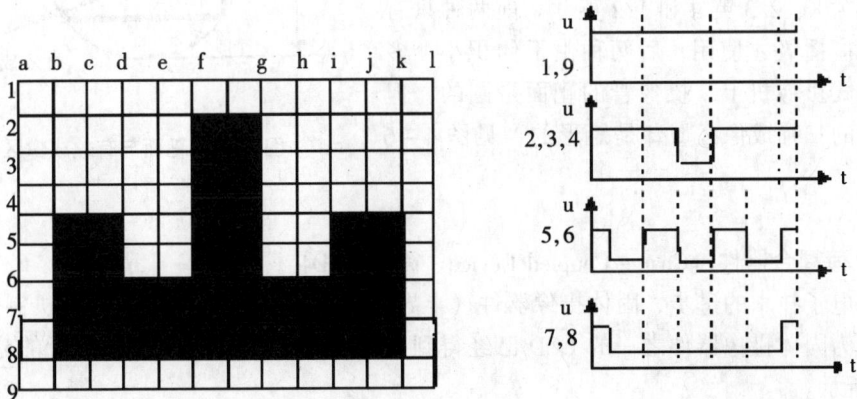

图 4-5 图像信号

摄像管的结构及所采用的光敏材料决定了它的性能。而摄像管的性能在很大程度上又决定着所摄图像的质量。例如清晰度、惰性、彩色还原等特性。摄像管的最前端的平面玻璃内侧镀有光敏材料，所用的光敏材料有许多种，因而构成许多性能各异的光电导型摄像管。其中硫化锑管、氧化铅管以及 70 年代出现的硒砷碲管，在广播电视系统和闭路电视系统用得较为广泛。这三种光电导型摄像管的性能比较见下表 4 - 1 所示。

表 4 - 1　三种光电导型摄像管性能比较

项　目　　　　　管型	硫化锑管 VIDICON	氧化铅管 PLUMBICON	硒砷碲管 SATICON
靶面材料	Sb_2S_3	PbO	Se - As - Te
光电转换特性 r	0.65 ~ 0.75	0.95	0.95
灵敏度	一般	较高	较高
分解力	一般	较高	高
惰性	最大	最小	较小
暗电流	最大	最小	较小
价格	最低	最高	一般
主要用途	黑白、彩色专业用	广播用	广播

摄像管直径的大小也关系到图像的质量。直径大的管子，靶面大，成像区大，图像清晰度和灵敏度高。然而由于体积大，做出的摄像机也大。光电导型摄像管的直径尺寸有以下几种：5/4 英寸、1 英寸、2/3 英寸和 1/2 英寸。前两种只有演播室用广播级才使用，后两种由于体积小，多用在便携式摄像机上。摄像管的靶面是圆的，但电视图像的扫描成像区域却是矩形的，见图 4 - 6 所示。

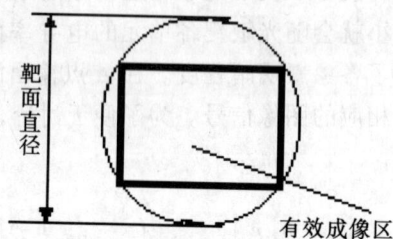

图 4 - 6　靶面与有效成像区

2. 电荷耦合器件（Charge Coupled Device，简称 CCD）

随着电子技术的进步，固体摄像器件（半导体摄像器件）逐步进入摄像机制造领域。目前，作为固体摄像器件之一的 CCD 已经得到广泛应用，并大有取代摄像管的趋势。如图 4 - 7 所示。

固体摄像器件被安装在分色系统的成像面上，由几十万个顺序排列的能在光的作用下产生电荷的小单元组成。CCD 摄像器件现在主要有两种常用的电荷转移方式，一种是行间

104

转移方式（Interline Transfer，简称 IT）。这种方式的优点是结构简单，体积小，价格低，易获得良好的摄像特性，但在强光照射下易产生垂直拖尾现象，即在图像的强光点位置出现一个自上而下的垂直光带，目前由于对芯片不断改进，已使垂直拖尾现象大大减轻；另一种方式是帧——行间转移方式（Frame – Interline Transfer，简称 FIT）。其主要优点是不采用其他措施就可消除高亮度垂直拖尾现象，只是结构较复杂，价格较贵，通常在较高级的广播档摄像机上采用。CCD 芯片的象素数量决定了它的清晰度和灵敏度。较低档的芯片，水平方向的象素数量约为 500，成像区象素数量约在 29 万左右（PAL 制），例如，某一芯片的象素为 500（H）

图 4-7　CCD 摄像电路示意图

×582（V）；较好的芯片其水平方向可有 750 以上的象素，成像区原素数可达 43 万以上（PAL 制），例如某 IT 型 CCD 芯片的象素为 786（H）× 581（V），某 FIT 型芯片象素数为 752（H）× 582（V）。这些都是指有效象素，即成象素区域的周围还有一部分象素，所以实际总象素数要比有效象素还多出 3～4 万。

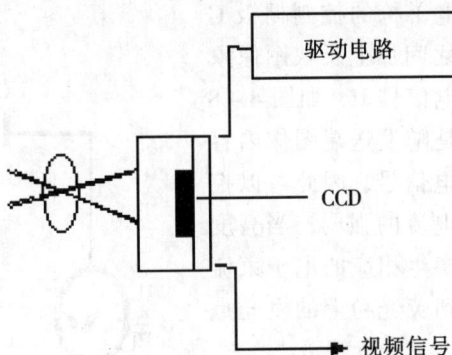

　　CCD 芯片的尺寸标值，通常参照摄像管系列的标值，通用的有 2/3 英寸和 1/2 英寸两种芯片。CCD 芯片具有灵敏度高、分解力较高、无烧附现象，光电转换效率高，而且体积很小，重量轻，功耗小，寿命长耐震动和不怕强光等优点。当前广泛地使用。

　　从前的电视摄像机光电转换器件是摄像管，灵敏度较低，其后面的信号处理电路是模拟电路，这样信杂比也不高，要求演播室演播区的平均照明度是 2000LX。现在的电视摄像机的光电转换器件是用 CCD，它的灵敏度大大提高，光电转换后的信号处理是数字化电路，这样大大提高了整体信号的信杂比，要求演播室演播区内综合光的平均照度小于 1000LX，欧洲国家电视台认为 800～600LX 为最佳。目前，广播级 CCD 摄像机由于采取了提高 CCD 器件的灵敏度和视频信号处理数字化措施后，其灵敏度比摄像管摄像机高出 1～2 档光圈，信杂比可达 60dB。

　　不论是由摄像管还是 CCD 来完成光电转换，都是将摄像所获得的图像信号经过放大处理、并发送出去，即完成了图像的传输。

二、图像的重现

　　在接收端将景物的电信号变换为光信号叫做显像，也称图像的重现。

　　电视接收机是接收系统的终端设备，它的核心器件是用来重现图像的显像管。显像管与摄像管一样也是一种电真空器件。显像管主要由荧光屏、电子枪组成，它与偏转线圈构成一体。如图 4-8 所示。

　　在黑白显像管屏幕玻璃内壁上涂敷一层荧光粉，这种荧光粉在电子枪发出电子束轰击下会发出白光。由于显像管电子枪产生的电子束在偏转线圈作用下从左至右，自上而下不断运动并轰击荧光屏，结果使荧光屏发光。

若在电子枪的控制栅极 G 与阴极 K 之间加上反映图像象素亮度的电信号 U，如图 4－8 所示。它是随发送端图像内容而变化的电信号，因此可以控制电子束电流的强弱，当亮度信号大，产生相应的电子束流就强，打到荧光粉上的发光点就亮，反之发光点就暗。

在实际电路中栅阴之间控制电压的加入如图 4－8 所示。栅极接地，视频信号是从阴极输入，在荧光屏上将会出现与原景物明暗相反的图像。这是

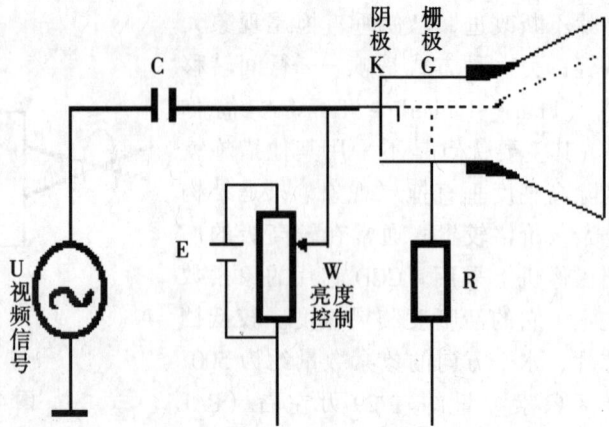

图 4－8　图像的重现

因为信号是加在显像管的阴极上所致，阴极的电位越高，栅极相对于阴极电位就越低，荧光屏越暗。

如果由摄像管输出的信号高电平对应于景物的亮画面，低电平对应于景物的暗画面，则该信号称为正极性信号。为了在荧光屏上重出原景物的图像，正极性信号必须由栅极输入才行。但是实际的电路中往往由阴极送入图像信号，因此，必须将正极性图像信号倒相，得如图 4－9 所示的负极性信号。由于它的低电平对应景物的亮画面，可使显像管阴极电位下降，相对提升了栅极电位，因而可以得到亮画面。

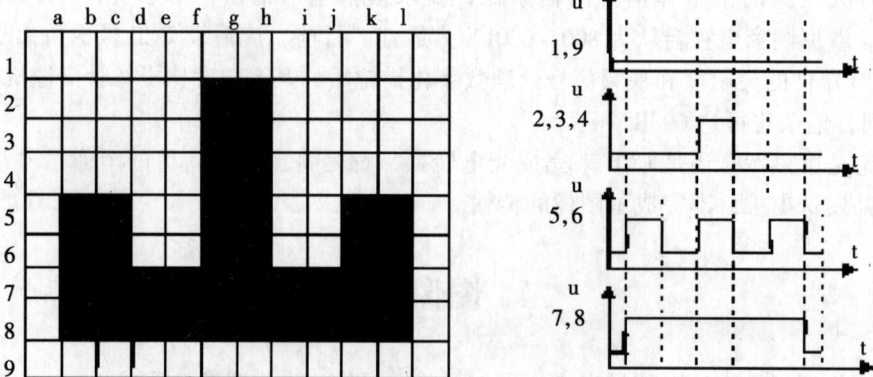

图 4－9　负极性信号

106

三、活动图像的传递

上面分析的是一幅静止画面，而电视传播的信息大多数是活动的图像。由电影放映的启发，人们认识到要传送活动的图像，只要将运动的物体图像连续地分为若干幅稍有变化的静止图像，然后将这些静止的图像顺序地快速传送，只要每两幅图像出现的时间小于人眼视觉惰性时间（相应每秒钟应传送 24 幅图像），人眼就会有连续动作的感觉，即实现了活动图像的传送。

实践和理论证明，如果图像的传送速度不少于每秒钟传送 48 幅图像，则人眼就能有不闪烁的活动图像的感觉。如果传送图像的速度比每秒钟传送 48 幅图像少，则人眼会有明显的闪烁感。如果传送图像的速度过高，则人眼会感到图像重叠。

在电影技术中，每秒钟放映 24 幅图像。为了不使人眼产生闪烁感，在实际放映时每幅图像连续出现两次，相当于每秒钟放映了 48 幅图像。在电视技术中，也采用类似的方法。我国电视是每秒传送 25 幅（也叫 25 帧）图像，但每帧分两次来传送，每次叫一场，这样每秒钟传送 50 场图像，也可以看成每秒传送了 50 幅图像。

第三节　电子扫描和电视图像的分解力

一、电子扫描

扫描就是指将图像转变成顺序传送的电信号的过程。电视中就是电子束从左至右、自上而下轰击荧光屏的过程。

电子扫描是电子束满幅顺序扫过摄像器件和显像器件屏幕而实现的。使电子束在屏幕上从左至右作水平的移动称为行扫描，以 H（Horizontal）表示。使电子束在屏幕上自上而下的作垂直移动称为帧扫描或场扫描，以 V（Vertical）表示。

1. 逐行扫描

电子束从左至右自上而下一行一行地依序扫描称为逐行扫描，如图 4－10 所示。实线表示行扫描正程、虚线表示行扫描逆程，正程时间长、逆程时

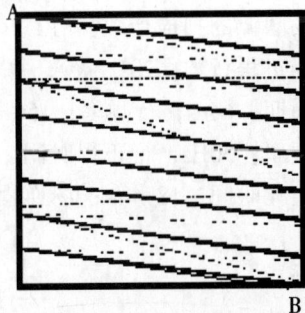

图 4－10　逐行扫描

间短。正程时间和逆程时间之和称为一个行扫描周期（T_H）。电子束在垂直方向从 A 到 B，完成一帧扫描，称帧扫描正程；再从 B 回到 A 的过程，称为帧扫描逆程（点划线表示）。

同样，帧正程时间与帧逆程时间之和为一个帧周期（T_V）。

2. 隔行扫描

所谓隔行扫描就是把每一帧画面分成两场来扫描，先扫奇数场，后扫偶数场的方式。奇数场与偶数场图像镶嵌在一起，由于人眼的视觉暂留特性，人们所看到的是一幅完整的图像，如图 4 - 11 所示。

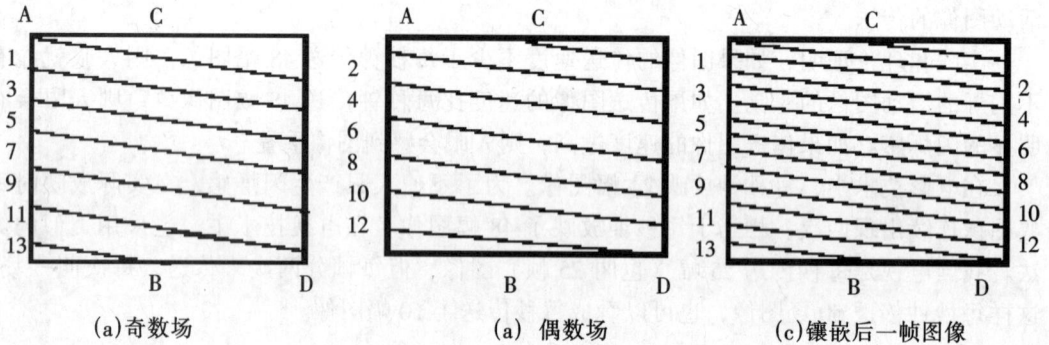

(a)奇数场　　　　　　(a) 偶数场　　　　　　(c)镶嵌后一帧图像

图 4 - 11　隔行扫描

隔行扫描的关键是要保证偶数场正好嵌套在奇数场之间，否则会产生并行现象，降低图像的清晰度。要保证隔行扫描准确，每帧行数应为奇数。我国电视标准规定，每秒钟传送 25 帧，50 场图像，每帧图像由 625 行组成，也就是一帧图像画面扫描 625 行，一场 312.5 行。

3. 我国广播电视扫描参数

我国广播电视采用隔行扫描，主要扫描参数如下：

每帧图像的总扫描行数：625 行（显示 575 行）；

每场图像的扫描行数：312.5 行（显示 287.5 行）；

每场正程行数：287.5 行；每场逆程行数：25 行；

行周期：$64\mu s$；行频率：15625Hz；场周期：20ms；

场频率：50Hz；行正程时间：$52\mu s$；行逆程时间：$12\mu s$；

场正程时间：18.4ms；场逆程时间：1.6ms。

二、电视图像的分解力

电视系统传送图像细节的能力称为该系统的分解力。相应地表现在人对图像细节清晰程度的感觉则称为清晰度。两者的含义是一致的，统称分解力。分解力通常以能分辨的黑白相间的线数（或线对）表示。例如，设分解力为 600 线，这表示系统在对应的方向上能

108

分辨黑白线条各 300 条。

1．垂直分解力

垂直分解力是指沿图像垂直方向系统能分解的象素数（水平线数），以 M 表示。显然，它受每帧屏幕显示行数 Z' 限制，因而亦受总行数 Z 的限制。在最佳情况下，M 等于 Z'。在一般情况下，并非每一屏幕显示行都代表垂直分解力，而取决于图像的

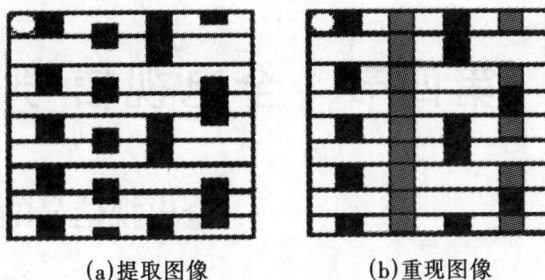

(a)提取图像   (b)重现图像

图 4 – 12　垂直分解力的几种例子

状况，以及图像与扫描线相对位置的各种情况，如图 4 – 12 所示。

考虑到图像的随机性，垂直分解力 M 可表示为：$M = KZ' = K(T_{SV}/T_V)Z$，K 取 0.5 ~ 1 之间，Tsv 为场正程时间，Tv 为场周期时间。若取 K = 0.76，已知 Z' = 575，则垂直分解力 M 为 437 线。垂直分解力 M 除了具有随机性以外，还与隔行扫描的性能有关。奇、偶数场光栅不能均匀嵌套，甚至并行现象，此时将使 M 相应下降。

2．水平分解力

水平分解力是指沿图像水平方向系统能分解的象素数（垂直线数），以 N 表示。水平分解力与电子束孔径相对于图像细节的大小有关，亦即是说，电子束孔径的大小将影响图像的水平分解力，通常把这种现象称为孔阑效应。

理论上讲，孔径越小，分解力越高。但在保持每帧行数不变时，画面被扫到的部分将减少，从而降低传输效率。实践证明，以在同等长度内水平分解力等于垂直分解力时之图像质量为最佳，由于通常屏幕宽度为 4:3，故水平分解力为：

$$N = 4/3M = 4/3kZ' = 4/3k (T_{SV}/T_V) Z$$

若 k = 0.76，则 n = 583 线。

3．图像信号的最高频率与频带

图像信号都有平均分量，对应为图像的背景亮度，即使是活动图像但因动作慢，仍有一接近零频的平均分量，故图像信号的最低频率为直流，于是图像信号的最高频率 f_{max} 就是它的带宽。

各水平方向出现图像细节时将确定信号最高频率，这时 N 值就代表在行扫描正程期 T_{SH} 内扫过的象素数，于是扫过每个象素所需时间 t_d 为：$t_d = T_{SH}/N$；图像信号最高频率对应的周期为 $2t_d$，因此，$f_{max} = 1/2t_d = N/2T_{SH}$，当以 N = 583 和 $T_{SH} = 52 \times 10^{-6}$ 秒代入时，得 $f_{max} = 5.6MHz$。

第四节　全电视信号（视频信号）

一、全电视信号的组成

全电视信号由图像信号、行同步信号、行消隐信号、场同步信号、场消隐信号、槽脉冲和前、后均衡脉冲组成。

1. 图像信号

图像信号反映了电视系统所传递图像的信息，是电视信号中的主体，它是在场扫描正程期的行扫描正程期内传送的。图像信号是电子扫描作用下，由摄像管将明暗不同的景象转换为相应的电信号，然后经信道传送给显像管的。

由于图像的随机性，图像信号电平亦是在一定范围的随机起伏。图像信号的特点是：①相关性，是指相邻两行的图像信号的差别很小，因此，帧间与行间具有较强的相关性。②单极性，图像信号含有直流分量，它的数值总是在零值以上或以下的一定范围内变化的，它不会同时跨越零值上下两个区域，这称为单极性。

2. 行消隐、同步信号

为了使在行回扫期屏幕不出现干扰亮线，电视发送端在行逆程期产生一列行消隐脉冲。脉冲宽度为 $12\mu s$，周期 $64\mu s$，相对幅度为 75%，这是负极性信号的黑电平，亦称消隐电平。

为了使收发系统各行同步，电视发送端又产生一列行同步脉冲，规定脉宽为 $4.7\mu s$，脉冲前沿与消隐脉冲前沿间隔 $1.3\mu s$，为使同步信号不影响屏幕显示的图像，将行同步信号（相对电平 25%）叠加在消隐信号上，这样构成了行电视信号。

3. 场消隐、同步信号

与行消隐、同步信号类似，为了使在场逆程期间屏幕不出现干扰亮线和实现收发两端的场同步，在电视发送端要产生一列消隐脉冲和一列场同步脉冲。

规定场消隐脉冲宽度为 $1612\mu s$，场同步脉冲为 $160\mu s$（占两行半时间），场同步信号前沿与场消隐信号前沿间隔约为 $160\mu s$。场消隐、同步信号相对电平与行一样，也是 75% 和 25%。

4. 槽脉冲和前后均衡脉冲

为了避免场同步脉冲期的两个半行周期的行同步信号中断，而在场同步脉冲上开几个小槽，称为槽脉冲。

在各场同步脉冲前、后加置若干个（规定为五个）周期为半行的前、后均衡脉冲，从而保证隔行扫描中偶数场正好镶嵌在奇数场之间，不致产生并行现象。电视标准规定，槽脉冲宽度与行同步脉冲宽度一样，亦为 $4.7\mu s$，前、后均衡脉冲宽度为半个行同步脉冲宽度，即 $4.7\mu s/2 = 2.35\mu s$，它们总的占据时间各为 $2.5T_H$，并处在场消隐期内。

二、全电视信号的频带宽度

1．一帧图像的象素个数

全电视信号的频带宽度与一帧图像的象素个数有关，象素个数越多，全电视信号的频带越宽。

我国电视扫描行数为 625 行，显示 575 行，电视的宽高比为 4:3，因此，一帧图像的总象素数为：

$$4/3 \times 575 \times 575 \approx 440833 \text{（个）}$$

2．图像信号的频带宽度

图像信号的频带宽度等于其最高频率减去最低频率。最低频率可以认为是零（对应不变的全黑或全白画面）。所以图像信号的频带宽度就等于其最高频率。

图像的最高频率是由象素为基本单元，一个象素亮、一个象素暗，交替出现时，其相应的电信号的频率为最高。

$$\text{即 } 4/3 \times 575 \times 575 \times 1/2 \times 25 \approx 5.5 \text{（MHz）}$$

如果考虑到其他因素的影响，可以认为图像信号的最高频率约为 6MHz，这样图像信号的频率宽度为 6MHz。全电视信号的频率也可以认为是 6MHz。

三、电视信号的数字化

广播电视技术逐步由模拟方式向数字化方向发展已为全世界所公认。最近几年来数字化技术的进展是特别令人瞩目的。

模拟电视信号数字化的步骤是取样（Sampling）、量化（Quantization）和编码（Coding）。根据取样定理，取样频率必须大于信号带宽的两倍，才能从取样信号中完全恢复原信号。对 PAL 制电视信号进行数字化时的取样频率常采用彩色副载波的三倍或四倍，即13.29MHz 或 17.72MHz。取样频率必须与副载波连锁，这是为了避免因差拍干扰，从而增加复原图像的噪声。

通过取样，把模拟信号变成时间上离散的脉冲信号。这些脉冲信号的幅度仍然是模拟的，因此还必须对模拟幅度进行离散化处理，才能用数码来表示其幅值。这种对幅值进行分级，并按每级进行舍零取整的过程叫作量化。

把量化后的信号，转换成数字编码脉冲，这一过程被称为编码。然后用 n 个比特的二进制码来表示已经量化了的取样值。每一个二进制数字字节对应一个量化值，再经过排列后得到由二值脉冲组成的数字信息流。

这一串数字信息流在 D/A 转换中，通过相反的过程，重新组成原来的取样值，再通过低通滤波器恢复原信号。通过 A/D 变换而得脉冲串的频率等于取样频率与量化比特数的乘积，被称为传输数字信号的数码率。如 PAL 制电视信号经过编码后，设取样频率为 4 倍副载波，即 17.72Mhz，量化比特数为 8，则编码后的数码率就是 $17.72 \times 8 = 141.76$Mbps。如量化采用 10bit 或 12bit，则数码率分别为 177.2Mbps 和 212.64Mbps。诚然，取样频率越高，量化比特数越大，数码率就越高，所需要传输的设备的带宽则越宽。在目前各厂商生产的数字化视频设备中，最高的量化比特数是 12。

第五节　广播电视发送基本原理

一、广播电视发送系统构成概述

电视台即广播电视发送系统，它是将各种各样的电视节目进行选择控制，调制在高频上，由天线辐射出去。图 4-13 给出了广播电视发送系统的方框示意图。

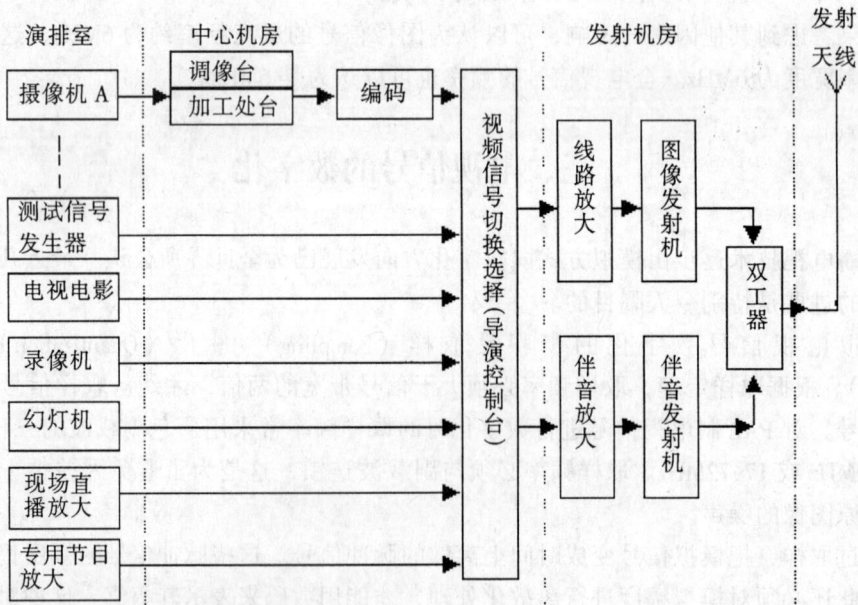

图 4-13　广播发送系统方框示意图

1. 图像信号的产生部分

图像信号的产生部分主要由多台摄像机组成，也包括节目的其他来源，如图中给出的电视电影、录像机、现场直播节目设备和测试信号发生器等。

2. 中心机房

中心机房主要是对视频图像信号和音频信号进行处理与切换。图像信号在中心机房中经过各种补偿、校正后，形成全电视信号。输送至导演控制台进行信号选择切换，经选择后的全电视信号与相应的伴音信号分别送至发射机房中的图像发射机和伴音发射机的输入端。

3. 发射机房

发射机房负责将视频信号和伴音信号分别去调制图像载频和伴音载频信号，形成已调的射频信号，再由双工器组成一路全射频电视信号，输送至发射天线。

4. 发射天线

发射天线是将能量辐射出去，完成电视发送全过程。

二、全射频电视信号（高频电视信号）

电视信号由全电视信号与伴音信号组成。为了使它们能发向远方，需要将它们分别调制到频率比它们高得多的载波信号上，使之变成高频电视信号（全射频电视信号）。全电视信号采用调幅方式，伴音信号采用调频方式。

1. 全电视信号的调制

全电视信号的频带宽度为 6MHz，用它调制载波，整个全电视信号的调幅在载波频率两侧形成两个边带，如图 4－14 所示，图中 f_p 为图像载波频率，f_p 到 $f_p + F_{max}$ 的一侧称为上边带，f_p 到 $f_p - F_{max}$ 的一侧称为下边带，其调幅波带宽为 12MHz。

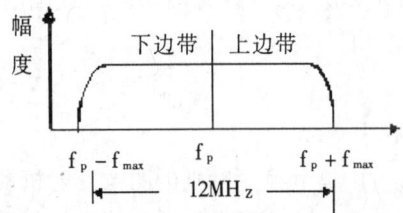

图 4－14　全电视信号调幅波频谱

从理论上讲，全电视信号调幅波上、下边带所包含的信号内容完全一致，因此，发送一个边带就可以了，但在实践中，靠近载频的低频信号部分很难滤除，因此在电视中是采用残留边带发送方式的。所谓残留边带发送就是发送上边带全部内容及下边带残留部分的内容，如图4－15所示。

2．伴音信号的调制

由于伴音信号频带较窄，一般从几十 Hz 到 15KHz，为了提高抗干扰能力和改善音质，伴音信号的调制采用了调频方式。我国电视标准规定，伴音调频信号两边各留有 250KHz 的带宽，如图 4－15 所示。

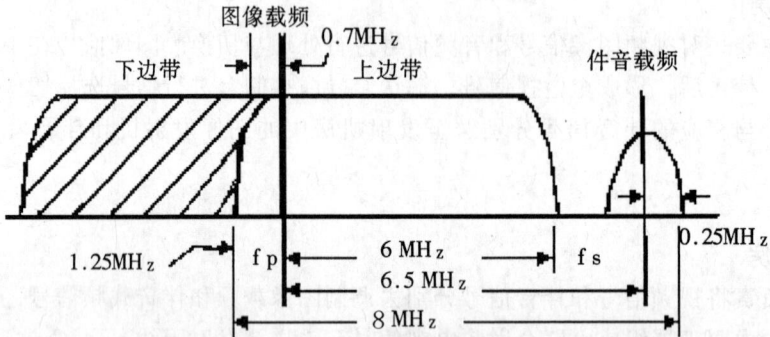

图 4－15　残留边带高频电视信号的频谱

3．高频电视信号（全射频电视信号）

将已调幅的高频图像信号与已调频的高频伴音信号加在一起组成高频电视信号。我国电视标准规定伴音载频 f_s 比图像载频 f_p 高 6.5MHz。整个高频电视信号的频带宽度为 8MHz，其中图像部分占 7.25MHz，伴音占 0.5MHz，频谱图如图 4－15 所示。

4．电视频段和频道的划分

我国电视标准规定各频道间隔为 8MHz。世界的广播电视频段包括米波波段（甚高频 VHF）和分米波波段（特高频 UHF）。我国电视的 VHF 段有 1－12 频道，UHF 段有 13～68 频道。

三、广播电视发射机

广播电视发射机由图像发射机和伴音发射机组成。为了使图像信号和伴音信号有同样的覆盖区域，通常使已调伴音信号和图像信号的功率保持 1:5～1:10 的比值。广播电视发射机有两种组成方式：直接调制式和中频调制式。

1．直接调制式广播电视发射机

直接调制式广播电视发射机的特点是视频信号和伴音信号分别采用一次调制就形成高频已调信号。可分为高电平调制和中、低电平调制等类型。

高电平调制式的图像发射机通常在功率放大器末级进行调制，故只需采用一级宽带放大器，但调制功率较大，对它的设计、调整比较复杂。只适用于较小功率（1KW）电视发射机。如图 4－16 给出的是高电平直接调制式电视发射机的方框图。图像发射机采用倍频器可降低振荡频率，受调放大器采用电子管放大器并在栅极进行调制，以降低对调制器（实际上是视频功率放大器）功率的要求。伴音发射机采用倍频器可使伴音调频信号得到较宽的频偏。双工器的作用是将已调的全电视、伴音信号组合在一起，并实现相互间及各自与馈线的阻抗匹配与隔离，以免相互干扰和信号反射。

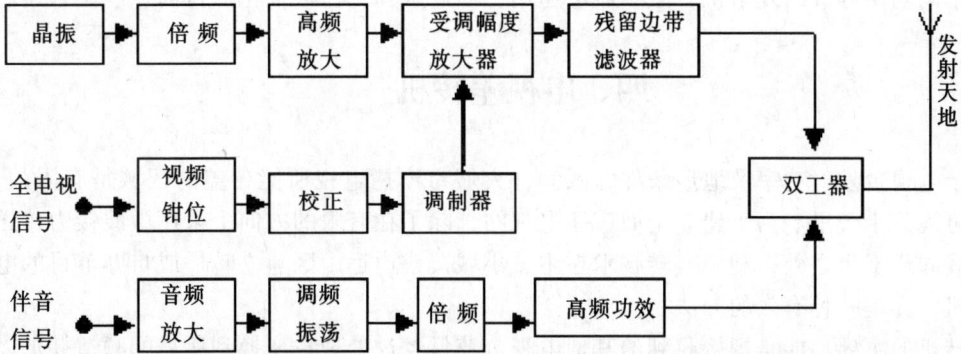

图 4 – 16 直接调制式电视发射机方框图

而中、低电平调制式的图像发射机是在低电平级实现调制，再经过若干级宽带线性放大器将功率放大到设计的数值。它的特点与高电平调制式相反，调制器所需功率较小，容易实现，但高频各级宽带特性的设计、调整比较复杂，它适合于功率较大的（如 7.5KW、10KW）电视发射机。

2. 中频调制式广播电视发射机

中频调制式广播电视发射机是先在较低的中频实现调制，然后再通过混频变换到所需的高频。如图 4 – 17 给出中频调制式广播电视发射机的方框图。可见电视信号先在中频 f_{PI}

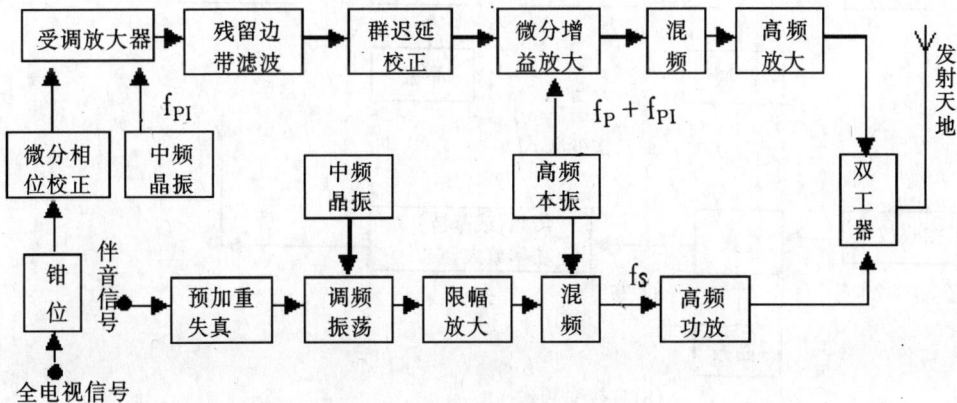

图 4 – 17 中频调制式电视发射机方框图

上进行调制，经残留边带滤波器滤去部分边带（注意这里取出的是下边带和部分上边带），然后再与高频载频（$f_p + f_{PI}$）混频取差频输出，即得到所需的已调高频图像信号。伴音信号亦在相应的中频上调频，并变换到所需的高频。

这一调制方式的优点是受调级电平较低（毫瓦级），可采用性能优良的平衡或环形调制器。另外，残留边带可在中频实施，故不同频道时不必对滤波器采用单独设计，对不同频道和不同功率等级的发射机，激励器可通用，易于系列化、标准化。目前，广泛采用。

四、电视差转机

由于电视台发射功率及地形条件的限制，大城市广播电视所能覆盖的区域是有限的，一般是可视几十公里。为了建立全面广播电视网，除了在有限的方向上采用微波接力传送以及发展同步卫星之外，利用差转技术在中、小城镇或边远山区建立转播或自办节目的电视差转机，亦是一种有效的方法。

差转机的主要功能是把接收到的其他电视台节目经过处理，变换到所需的频道并加以功率放大后，经天线向指定方向传送出去。节目来源可以是中心电视台的节目、经地面站解调后的卫星广播电视节目或经微波中继站解调（称微波开口）后的节目，亦可以是差转台自制节目。功率等级和频道范围按需选定。我国已经在 VHF 和 UHF 频段内生产了自几瓦至上千瓦的电视差转机系列产品，以适应全国需要。

电视差转机有两种组成方式：二次变频式和直接变频式，如图 4 - 18。图 4 - 18（a）是二次变频式电视差转机方框图。接收混频器将欲接收的某频道的节目的信号频率 f_p（这里 f_p 包含图像和伴音已调信号）变换为中频 f_{PI}，经放大后，再经发射混频器将中频 f_{PI} 变换到另一频道的频率 f'_p 上，经功率放大后输送至天线。图 4 - 18（b）是直接变频式转机

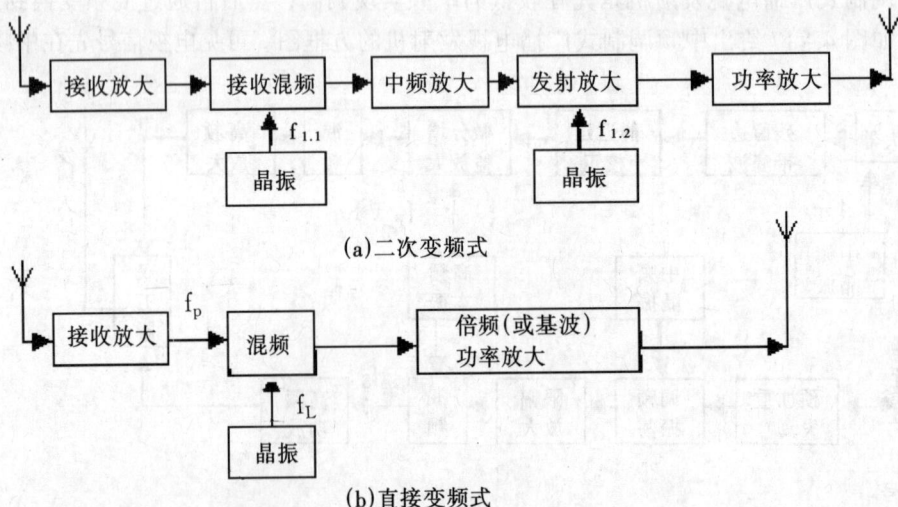

(a)二次变频式

(b)直接变频式

图 4 - 18　电视差转机方框图

差转方框图。因为只经一次变频，为得到正确的频谱结构，要求本振频率 f_L 低于信号频率 f_P，即 $f_P - f_L = f'p/n$。式中 n 为功率放大器（n＝1 时，它为基波放大器；n＝2 以上时，它为倍频功率放大器）的倍频次数。我国电视差转机的产品多采用二次变频的方式。

随着卫星广播电视的发展，出现了一种卫星电视转播机，其方案之一如图 4－19 所示。先将卫星电视调频信号接收下来，经高放、变频、中放和解调，变成为图像视频信号和伴音声频信号，再经中频调制器将图像、伴音信号变换成各自的中频信号（38MHz 和 31.5MHz），最后再变频至所需频道的射频信号经放大后由天线发送出去。

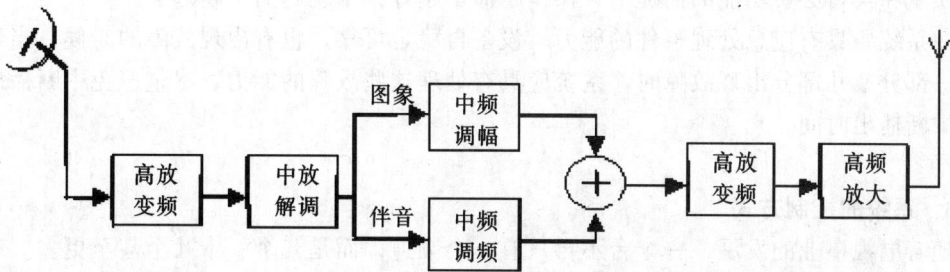

图 4－19　一种卫星电视转播机的原理方框图

五、电视播出系统

电视台只要播出节目，播出系统是不可缺少的，差别仅是系统简单一点或复杂一点而已，但是必须达到和完成电视节目播出功能，因此其有自己特点和要求。

1．电视播出系统的工作特点

①电视播出的不可反复性。电视节目播出影响范围广，播出不正常，则影响一大片。中央台影响全国，省台影响全省，即使是县市台也要影响几十万人的收看，因此电视播出系统必须保证播出要一次成功。不允许像电视节目制作那样可以进行预演，一次不行，再来第二次、第三次。

②长时间不间断地工作。现在电视台的播出时间都较长，有些是全天 24 小时连续播出，因此，要求播出系统要适应长时间不间断播出的工作条件。

③播出系统的规模越来越大。各个电视台的播出频道也在不断增多，开始每台只是一个频道播出，现在一个台有二、三个频道播出已很普遍，近来更多，特别是有线电视台的开播。

④电视播出系统中的信号源比较多，通常有录像机、磁盘机、电视电影机、转播车、演播室等，有时转播中央台和省台的节目，因此播出系统中十几个、几十个输入信号源是常有的。

⑤电视播出系统既要对图像信号进行处理，又要对声音进行处理，有时还要根据需要实时插入一些必要的信息，如台标时钟或广告字幕，有时还要插入播音员的声音等，这些

117

不是预先制作好的，而是实时加入的。

⑥电视播出系统除了对声音、图像进行控制处理外，还要对各输入信号源进行同步及相位处理，否则将会影响节目播出质量。

2．电视播出系统的设计要求

根据电视播出系统的工作特点，这就决定了电视播出系统的设计要求。

①可靠性。播出系统必须稳定可靠地连续工作，这是首要条件。

②操作方便。为了能做到安全播出，防止或减少因人员误操作而引起的事故，在保证播出质量和具备必要功能的前提下，操作越简单越好，系统越简单越好。

③系统要具有应急处理事件的能力。设备再稳定可靠，也有出现故障的时候，当设备的某一部分或几部分出现故障时，系统应具有处理这些故障的能力，尽量避免中断播出或减少中断播出时间。

3．系统的控制方式

随着电视事业的发展，一个台不再只有一个频道，而是几个、十几个甚至更多。有些电视播出系统把多个频道合成一个播出系统的叫做集中控制方式。而每个频道分别组成一个播出系统的叫做分散控制方式，或叫做分频道控制方式。采用集中控制方式，输入信号源共享，可以节省设备，需要的值班人员也相对减少，播出频道越多，集中控制式的优点越突出。但是，对于只有二、三个频道播出的电视台，一般以分散控制方式为好。因为从节省人力方面来说，并不明显，从录像带投资方面来看也不关键。这是由于录像机的寿命是由磁鼓转动和走带时间决定的，跟加电关系不大，而播出时间是常数，录像机少，其工作频率高，寿终正寝的频度也高，更新的周期也就短。当然，也可结合实际，采用分集相结合的控制方式。

4．自动播出和手动播出

播出系统的自动化是目前电视播出系统的主流，因为随着自动播出系统的硬件和软件的可靠性和稳定性越来越高，其可减少人为的事故，同时还能减轻了放像员和切换员的劳动强度，特别是减轻了切换时的心理紧张程度，提高安全播出系数。现在许多电视台纷纷开始采用自动播出系统。

自动播出系统还分为全自动和半自动的差别。全自动播出系统包括自动完成信号源切换、装带、寻迹、退带、传送带等工作。播出时完全不要人介入。而半自动播出系统，只解决自动启动录像机，自动进行信号源切换，装带卸带还是由人工来完成，这样也能大大减轻值班人员的劳动强度与紧张程度。

118

第六节　彩色电视基本知识

彩色电视系统是传送与接收彩色图像的系统。大自然界是一个五光十色的世界，黑白电视系统只能按景物的明暗程度来重现，而相对于彩色电视而言只是一种传输部分视觉信息的系统。人们在 1938 年试播黑白电视；1954 年美国建立了黑白、彩色兼容的彩色电视制式 NTSC 制；1962 年德国提出了 PAL 制，于 1967 年正式广播；1966 年法国首先使用 SECAM 制。当前世界各国所用彩色系统均使用这三种制式，美、日、加等使用 NTSC 制，我国及德国、英国等用 PAL 制，法、俄、东欧等用 SECAM 制。

一、彩色原理

1. 光与彩色

彩色是光的一种属性，没有光就没有彩色。光是一种以电磁波形式存在的物质，人眼可以看见的光叫可见光。它是波长为 380nm ～ 780nm 范围的电磁波。如图 4 – 20 所示。

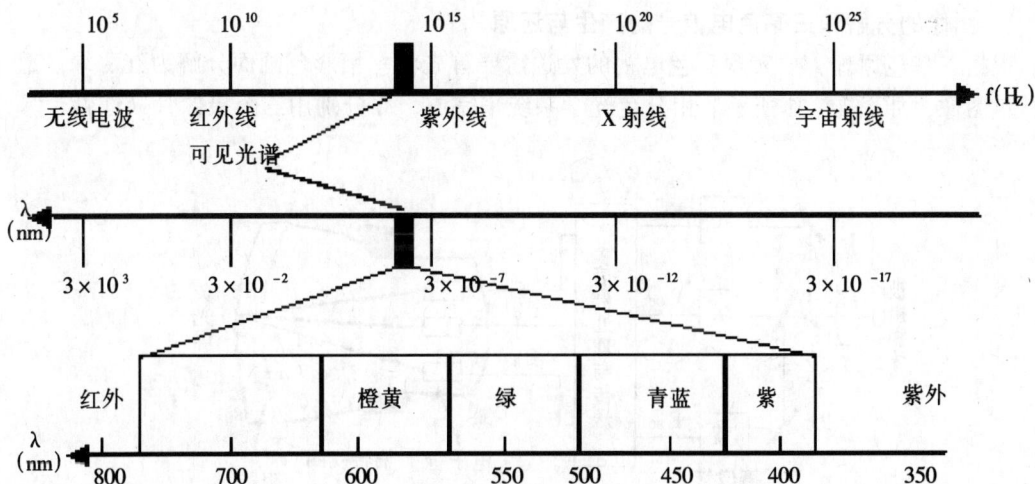

图 4 – 20　电磁波波谱

我们看到的彩色有两种不同的来源，一种是发光体所呈现的色光，另一种是物体反射或透射的彩色光。

2. 三基色原理

根据人眼的视觉特性，在传送与重现彩色时，只要求重现景物的彩色感，不要求恢复

119

原来的光谱。实验证明，自然界景物的绝大多数色彩均可以由红、绿、蓝三种基色光，以不同比例混合而成；反过来说，自然界中绝大多数彩色光都可以分解成红、绿、蓝三种单色光，这就是三基色原理。

3．彩色三要素

彩色光可用亮度、色调及色饱和度三个物理量来描述，这三个量称为彩色三要素。其中亮度是指彩色光作用于人眼时引起人眼视觉的明暗程度，通常用 Y 表示。色调是指彩色光的类别，通常所说的红色、绿色等都是指不同的色调。饱和度是指颜色的深浅程度，即颜色的浓度。色调和饱和度合称为色度，用 F 表示，它既说明了彩色光的颜色类别，又说明了颜色的深浅程度。在彩色电视中，所谓传输彩色图像，实质上是传输图像象素的亮度和色度。

二、彩色电视信号

彩色电视是在黑白电视技术基础上发展起来的一种用电信号传送彩色景物影像的通信方式。在自然界中的各种物体，不但具有不同的明暗差别，而且有五彩缤纷的颜色。因此，彩色电视不但要像黑白电视那样传送物体的明暗程度，而且还要传送物体的彩色色度信息。

1．图像的分解和三基色电信号的产生与还原

根据三基色原理，要实现彩色电视的发送需要首先将一幅彩色画面分解为红、绿、蓝三基色图像，如图 4-21 所示。由分色光学系统来完成，并分别用三个摄像管（红管、绿

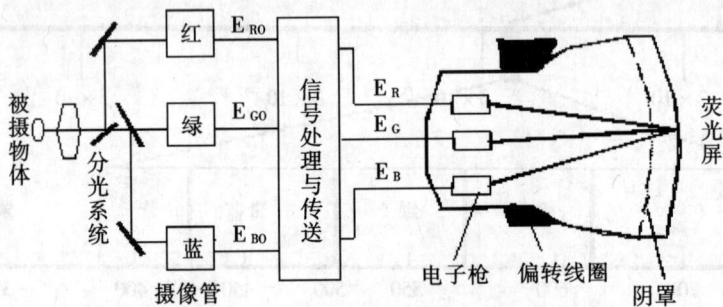

图 4-21　彩色电视原理示意图

管、蓝管）来摄取，从而获得三个相应的基色电信号 E_R、E_G 和 E_B。这些信号经过加工处理组合成一个合成信号进行传送。

信号的加工、处理与合成问题，为了方便传送并能与黑白电视"兼容"。目前世界上

120

采用了三种制式，即 NTSE 制、PAL 制、SECAM 制。我国采用 PAL 制式。

不管使用哪一种制式传送，在接收端都将收到的电视信号经过放大与加工处理，又使合成的电视信号恢复成三个基色电信号 E_R、E_G、E_B。并将这三个电信号送到彩色显像管重现彩色图像。

2．兼容制传送方式

所谓兼容就是用彩色电视机能收看黑白电视广播节目，而黑白电视机也能收看彩色电视广播节目。当然这两种收看到的电视图像都是黑白图像。

为了能使彩色电视与黑白电视兼容，并能以较高的质量指标传送彩色图像，兼容制的彩色电视应具有以下特性：

①传送的电视信号中应有亮度信号和色度信号。亮度信号包含了彩色图像的亮度信息，它与黑白电视机的图像信号一样，能使黑白电视机收到无彩色的黑白画面。色度信号包含彩色图像的色调和饱和度信息。

②彩色电视通道的频率特性应与黑白电视通道的频率特性大致一样，它们应有相同的频带宽度、相同的图像载频、伴音载频和相同的图像与伴音信号的调制方式。

③彩色电视的扫描方式、扫描频率和同步信号组成应与黑白电视的一样。

④应尽可能地减小亮度与色度信号间的相互干扰。

上述这些要求，兼容制传送方式的彩色电视是通过下述方法来解决的：

①在发送端用矩阵电路将三个基色电信号 E_R、E_G、E_B 转换成一个亮度信号 E_Y 和两个色差信号 $E_R - Y$ 和 $E_B - Y$。亮度信号包含了三基色电信号中的亮度信息。色差信号包含了三基色电信号中的色度信息。因它们都是由三基色信号转化来的，所以它们具有相同的频谱结构和相等的频带宽度（6MHz）。

②为了实现兼容，必须在 6MHz 频带宽度范围内传送三个电信号。因此，兼容制彩色电视采用了大面积着色和频谱交错的方法。

大面积着色法是由于人眼对颜色细节的分辨力远远小于对亮度细节的分辨率，所以可以压缩色差信号的频带宽度，仅传送色差信号的低频分量。

频谱交错法：对亮度信号的频谱分析表明，在 0～6MHz 范围内，亮度信号没有完全占满这 6MHz 的频带，亮度信号的频谱分布不是连续的，而是一些分立的一组组谱线族，如图 4－22 中的实线所示。色差信号也有这样的特性。这样我们将色差信号以某种方式安插在亮度信号的空隙中，与亮度信号一起传送，如图 4－22 中虚线所示。

因为窄带的色差信号在低频段与亮度信号有着大致相同的频谱结构，如果直接将色差信号插入亮度信号频谱的低频段，会产生严重干扰，而且接收端无法将亮度与色度分离。为此，我们将色差信号以某种方式调制到一个较高的载波频率（叫色副载波）上，然后再与亮度信号混合。这样彩色电视信号的总频带宽度可以做到 6MHz，与黑白电视相同。

因此，兼容制彩色电视的传送过程，大致如图 4－23 所示。

亮度信号   色度信号

f c ◄─────────── 6 MHz ───────────► f 0

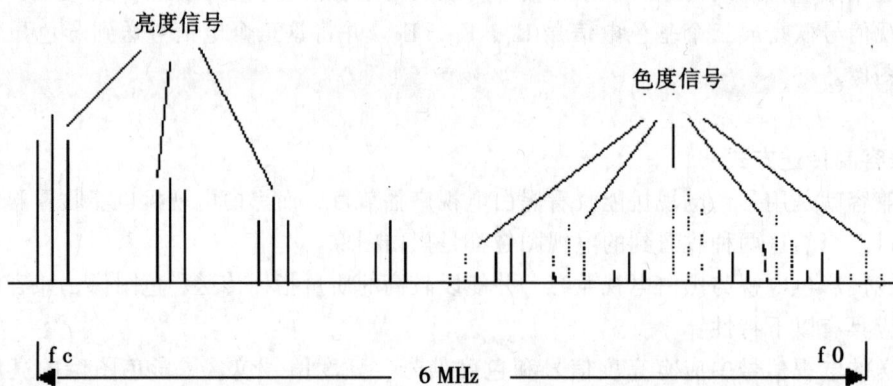

图 4 – 22 亮度信号与色度信号的频谱特性

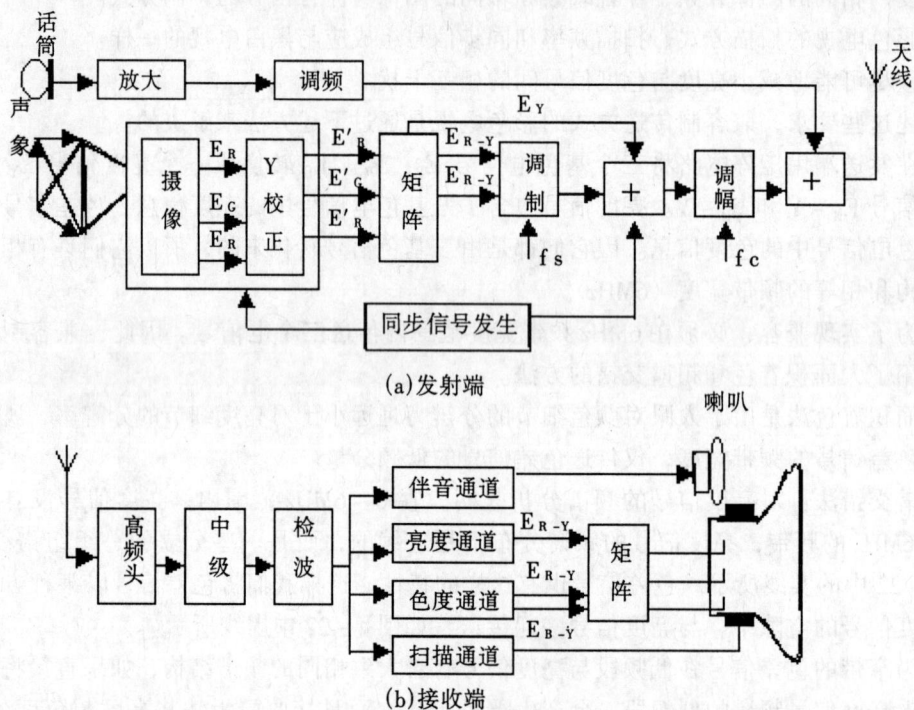

(a)发射端

(b)接收端

图 4 – 23 兼容式传送方式示意图

122

3．彩色电视的制式

完成彩色电视的发送与接收总要采取某种特定的方式来实现，这种特定的方式叫彩色电视制式。现在应用最多的彩色电视制式是 NTSC 制、PAL 制和 SECAM 制三种，它们都采用了与黑白电视兼容的亮度信号，只是在传送色差信号的方法上有差别。

（1）NTSC 制

NTSC 制于 1954 年在美国首次正式使用。这种制式的特点是将两个色差信号分别对频率相同而相位相差 90°的两个副载波进行正交平衡调幅，再将已调制的色差信号叠加后穿插到亮度信号高频端。

（2）PAL 制

1967 年西德和英国首先正式采用 PAL 制。我国现在也采用这个制式。这种制式的特点是：克服 NTSC 制的相位敏感性，在原来正交平衡调幅和同步检波等基本措施的基础上，将其中一个已调红色信号进行逐行倒相。这就使任意两个相邻扫描行的红色差信号相位总是相差 180°（相位相反）。这样可以利用相邻扫描行色彩的互补性来消除由相位失真引起的色调失真。该制式的主要特点是电视接收机电路较复杂。

（3）SECAM 制

SECAM 制在 1966 年首先由法国正式使用。以后苏联、东欧等国家也采用这种制式。这种制式也是为了克服 NTSC 制相位敏感性而设计的。它与前两种制式不同，两个色差信号不是同时传送，而是逐行轮流交替传送。另外，两个色差信号不是对副载波进行调幅，而是对两个频率不同的副载波进行调频。再将两个已调色差信号逐行轮换插入亮度信号高频端，形成彩色图像视频信号。这种制式的缺点是接收机电路复杂，而且它的图像质量也比上两种制式差。

从上述内容可以看出，各种彩色制式均可以与黑白电视兼容，但因为各种制式传送色差信号的方式不同，致使三制式之间不能兼容收看。

由于 NTSC 制与 PAL 制在传送亮度信号与色度信号时，是以不同频率范围同时传送这两个信号的，所以这两个制式也叫"同时制"。而 SECAM 制在传送亮度信号与色度信号时，两个色差信号是先后轮流传送，而亮度信号与色差信号又是同时传送的，因此，又把这种制式叫做"顺序—同时制"。

三、亮度信号和色差信号

要实现黑白、彩色电视兼容，彩色电视信号中最好直接含有仅代表亮度信息而不含色度信息的亮度信号，而色度信号采用编码传输，编码后的信号称为色差信号，这种色差编码传输最突出的优点是有利于黑白、彩色兼容。当电视台选用 Y、R—Y、B—Y 三种信号时，不但黑白电视机、彩色电视机可以各得其所，而且当传送的图像是黑白图片时，色差信号为零。因为任何黑白图片仅有亮度明暗的层次变化。一旦传送彩色图像时，黑白电视只取亮度信号，也只能呈现图像的明暗层次。

因此，彩色图像传输的信号包括亮度信号（Y）、红色差信号（R—Y）和蓝色差信号

(B—Y)。

1. 亮度信号

亮度电信号 E_Y 是根据亮度方程由三基色电信号按一定比例组合而成。即 $E_Y = 0.3E_R + 0.59E_G + 0.11E_B$

2. 色差信号

在彩色电视中，除了传送亮度信号外，还需要传送代表色调和色饱和度这两个量的色度信号。根据兼容的要求，色度信号应只包含色度信息，不包含亮度信息。由于三基色信号中既包含有彩色的亮度信息又包含各彩色的色度信息，因而不能直接传送三基色信号。为了获得只包含色度信息的色度信号，简便的方法是在基色信号中减去亮度信号即为色差信号。根据亮度方程可导出各色差信号与三基色信号的关系：

$$R - Y = R - (0.30R + 0.59G + 0.11B) = 0.70R - 0.59G - 0.11B$$
$$G - Y = G - (0.30R + 0.59G + 0.11B) = -0.30R + 0.41G - 0.11B$$
$$B - Y = B - (0.30R + 0.59G + 0.11B) = -0.30R - 0.59G + 0.89B$$

如果用电压形式表示（电信号）应为：

$$E_R - Y = 0.70E_R - 0.59E_G - 0.11E_B$$
$$E_G - Y = -0.30E_R + 0.41E_G - 0.11E_B$$
$$E_B - Y = -0.30E_R - 0.59E_G + 0.89E_B$$

三个色差信号不是完全独立的，每个色差信号都可由其他两个色差信号合成得到。

因为 $E_Y = 0.30E_R + 0.59E_G + 0.11E_B = 0.30E_Y + 0.59E_Y + 0.11E_Y$

则 $0.30 (E_Y - E_R) + 0.59 (E_Y - E_G) + 0.11 (E_Y - E_B) = 0$

因此，彩色电视传送的图像信号只包含亮度信号（Y）、红色差信号（R－Y）和蓝色差信号（B－Y）。

四、色差信号频带的压缩与频谱交错

1. 色差信号频带的压缩

通过矩阵电路能获得一个亮度信号和两个色差信号，由于它们的频谱结构是基本一样的，它们的频带的宽度都是6MHz。而根据人眼对彩色细节的分辨较低，只是对大面积进行着色，而对细节则用黑白亮度，因此，我们国家彩色电视标准规定，亮度信号的频带为

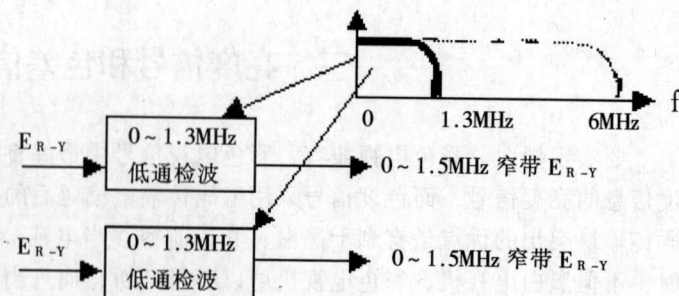

图 4-24　滤除色差信号中 1.3MHz 以上的高频分量

6MHz，色差信号频带宽度为 1.3MHz。所以，只需要对在输出两色差信号时用两个低通滤波器就可以滤除高频分量，如图 4 - 24 所示，达到压缩色差频率带宽的目的。

2. 频谱交错

频谱交错就是将频带压缩为 0 ~
1.3MHz 的色差信号"插"到亮度信号的频带中进行传送。为了避免干扰，因此我们选择一个较高频率的载波（称为副载波，NTSC 制副载波频率为半行频的奇数倍，也称半行频间置；而 PAL 制副载波频率为逐行倒相 1/4 行频间置，约为 4.43MHz）。

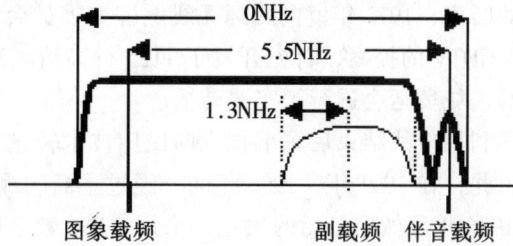

至此，彩色电视发送端发送出的电视信号的频谱如图 4 - 25 所示。

图 4 - 25　彩色电视发射的电视信号的频谱图

第七节　新一代电视制式展望与简介

1953 年美国创建的兼容性 NTSC 制，是电视技术发展史上一个巨大突破。以后又相继派生出 PAL 制和 SECAM 制，它们对电视的发展起了极大的推动作用。除了现行的三种彩色电视制式之外，新一代的电视制式正在积极研制之中，并纷纷推出社会，展现于世人面前。

一、高清晰度电视

1. 什么是高清晰度电视

有人称黑白电视为第一代电视；彩色电视为第二代电视，称高清晰度电视为第三代电视。高清晰度电视简称 HDTV（High Defintion Television 的缩写），是一种解析力比现行电视制式高得多且画面宽高比也有所不同的新型高质量的电视系统。其确切的定义是："高清晰度电视应是一个透明系统，一个视力正常的观众在距该系统显示屏高度的三倍距离上所看到的图像质量应具有观看原始景物或表演所得到的印象。"它具有清晰度高、显示屏幕大、真实感强等特点。

近年来较为成熟的高清晰电视的产品之一是采用基本参数为：1125 行，60 场，2:1 隔行扫描，屏幕宽高比 5:3，亮度信号带宽为 20MHz，两个色差信号带宽分别为 7MHz 和 5.5MHz。该系统作过广播卫星传输和光纤传输实验，都取得较为满意的结果。亮、色信号的频谱不是重叠交错的，因而不存在亮、色互相串扰，有利于亮、色分离和数字化处理。高清晰度电视是下一代电视发展的目标之一。

125

2. 高清晰度电视的发展

随着人们对视听效果的不断追求，迫使高清晰度电视的发展。日本是高清晰度电视起点最早的国家，1972 年就向国际无线电咨询委员会（CCIR，现为国家电信联盟分会 ITV—R）提出 HDTV 的提案，首先开发了 1125 行高清晰度电视系统，1988 年又用高清晰度电视成功地对汉城奥运会进行了实况转播。

美国利用冷战结束后军事技术向民用技术转化的时机，提出了全数字高清晰度电视的方案。因此，在 1991 年～1996 年间，经过不断的测试、报告、听证会、公告、征求意见，最后在 1996 年底做出最后的决定，采用 ATSC 数字电视标准作为美国的国家标准。与此同时，由 400 多家广播机构组成的"最大服务电视台协会"（MSTV：Association of Maximum Service TV station）和"消费电子制造协会/电子工业协会"（CEMA/EIA）投资建立高清晰度电视样板台，并得到 30 多家大型电视设备公司在高清晰度电视演播室设备方面的资助。在技术上由 David Sarnoff 研究所负责。样板台建在华盛顿 WRC—TV 台内。

从普通电视向数字电视过渡方面，美国采取了强制的过渡方式，要求在制式确定后 15 年内（美国联邦通信委员会：FCC，Federal Communication Commission 要求把这一过渡期减到 7～8 年），经过频道申请和建台申请，给每个原 NTSC 频道增拨一个 HDTV 频道，所有电视台在经过 NTSC 频道和数字电视或 HDTV 频道节目部分同播到完全同播，最后全部收回原地面 NTSC 频道而过渡到数字电视。

由于美国的数字电视标准既包括高清晰度电视又包括了普通清晰度电视，其普及速度不如普通数字电视单独普及快，仍然受到 DVB 的竞争。欧美之争实质上是先普及普通数字电视再普及高清晰度电视还是同时普及普通数字电视和高清晰度电视的战略路线之争。

美国的全数字高清晰度电视制式及过渡方案对欧洲和日本造成了极大的冲击。欧洲终于放弃了 HD—MAC 的模拟过渡制式。由德国通信部建议成立了欧洲开发小组，并在 150 多个组织间签署了理解备忘录，共同开发全数字电视系统。与美国不同的是，欧洲的全数字电视系统包括从地面广播、卫星传播和直播、有线电视中使用的所有普通数字电视和数字视频广播项目。DVB 的卫星、有线和地面的普通数字电视标准已经欧洲通信标准组织通过。基于 MPEG—2 的 DVB 普通数字电视在 1995 年使用数字电视方式开通了数字有线电视业务。在亚洲，泰国已在 1996 年开通了 MPEG—2/DVB 卫星直播。我国也在 1996 年底开通多套 MPEG—2/DVB 卫星数字电视节目。

3. 我国高清晰度电视的研究

我国很早就开展了高清晰度电视的跟踪研究，"八五"期间国家科委安排了高清晰度电视攻关项目，国家计委、自然科学基金会都有相当的投入，"八五"期间主要是进行信源编码和信道编码方法的软件模拟。1996 年国家科委又就高清晰度电视硬件实验系统进行了招标，为在两年内建立一套高清晰度电视的体制标准而开始硬件的研究。电子工业部也就接收机开始作硬件的研究。目前中国也进入了 HDTV 的攻坚阶段，根据国家科委 HDTV 战略研究组织拟定的计划，在 1999 年中华人民共和国成立 50 周年国庆之际，将进行 HDTV 的试验播出。

二、数字电视

1. 数字电视的由来

说到数字电视的由来，我们还得从当今流行的家庭影院谈起。众所周知，家庭影院以其视听合一、声像并茂的独特魅力，已成为人们追逐的消费新热点。家庭影院绝不仅仅是指在家里通过电视机看电影，而是指它的声像指标要部分达到超过立体电影院的水平。虽然有杜比环绕声技术的广泛采用，音响效果已臻于完美，但在画面的清晰度方面与真正的电影院相比仍然有不少的距离。由此，追求更高的清晰度就成为电视发展的一个最主要的目标。

2. 数字电视的特征

从模拟电视到数字电视，不仅是电视发展史上的一种"量变"，更是一种"质变"。那么，作为普通消费者，数字电视究竟能够带给我们什么呢？

(1) 高清晰大屏幕画面和高保真立体声伴音

数字电视最突出的特点是画面清晰度高。如美国 ATSC 标准规定，在高清晰度模式下的数字电视画面的水平清晰度至少为 1280 线，最高清晰度可达水平 1920 线、垂直 1080 线。现在的新型大屏幕彩电的图像水平分解率最高为 700 线，数字电视机可以提高到它的两倍甚至更高。由于 HDTV 的清晰度提高，即使在近距离观看也能欣赏到鲜明的图像，不会产生不适的感觉，因此观看的距离可以缩短，HDTV 的观看距离一般为画面高度的 3 倍，而现在大屏幕彩电要求观看距离是画面高度的 5 倍左右。目前标准规定的数字电视均属于第一代 HDTV，而第二代 HDTV 可望达到 2000~4000 线以上的清晰度，有人称为"超高清晰度电视 UHDTV 和甚高清晰度电视 VHDTV"。

(2) "按需看电视"梦想成真和交互式运作全新享受

传统的电视节目，播出的时间、内容和长短完全是由电视台确定。对于观众而言，可选择的节目有限而且不能灵活收看，即使错过了节目时间或者节目不合胃口，也无可奈何。而观众的文化层次、兴趣爱好和个人需求又是千差万别，使电视台的编者感到"众口难调"。数字电视将从根本上改变模拟电视这种"自作自话"的演播方式，使消费者"按需看电视"的梦想成真。

数字电视允许不同制式（包括屏幕宽高比、立体声伴音的通道数等）在同一条通道内传输，用同一台设备接收，而且传输的方向可以是双向的，这既可满足不同用户和不同节目源的需要，也为实现全交互式电视铺平了道路。您只要坐在家里，通过遥控器选择电视屏幕上显示出的各种节目的菜单，随时从中选择自己喜欢观看的节目，所选节目在几秒钟内就会得到响应并即时播出。

(3) 卫星、有线各显其能和电视节目丰富多彩

与模拟电视信号相比，数字电视信号更容易记录、传输和保存。由于数字信号容易压缩和处理，经压缩处理后在原来一个模拟电视频道的带宽内可以传送 4~8 个频道的数字电视节目。数字电视需要的传输功率也较低，数字 HDTV 的传输功率只有模拟 HDTV 的

8% ~ 10%，因而对电视传输网络的要求也较低。因此，数字电视可以使现有的频率资源实现大幅度的增值，从而大大拓宽电视节目的容量。

(4) 电视、电脑、电信"三电"一体和 CATV、Internet、电话"三网"融合

在数字化时代，广播电视业、电信业和计算机信息业的区别将是很模糊的，很可能融合成一个大系统。有线电视广播网、市内电话通信网和计算机互联网合为一体。与此相对应，消费者家中的数字电视机也将脱离其作为娱乐休闲工具的简单形象，而成为集电视、电脑、电信三大功能为一身的家庭多媒体中心。这是数字电视最大的魅力所在。

数字电视除了可收看电视台播出的广播节目之外，还可包括浏览互联网、发送电子邮件、拨打可视电话、玩交互式多媒体游戏，甚至可以提供家居购物、门诊预约、旅游订票、能源管理、家用系统自动化以及购物、理财、投资一体化等多种服务。家庭购物与家庭主妇足不出户就能挑选想买的商品并直接在家中付款；观众可以通过数字电视机预约医院的专家门诊，甚至可以将自己的健康数据传送到医生处作为治疗的依据；电视大学的课程将会改变目前老师"自说自话"的面孔，在学习过程中，学生甚至可以向老师们提问或质疑，学生和老师相互沟通交流如同在教室上课一样；观众可以在家中通过数字电视订购戏票、火车票、飞机票、旅馆和饭店的床位和座位等；数字电视机可提供的电子游戏将比现有的电子游戏更具魅力，如果你的数字电视机已联网，可以与你身处异地的亲朋好友一起参加电子游戏，切磋技艺。可见，数字电视不只是电视、电脑和电信三者的简单叠加，而且还会衍生出更新颖、更先进和更实用的功能，起到了"1 + 1 + 1 > 3"的效果。

3. 数字化彩色电视机

(1) 何谓数字化彩电

首先了解彩电的三个既常见又容易混淆名词：模拟彩电、数字彩电和数字化彩电。

模拟彩电就是指接受、传输和处理的电信号在时间上是连续的（这种信号叫模拟信号），也就是过去、现在人们买的或正在使用的彩色电视机。

数字彩电是指其接受、传输和处理的电视信号全都是数字信号，其在时间上是间断和不连续的，只有代表高和低电平的"1"和"0"的数字信号的彩电。

(2) 数字化彩电

至于数字化彩电。很显然，模拟彩电和数字彩电的电信号有本质的区别，二者不可兼容，后者的实用必将彻底废弃掉前者的大量现有的设备和整机，其发展是目前大量财力和物力所不允许。美国在 2006 年后电视台将全部发射数字电视信号，届时传统的模拟彩电就基本不能用了，许多国家（包括我国）情况大致相似。那么在模拟彩电与数字彩电之间有一个和平的过渡性产品——数字化彩电。它只是指在模拟彩电内部采用数字技术来处理模拟信号的彩色电视机。通俗地说，就是在现有模拟彩色电视机体制下，充分利用目前数字图像处理和微电子技术的成果，对模拟的彩色电视信号图像进行数字化的处理，以求获得更好的图像重现的效果。

三、画中画电视接收机

在标准电视屏幕（母画面）中插入一个或多个小的子画面的电视接收机，称为画中画（Picture In Picture），简写为 PIP 电视接收机。画中画电视机可提供人们在观看电视节目的同时，在屏幕上的一角监视其他频道的节目。

画中画电视的子画面的个数可有 1~9 个。子画面在母画面中的位置、尺寸均可改变，子画面有"冻结"功能，子、母图画内容可以互换。

画中画电视屏幕布置及画面参数如图 4-26 所示。首先要将某一个频道的图像画面在水平和垂直方向上压缩 K 倍。压缩后的图像画面称为子画面，以预期的位置插入到主要收看的频道的画面（母画面）中去。这需要使用一帧或一场存贮器，将一标准尺寸的电视图像压缩成小尺寸的子图像，并使此两独立图像的扫描频率相同、扫描相位同步，才能组成由同一电子束扫描显示的画中画电视图像。

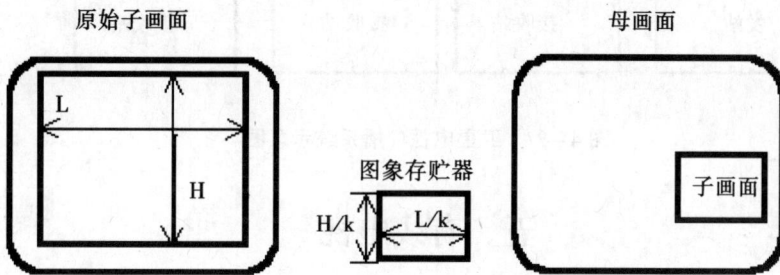

图 4-26　PIP 电视的画面参数

例如，在子画面的信源图像的垂直方向每 K 行取一行，水平方向上每 K 个象素取一个象素，并以子画面图像信源的行、帧同步信号为准，逐行逐象素地写入存贮器。然后以母画面信源图像的行、帧同步信号为准，逐行逐象素地从存贮器中读出，就能完成画中画图像的扫描显示。当然，子画面的空间分解力下降为原来的 1/K，但由于子画面尺寸也相应缩小了，所以仍基本上满足人眼对分辨率的观看要求。

四、卫星电视

传播媒体孜孜以求的目的就是在最短时间内，最大范围内，掌握最大数量的受众。现代通信技术，特别是卫星通信技术，正是实现这一目的的最佳手段。

卫星电视广播，就是利用同步卫星向预定的广大地区转发电视节目，而观众能直接接收的一种电视广播技术。卫星电视广播系统示意图如图 4-27 所示。地面发射站以定向微波波束将电视节目信号发往卫星（称上行线路），经星载转发器接收、变频和放大处理后，再以定向微波波束向预定的地区发射（称下行线路）。经地面接收站收转或用简单的接收设备直接接收就可以收看发射站播放的电视节目。地面接收站有专业的和简易的，前者供转播使用，后者供个人或集体收看使用。主收发站既传送节目信号，还要对卫星进行遥测、跟踪与控制。移动站则是为实况转播而设置的。卫星电视广播系统主要由地面发射站、星载转发器和地面接收站三大部分组成。

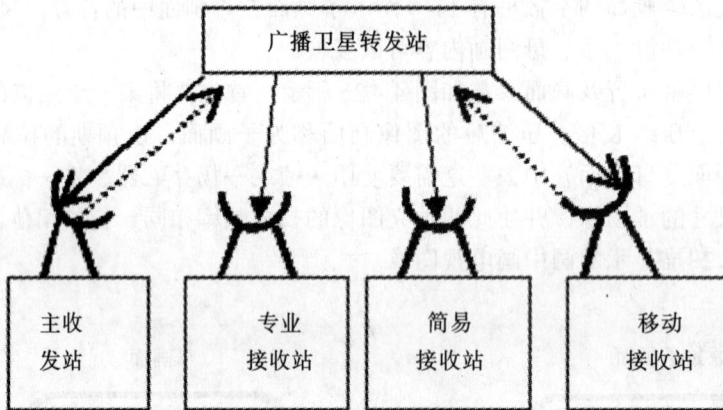

图 4 - 27　卫星电视广播系统示意图

五、有线电视

有线电视是经电缆或光缆组成的传输分配线路，将电视节目直接传送给用户接收机的一种区域性电视广播形式。

1. 有线电视的特点

有线电视主要是指电缆电视和光缆电视。当前主要是由两者结合而成的光缆/同轴电缆混合（HFC）电视传输网络。

（1）电缆电视

电缆电视就是通过同轴电缆来传送电视节目、图片、资料等各种信息，或可以进行信息交换的有线电视系统。电缆电视的初期是共用天线电视：1949 年美国为了解决山区收看电视节目困难的问题，通过架设在山顶的高增益共用天线收下的电视信号，用电缆分配到各个用户或各个房间的系统叫做共用天线电视系统。现代高层建筑都规定设置共用天线电视系统，以解决高楼内各个房间的电视收看。随着共用天线电视系统的发展，这种系统不仅是电视广播节目的再播，还具有自办节目广播、实况中继广播等业务。它采用高质量电视性能指标，是一种大规模的有线电视系统。有线电视的大发展是在 70 年代后期卫星电视技术出现后开始的。天上的卫星电视广播和地面有线电视网相结合，才使有线电视得以迅猛发展。"无线上天，有线入户"成为今天电视传播的主要形式之一。

（2）光缆电视

随着光纤（光导玻璃纤维）技术的发展，用光纤制成的光缆来传输电视要比高频同轴电缆优越得多。这是因为光缆的传输频带宽（为电缆的几十倍以上），传输信息量大、损耗低（0.2～3dB/km），体积小、重量轻（1km光纤重约30克）、原材料便宜，光波在光缆的光纤中传输不受外界电磁场和光波的干扰。另外，光缆电路中的关键元器件，如高功率线性光源、长寿命固态光器件和激光放大器等已有明显突破了。目前，光缆已普遍使用。光缆电视传输系统的基本组成如图4-28所示。

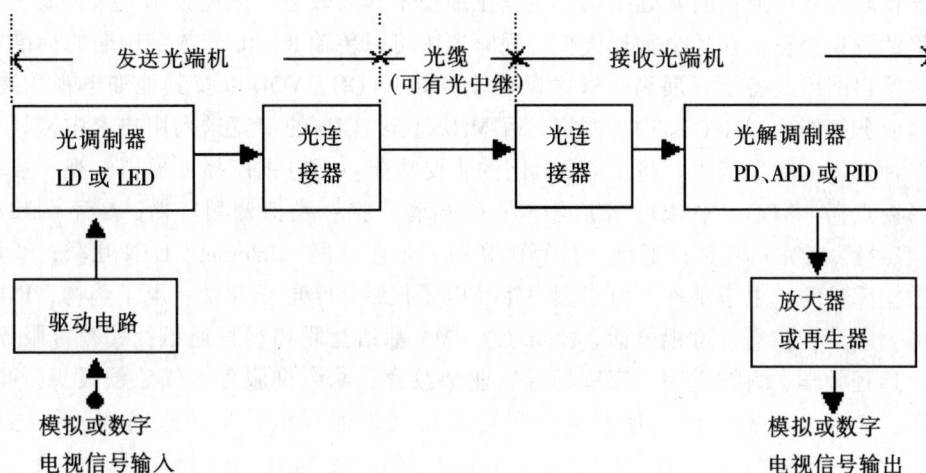

图4-28 光缆电视系统

发送光端机的主要部件是光调制器，由它把电信号转换成光信号，并具有一定的功率才能通过光缆传输出去。驱动电路用来把输入的模拟或数字电视信号放大到足以推动激光器（LD）或发光二极管（LED）进行光调制。光连接器是类似于电缆接头的一种光缆接头。接收光端机由光解调器和放大器（或再生器）组成。经过光解调器输出的模拟电视信号（在模拟传输时）再放大到一定电平就能输送到电视机供显示了。

光纤传输技术改变了传统的全电缆网络结构，形成了光纤/同轴电缆混合结构（HFC）。目前有线电视网的超干线、干线和支干线主要采用光缆进行传输，而在用户分配网一般采用同轴电缆接入用户电视机终端。现在有线电视在一些国家的覆盖率已经几乎百分之百，入户率高达80%以上，总收入也是相当可观的，已经超过无线电视。有些专家指出，有线电视可能成为21世纪广播电视的主要播出方式，而无线广播电视的重要性将降为第二位。

有线电视的特点是：①节目容量大。所使用的频道数不受各种无线电业务（如通信、导航、遥控遥测、雷达、业余无线电等）的限制，最初可传送十几套节目，后发展至几十套（我国初期的有线电视系统有8～10套节目，目前设计的系统大都能传送28～60套节目）、上百套节目，今后可达到传送500套节目的规模（采用数据压缩技术）。②不易受外界干扰，节目质量高。③可用加密措施，可实现收视付费。④可进行双向传输。⑤可与计算机网络等相联接，可提供多功能服务。有关专家指出：建设信息高速公路的主要关键是"最后一公里"，即用户网络。这个网络最现实和最节约资金的方法是采用光缆干线与同轴电缆分配系统相结合的有线电视网。

2. 有线电视网潜在的主要功能

随着幽闲电视技术的飞速发展以及光纤技术的发展，尤其是光纤/同轴电缆混合结构（HFC）的形成，不仅带给有线电视以更好的传输质量和更高的可靠性，最重要的是形成了一个性能良好的双向通信的基础结构。数据压缩技术和高效数字调制技术大大扩展了有线电视网络的频道容量，在一个常规模拟电视频道中可以传输 8～10 套数字压缩的标准电视节目，这使得网络具备了开展高级视频娱乐业务如 NVOD、VOD 以及其他如电视购物、远程诊断等业务的能力。HFC 结构直接把几百 MHz 甚至 1GHz 的带宽送入用户家中，具有广阔开展多种业务的频道资源。将来 CATV 网的主要功能：①电视广播：模拟电视、数字电视；②影视点播：VOD、NVOD、家庭影院；③声音广播：模拟调频广播、数字调频广播；④音频点播：AOD；⑤数据通讯：计算机联网、企业联网、Internet、LAN 互联；⑥增值业务：数据库访问、电子邮件、电子图书馆、电子报纸；⑦电子商贸：电子购物、EDI；⑧电信服务：电话、传真、可视电话、GSM/CD－MA 基站互联和远程通讯；⑨教育服务：电视大学、远程教学、科技讲座、家庭辅导、业余教育；⑩咨询服务：气象预报、新闻、体育、金融、交通、旅游；⑪其他服务：交互式游戏、远程医疗、防火防盗、遥感遥测等。

3. 我国有线电视的发展

中国有线电视的发展和发达国家一样，也是起源于共用天线系统，最初的目的也是为了改变无线电视收视状况。1964 年为召开国际会议，在北京饭店安装了第一套共用天线实验系统。经过 10 年的努力，始正式启用可接收 2 个频道、连接 140 台彩色电视机的共用天线系统。1976 年发展成能接收 12 个频道、连接 650 台彩色电视机的系统。80 年代，共用天线系统向有线电视广播系统发展，并引起各个方面的重视。1982 年国家建委等单位联合发出文件规定：城市建设工程（包括民用住宅）中将共用天线系统列入建设工程设计之内，并可将费用计入基本建设成本。这一政策促进了我国有线电视系统自 70 年代末起发展迅速，如最早的浙江衢州化学工业公司（1978 年）、北京燕山石化公司（1979 年）等，除了转送电视节目外，还自办节目。80 年代中期，行政区域的有线电视台陆续出现，最早的一批是大城市郊区的有线电视台，如广东佛山等。1990 年 11 月 2 日国务院批准了《有线电视管理暂行办法》，规定由广播电影电视部归口管理全国有线电视事业，从而结束了有线电视自发建设的阶段，走上了统一规则、统一标准、按章建设、依法管理的有序发展的轨道。于是 90 年代以来，有线电视在众多的传媒中异军突起，一个世界上最大的有线电视网正在全国城乡编织起来。据广播电影电视部的统计，截止 1994 年 10 月底，经广电部批准建立的有线电视台已超过 1100 座，其中行政区域台和企事业台各占一半。省级台 17 座，单列市、省会台 18 座。到 1996 年底，全国有线电视用户已超过 5000 万户。中国的有线电视网络正从全电缆网向光缆干线与电缆分配网相结合的方式过渡，表明我国有线电视事业正在较高的技术起步。同时，各地有线电视按照"一地一网、一网几台、多功能利用、利益共享"的原则，逐步实现以县、市乃至省的行政区域联合网络，为中央电视台利用卫星将有线电视节目传送到全国各有线电视台，实现全国性联合网打下了良好的基础。

广播电视行业近几年来十分重视有线电视网络建设、网络技术和网络发展的研究。加强广播电视主功能的同时，充分利用有线电视网络的基础设施和频率资源，尤其对有线电视网络双向多功能技术的研究予以高度的重视。在光纤技术、DVB、DAB等方面取得了一定的成绩，为有线电视双向多功能技术的研究奠定了技术基础。可以看出有线电视技术发展趋势将以光纤技术、数字技术及双向多功能技术为今后发展的几大重要方向。

第八节　电视机的使用与维修

一、电视接收机的使用与调整

使用与调整电视接收机时，要了解电视机上的各个旋钮的作用和使用方法。

1. 电源开关

电视机的开关有很多形式，有旋转式、按扭式、推拉式、感应式，还有的是与音量调节电位器连在一起的。使用时应注意只有当电视机标称的使用电压和电网电压一致时，才可接上电源。启动电源开关，不久就能看到光栅，听到喇叭的杂声。

2. 选择电视频道，预选某一电视频道节目

电视频道的选择装置有机械开关式和电子调谐式两种。机械开关式一般分为12档，只要旋转到对应的1~12频道的位置上，就可接收到该频道的信号。电子调谐频道变换器，是通过连续改变频率来实现频道的转换，通常全频道电视机的频道选择钮内都标明有下述三个频段。

Ⅰ. 1–5频道　　　甚高频（VHF）低端
Ⅲ. 6–12频道　　　甚高频（VHF）高端
U. 13–68频道　　　特高频（UHF）

使用时，可根据当地能收到的电视频道，先按下电视机上任何一个指示键，选择对应的波段位置，旋转该频段的调台电位器，调到该频道节目图像最佳的位置。再按以上办法选择另一频道的节目，把当地电视台几个频道全部调整好。注意在调整电视频道时，应将电视机上自动频率微调（AFC）开关置于"OFF"位置，调好后拨回"ON"位置。

133

3．对比度和亮度旋钮

对比度和亮度要适应人们的视觉要求，使图像清晰、层次分明，用电视测试卡调整有6个灰度等级标准，6个灰度等级有明显不同的亮度等级差别。

4．彩色饱和度旋钮

调节彩色饱和度是调整图像彩色的浓淡。饱和度的调节标准要接近真实的色彩，一般是对照人脸肤色进行调节，色度既不能太浓也不能太淡。色度调节要与对比度、亮度调节相互配合。

5．音量调节控制旋钮

音量可根据需要进行调节。

以上是电视机常用的几个旋钮，除此之外，还要有垂直线性、垂直幅度、垂直同步、水平同步等旋钮。这些旋钮有的在机内，有的在后盖板上，一般出厂时都已调好，平时不必去调节它。随着电子技术的发展，微机控制的应用，许多是自动调整和记忆的，给使用者提供了方便。

二、电视机维修基本知识

1．维修基本原则

在熟悉各部分工作原理、各元件作用、印刷电路布局的基础上，先思考后动手，胆大心细，千万不要扩大故障。为此，应该尽量做到：

①"先外后内"。利用机器外部旋钮、屏幕图形、喇叭等来判断故障可能发生的地方及可能发生的器件。尽量避免拆卸、调节机内微调元件。

②"先静后动"。"静"是指不加电观察，可用万用表测量；"动"是指加电观察，嗅有无焦味、臭味，查看有无冒烟、打火。若有此类现象，应立即关机；若无，便可测量观察。

③损坏元器件应尽量使用原型号、同容量、同耐压、同阻值、同功率的元件或器件代换。

④对于开关放大电路的阻尼电阻、电容元件不可开路，否则容易产生高反压脉冲而击穿晶体管。例如行输出级逆程电容，切不可开路，否则将使逆程高压增大而击穿行输出管。

⑤对于大功率晶体管的更换，应注意安装散热片，并给管壳和散热片接触表面加硅脂，以降低接触热阻。

⑥拆卸与焊集成块应特别细心，不要将印刷电路搞坏，不要在两个管脚间粘上焊锡，以免短路引起新的故障。且集成内部电路耐压不高、不能过流，也不能过热。

2．几种主要的维修方法

①压缩法。利用机器面板上的各种开关、旋钮、指示设备观察与判断故障。

②追踪寻迹法。又分为干扰追踪法与信号追踪法两种。干扰追踪法是利用感应电压或接触电位差脉冲作信号源，逐级加入干扰并观察现象。若用信号追踪法，需用信号发生器逐级注入信号或利用电视台所发电视信号，然后用示波器观察各点波形，便可发现故障所在。

③测试鉴别法。通过测量电压、电流、电阻来分析、判断。特别是对于集成电路电视机，可以测量各管脚电压；也可以不加电测量各管脚到地的在路电阻。万用表最好用 $R \times 1K\Omega$ 档或用 $R \times 100\Omega$ 档，不要用太小的档，否则易损坏集成块。

④对比代换法。用有故障与无故障的同型号机器作比较，尤其在不能加电观察时，也可用正常元、部件代替可疑元、部件。

⑤直接感受法。利用人眼、耳、鼻、手等感觉器官，看、听、嗅、摸（是否过热）等方法来判断。

3．维修注意事项

①目前生产的电视机，不少使用直接整流的开关电源。往往底板带有市电 220V 电压，要注意安全。

②彩色电视机显像阳极电压高达 2 万伏以上，检修中特别注意安全。

③彩色显像管颈上放置的各种调节磁环、磁片，一般情况下不要随意调动。

④当屏幕仅出现一条线或一个亮点时，应立即关机，以免损伤荧光屏。

⑤电视机中的保险电阻若烧坏，应分析原因，不要随意长时间加电，以免造成更大故障。

⑥不要还未认真分析故障原因，就先拆卸集成块。要确实证实不是外电路原因时，才可拆卸集成块。

当掌握维修基本方法与原则后，对电路愈熟悉，判断故障的准确性愈高。经验丰富了，修理便既快又准。电视机维修方面的书籍很多，想要在这方面多学点知识是容易的。但对我们不作具体要求。

思考题：

1．电视系统由哪几部分组成？电视传输过程怎样？

2．什么叫顺序传送方式？它与同时传送方式有何区别？

3．正极性电视信号和负极性信号有什么不同？

4．什么是摄像、什么是显像？分别由什么来完成？

5．摄像管与 CCD 有什么区别？

6．电视是如何实现传送活动图像的？

7．什么叫扫描、行扫描、帧扫描和隔行扫描？

8．隔行扫描是如何进行的？采用隔行扫描有什么优点？

9. 图像分解力是指什么？如何计算？

10. 我国的电视标准是怎样规定的？

11. 日本 NHK 广播电视系统采用行频 $f_H = 15750Hz$，$T_{SH}/T_H = 0.83$，$Z = 525$，场频 $f_V = 60Hz$，屏幕宽高比为 4:3，垂直、水平分解力各为 340 线，453 线。试计算图像信号的频带宽度。

12. 全电视信号包括哪几种信号？它们各有什么作用？

13. 全电视信号的频率宽度与什么因素有关？

14. 电视台由几部分组成？它们的功能是什么？

15. 为什么全电视信号采用调幅方式而伴音采用调频方式？

16. 简述中频调制电视图像发射机的特点。

17. 电视差频转播机的作用是什么？

18. 什么是三基色原理？彩色光三要素是什么？

19. 兼容是指什么？为什么色差编码传送有利于黑白电视与彩色电视的兼容？

20. 彩色图像信号主要传输什么信号？

21. 我国彩色电视的制式是什么？其色副载波频率为多少？

22. 高清晰电视有什么特点？

23. 数字电视与模拟电视有什么区别？

24. 画中画电视接收机是如何实现画中画的？

25. 卫星电视广播系统包括哪几部分？各部分的主要功能是什么？

26. 什么是有线电视？通常有几类？

27. 如何利用电视机的电子调谐旋钮预选某一个频道的电视节目？

28. 电视机维修的基本原则有哪些？

29. 在维修电视机过程中通常要注意什么问题？

第五章　录像技术

内容提要

录像制品包括录像带及激光视盘（如 LD、VCD、DVD 等），它使人类可以借用相应的设备（如录像机、LD 机、VCD 机、DVD 机等）来重现视、听结合的信息。它们的共同特点是：①以视、听结合的方式，多维传送信息；②以不断流动的形式展现时空，表现事物变化的现象和过程；③克服了时空局限，可贮存和再现已消失了的事物。录像机技术是以磁性记录技术和电视技术为基础，并集现代微电子技术、微电脑技术和精密机械加工技术为一体，成为电子工业的尖端技术。录像机是磁带录像机的简称，它的英文缩写字母为 VTR（Video Tape Recorder），是一种能即时记录和重放图像的机电一体化设备。本章就录像技术的产生与发展以及它们的分类进行了阐述，区分广播用、专业用和家用录像机的不同特征，并定性地分析了录像机是如何完成信息加工、处理和存储的。此外，还介绍了图像记录新媒体技术，如 LD、VCD 和 DVD 等，最后说明电视节目制作的后期编辑工作与控制方法、非线性编辑系统以及我国后期编辑技术的发展历程。

第一节　录像机技术概述

一、录像机发展概况

1. 录像机的产生与发展

1895 年，出现了无声电影，1927 年第一部有声电影诞生，之后又逐渐由黑白片发展到彩色片。实际上，电影胶片已具有记录、贮存、重放声音和图像信息的载体。但是电影记录有其局限性，不能做到即时记录即时播放。自 1936 年 11 月英国正式开办电视广播后，虽然当时不能记录和贮存图像，但电视的诞生促进了录像技术的发展。特别是本世纪40 年代以来，由于电视广播成为现实，录音机进入了实用阶段，这些为录像机的诞生创造了条件，人们开始研制录像机。1951 年美国无线电公司（RCA）试制成功世界上第一台固定磁头式录像机。

1954 年，RCA 公司又展示一种带速为 360 英寸/秒的纵向磁迹录像机。

1956 年，美国安培公司推出第一台达到实用水平的旋转四磁头横向扫描磁带录像机。

1961 年，日本胜利公司（JVC）研制成功两磁头螺旋扫描录像，使小型专业用录像机开始进入实用阶段。

1970 年，日本松下、胜利、索尼公司联合研制出 3/4 英寸录像机。

1975 年，索尼公司研制成功高密度记录的 1/2β 型英寸录像机。

1976 年，胜利公司也推出 VHS 型 1/2 英寸录像机。

1982 年，日本索尼公司生产了 BETACAM 型分量录像机，只是 ENG（电子新闻采访）水平。

1985 年，松下和日本广播协会共同开发了 M2 型分量录像机。使用 1/2 英寸金属带。

1985 年，日本索尼公司再推出与 BETACAM 兼容的 BETACAM—SP 格式分量录像机，也使用 1/2 英寸金属带。

由于分量录像机体积小，又是使用盒式磁带，比较方便，尤其是 M2 和 BETACAM—SP 录放质量与演播室质量的 B 和 C 型录像机不相上下，前者势必取代后者。

数字化录像机也逐渐商品化，从模数转换电视信号的形式来分主要有两大种类：一种叫分量式数字化录像机或称 D—Ⅰ格式；另一种是将复合信号直接数字化进行记录，称复合式数字化录像机或称 D—Ⅱ格式。其中，D—Ⅰ格式是日本索尼公司 1987 年推出的。D—Ⅱ格式是日本索尼与美国安培公司合作于 1988 年开发的。

进入 90 年代以来，主要发展数字录像格式，普遍采用数字视频压缩技术，在兼顾减少压缩损失、提高记录密度、降低设备造价方面选择适当的压缩方式和压缩比。从数字Betacam（Y/U/V 4:2:2 10Bit 量化 2.3:1 压缩）、数字 S（4:2:2 8Bit 量化 3.3:1 压缩）、DV（4:1:1，4:2:0 8Bit 量化 5:1 压缩）到磁盘记录媒体 Editcam（4:2:1 8Bit 量化 7.5～10:1 压缩）等格式，都推出了相应的摄录机产品。如符合 4:2:2 分量标准并采用低压缩比的数字 Betacam 和数字 S 格式后，在 DV 格式基础上松下推出的 DVCPRO 和索尼开发的 DVCAM。具有高密度记录、面向非线性编辑和低价位的特点。

2．录像技术在中国

磁带录像技术使电视节目的制作开辟了一个新天地，并使电视节目的保存和交流成为可能。中国录像技术的运用也始于电视。中国在创办电视后 20 年左右的时间里，新闻节目的制作手段主要是利用胶片拍摄新闻和记录片。随着录像机、摄像机等电子新闻采访设备（ENG）进入电视领域，中央电视台从 1978 年起，逐渐采用 ENG 摄制新闻节目。这样省去了胶片冲洗印制过程，大大提高了电视新闻的时效性。70 年代末，录像机也在一些科研、教育单位得到使用。进入 80 年代，才逐渐向家庭普及。最早生产盒式录像带的也是太平洋影音公司。1979 年 10 月，该公司出版的《中国录影集》第一次在广交会上展销，开始投入海外市场。1982 年 7 月开始在国内发行。当年全国录像带发行量仅几百盒，1983 年增至 1.4 万多盒，以后逐年猛增，成为大众新的娱乐消费品。

二、录像机的分类

按视频磁头的数目分为：4 磁头、2 磁头及 1.5 磁头录像机。

按扫描方式分：横扫描和螺旋扫描录像机。

按使用范围不同可分为：广播电视系统用、专业系统用和家用录像机。

1．广播电视系统用录像机

①1 英寸 C 格式录像机。代表机型有安培公司的 VPR 系列和索尼公司的 BVH 系列。

②广播用 U 型盒式录像机，又称 UH 型或高带 U 型录像机。其为准广播用录像机。代表机型为索尼公司的 BVU 系列。

③1/2 英寸模拟分量录像机。代表机型有日本索尼公司的 BETACAM—SP 和日本松下公司的 M2 格式。

④数字录像机。代表机型有日本索尼公司的分量数字化录像机 D—Ⅰ格式和索尼与安培合作的复合信号数字录像机 D—Ⅱ格式，使用的是 3/4 英寸金属磁带。

2．专业系统用录像机

专业系统用录像机是指适合于教育、科研、生产等专业部门使用的录像机，又称工业用录像机。主要代表机型是以 3/4 英寸 U 型录像机为主，或称 U 型低带，如索尼公司的 VO 系列机型：VO—2860P、VO—5850P、VO－5630P 等；松下公司的 NV—9200、NV—9240、NV—9500、NV—9600 等。这类录像机的录放图像质量指标次于广播用录像机。

3．家用录像机

家用录像机是在录像机技术进入成熟阶段后，以提高记录密度、充分利用磁带和尽量降低价格，为个人和家庭需要而设计、生产的。最有影响的是 VHS 型（俗称大 1/2）和 β 型（俗称小 1/2）系列录像机，以及 1982 年世界 127 个厂家磋商制定的 8mm 型录像机，8mm 型录像机使用 8mm 宽金属涂敷（MP）带或金属蒸发（ME）带，带盒不到 VHS 型五分之一，录放质量与 VHS 相差不多。

家用录像机的发展历史是 VHS 型和 β 型两种格式激烈竞争的历史。主要表现在：

第一，增加录像机功能，包括红外遥控、慢动作、数字式静止画面、长时间录放（LP）等。

第二，采用高画质（HQ）技术提高信杂比与清晰度。

第三，利用旋转磁头高保真录音。

相继出现了"S—VHS"（高带 VHS）、"ED—β"（高画质 β 型）、"超 8"（高带 8mm）型录像机。使分解力从通常的 260 线达到 400 线以上。

三、激光视盘

视盘的发展也有一个过程，按录制方法不同，有机械刻纹式、激光束刻纹和磁性记录的品种。最早的视盘是 1970 年德国 TED 公司制成的机械式视盘，它用金钢石或蓝宝石在原盘上刻纹，但此方法重放时间短，易损坏视盘。随着激光技术的成熟应用，于是出现了不同类型的激光视盘。

1. 镭射影碟（LD）

1972 年，荷兰飞利浦公司和美国音乐公司制成了利用激光束刻录和读出的视盘（即 LD, Laser Vision Disc）。它具有记录高，非接触式读出，易于检索，图像质量高，但不能重新擦写。LD 在 90 年代初进入中国市场，一时间"镭射放映厅"如雨后春笋般地在大小城市出现，成为继录像放映之后的又一大景观，但延续时间不长，就被更适合中国大众的 VCD 所代替。

2. VCD

VCD（即 Video Compact Disc）是在 CD 技术的基础上发展起来的，它采用图形数据压缩技术，使一片直径为 12cm 的盘片上能保存 74 分钟具有画质且立体声伴音的动态影像。VCD 图像及伴音的数据信息压缩采用的是 1992 年 11 月制定的 MPEG - 1（MPEG, Moving Picture Expert Group; 即活动图像专家组）编码规格，其实时压缩和解压主要通过硬件来实现，美国的 C - Cube 公司最早提供了这种解码芯片，另一类是 PC 机 + MPEG 解压卡（或 PC 机 + 解压软件）。特别值得一提的是，当 MPEG—1 规格刚一制定，C—Cube 公司就拿出样机。1993 ~ 1994 年，飞利浦、索尼、胜利和松下等大公司陆续推出了小批量的 VCD 产品。在中国，1993 年，深圳先科和安徽万燕公司开始投入力量跟踪、研制 VCD，于是在 1993 年 9 月由万燕公司首先在我国市场上投放万燕牌 VCD 机和 VCD 碟，这是世界上第一台成品 VCD 播放机。

3．DVD

正当 VCD 方兴未艾之际，更高技术标准（MPEG—2）的 DVD（数字通用光盘，Digital Versatile Disc 或数字激光视盘，Digital Video Disc）已经面世。它将现有的标准光盘升格至高密度及全数字化，为影音、电脑、数据存储和数据交换等提供新的技术和新的手段。DVD 只不过是一个统称，目前共有五大类，分别是 DVD – Video、DVD – Audio、DVD – ROM、DVD – R、DVD – RAM。前两种产品应用于音频视频播放，后三种产品应用于计算机设备。通常我们所指的 DVD 往往是指 DVD – Video。它是由两大集团——索尼、飞利浦集团和东芝集团宣布达成统一的 DVD 标准，盘片为 12cm，数据压缩和解压采用 1994 年 11 月制定的 MPEG – 2 标准。第一代 DVD 产品在 1996 年底出现在美、日、欧市场。1997 年初，便有日本产品进入中国市场。DVD 的特点首先是信息海量存储，它具有 7 倍于 CD—ROM 的巨大容量，支持 4.7GB 的数据存储、存储 133 分钟的 MPEG – 2 视频信息。DVD 图像质量更高，其水平清晰度可达 500 线，而 VCD 为 240 线、LD 为 380 线。另外，DVD 的音质效果更好，采用多通道杜比数字环绕立体声规格，使音响效果更加震撼。

第二节　视频信号记录原理

录像和录音都是在磁性记录原理上发展起来的技术，视频信号和音频信号都是随时间变化的电信号，但是它们具有完全不同的特点，所以视频信号的记录原理与音频信号的记录原理也存在一些根本性的不同。

视频信号的上限频率为 6MHz，比音频信号上限频率 20KHz 要多出 300 倍。因此，录像机要想办法提高上限记录频率。

视频信号的带宽比音频信号的带宽宽得多。若从 25Hz 算起到 6MHz 就有 18 个倍频程；而音频信号从 20Hz 到 20KHz 只有 10 个倍频程。为此，录像机要设法减少倍频程。

视频信号对相位失真的要求比音频信号严格得多。特别是色度信号，若有相位失真就会产生色调失真。这就要求录像机必须在机械和电路两方面采取措施减少视频信号的相位失真。所以，记录视频信号比记录音频信号要困难复杂。

一、提高上限记录频率的方法

磁头磁带系统在录放状态出现的各种高频损失，限制了所能录放的频率，上限频率约为：

$$f_{上限} = V_o/2g$$

V_o 为磁头与磁带相对速度；g 为磁头缝隙宽度。可见，可以提高上限记录频率的方法是减小磁头的工作缝隙和提高磁头与磁带的相对速度。

1. 减小磁头缝隙

磁头缝隙的减小与磁头材料和磁头制造工艺有密切关系。现在磁头缝隙已经可以做到 $0.3\mu m$ 左右，这给录放视频信号提供了很好的条件。然而，当缝隙小于 $1\mu m$ 时，不仅受到工艺的限制，而且还影响到磁带的录放灵敏度。因此，广播用录像机中，磁头缝隙宽度为 $1\mu m$ 左右，3/4 英寸 U 型录像机约为 $0.5\mu m$，而家用录像机为 $0.3\mu m$ 左右。

2. 提高磁头与磁带的相对速度

提高磁头与磁带相对速度的有效方法是：在维持磁带低速度运行的前提下，将视频磁头由固定磁头改为旋转磁头。这样既提高了相对速度，也就提高了记录的上限频率，又降低磁带的消耗量，使视频信号的记录成为现实。

家用录像机把视频磁头安装在一个直径为 62mm 的磁鼓上，磁鼓以 25 转/秒的速度旋转，则磁头与磁带的相对速度为：

$$V_0 = 3.14 \times 62 \times 10^{-3} \times 25 = 4.867 \text{m/s}$$

若磁头缝隙为 $0.3\mu m$，则上限记录频率为：

$$f_{上限} = \frac{V_o}{2g} = \frac{4.867}{2 \times 0.3 \times 10^{-6}} = 8.11 \text{MHz}$$

3. 螺旋扫描方式

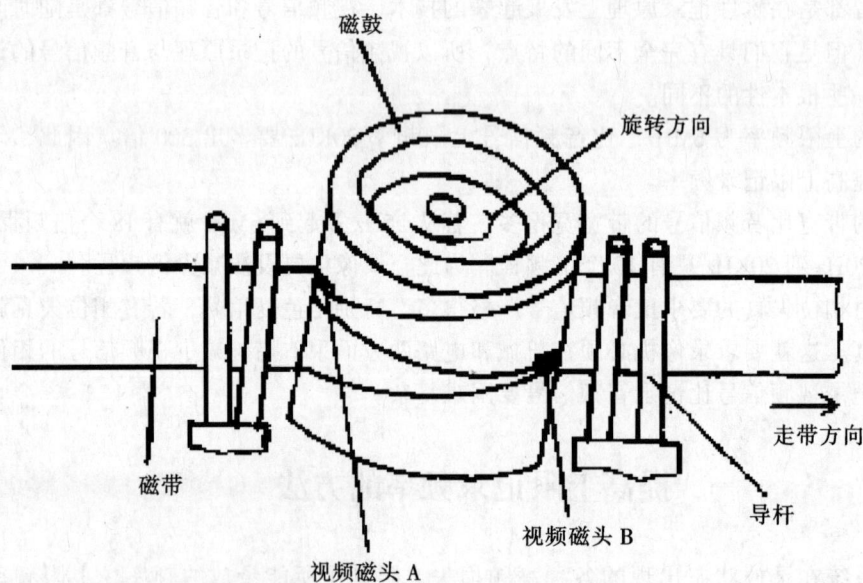

图 5-1　螺旋扫描方式

旋转的视频磁头在按螺旋线状缠绕在磁鼓上的磁带表面快速划过（称扫描），并形成倾斜的视频磁迹的扫描方式，称其为螺旋扫描方式。如图 5－1 所示。

两个视频磁头 A、B 互成 180° 对称地装在旋转的磁鼓上，家用录像机磁鼓转速为 25 转/秒，转一圈 A、B 磁头各记录一条磁迹，每一条视频磁迹记录了一场电视信号，这种方式叫做场不分段记录方式。

如图 5－2 所示，是螺旋扫描磁带磁迹分布图。

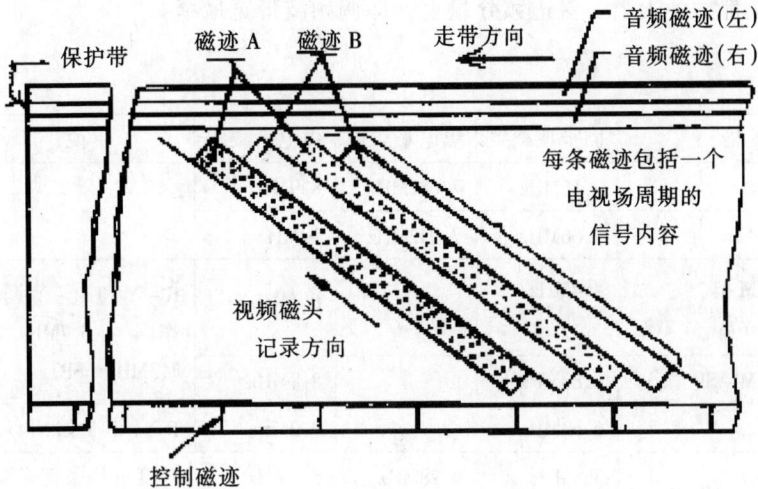

图 5－2　磁带磁迹分布图

二、低载频调频方式

采用低载频调频方式压缩视频信号的相对带宽，解决低频端信噪比过低的问题。

压缩视频信号相对带宽的有效方法是采用调制。调制可以改变信号的频谱分布使其上移。尽管经调制之后，信号的绝对带宽可能增加了，但由于同时提高上、下频率，使得它们的比值降低，倍频程减小。例如，VHS 型家用录像机记录的视频信号带宽取 25Hz～3MHz，约 17 倍频程。经调制后，下限频率为 1.1MHz，上限频率为 7.8MHz，倍频程为小于 3，用它作为记录信号是可以满足要求的。

现在的录像机都采用调频方式来压缩视频信号的倍频程。因为调频有一系列优点：

①抗幅度干扰的能力强。

②可以不加偏磁直接记录。

③采用磁饱和记录方式，即尽量加大信号幅度直到饱和区，得到较大信噪比，也就改善图像质量。

录像机中采用的调频技术有如下特点：

①低载频

在录像机中，由于受到上限频率的限制，只能采用低载频调制。所谓低载频就是指在调制中载波频率和调制信号的最高频率非常接近。

由于视频信号的单极性以及直流分量的变化，因此，录像机中不定义单独的载波频率，而用同步顶电平、黑电平、白电平 3 个特征电平位置对应的调频频率来表述调频信号的载频。表 5 - 1 中列出了不同型式录像机的载频频率数据。

②低调制度

根据调频理论，调制度 $m_f = \Delta f/F$，Δf 为频偏，下为调制信号频率，当 $m_f \ll 1$ 时，调频波的大部分能量都集中于第一对边频分量上，即调频波带宽最窄。

表 5 - 1

	规 格	同步顶载频	黑电平载频	白电平载频	说 明
广播用录像机	C 型	7.16MHz	7.682MHz	8.9MHz	R - Y 和 B - Y 调频瞬时频率 4 ~ 5.7MHz 和 5.6 ~ 7.3MHz（SP）
	B 型	7.06MHz	7.942MHz	10MHz	
	BETACAM 型（亮度）Y	4.4MHz		6.4MHz	
	BETACAM - SP（Y）	6.83MHz		8.8MHz	
	M2	6.63MHz		9.2MHz	R-Y、B-Y 如 5.4 ~ 7MHz
专业用录像机	低带（Y）	3.8MHz	4.28MHz	5.4MHz	色度信号采用降频法记录
	高带（Y）	4.8MHz	5.28MHz	6.4MHz	
	超高带（Y）	5.6MHz	6.08MHz	7.2MHz	
家用录像机	VHS 型（Y）	3.8MHz	4.1MHz	4.8MHz	
	S - VHS 型（Y）	5.4MHz	5.88MHz	7.0MHz	
	β 型（Y）	3.8MHz	4.22MHz	5.2MHz	
	ED - β 型（Y）	6.8MHz	7.55MHz	9.3MHz	
	8mm 型（Y）	4.2MHz	4.56MHz	5.4MHz	
	超 8mm 型（Y）	5.7MHz	6.3MHz	7.7MHz	

三、色度信号降频记录方式

高档广播用录像机是采用彩色全电视信号直接调频记录方式，在非广播用录像机由于受到录放上限频率的限制，而是将视频信号中的亮度和色度信号先分离开，只对亮度信号采用低载频调频方式，而色度信号则采用降频法记录。即将色度信号副载波频率降低后记录的方式称色度信号降频记录方式。

1. 色度信号降频记录方式的优点

（1）可以降低对上限记录频率的要求

录像机采用旋转磁头和减小磁头缝隙可以提高上限记录频率。但是家用录像机中实际上限记录频率为 6~7MHz。而视频信号中的色副载波为 4.43MHz，要直接调频记录，其调频波的上限频率高达 10MHz 左右，大大超过实际上限记录频率 7MHz。因此，必须降低色副载波频率，这就是色度信号降频记录法。这样亮度信号的带宽可以压缩，从而使亮度信号调频载频降低，也就降低了对上限记录频率的要求。

(2) 可以减小时基误差的影响

录像机在记录和重放状态时的信号频率和相位必须完全一致，如果产生了频率和相位的失真，用时间表示称为时基误差。对于彩色电视信号来说频率和相位的失真会引起色调失真，人眼对此很敏感。

为了减小时基误差，在录像机技术中采取了提高机械加工精度、电机跟踪精度以及设置伺服电路系统等措施。

采用降频法可以减小时基误差对色度信号的影响。例如同样为 $0.1\mu s$ 的时基误差，对 1MHz 的信号来说，其相位失真为 $36°$，而对 100KHz 的信号，其相位失真为 $3.6°$。

(3) 可以不另加偏磁记录

降频色度信号是调幅波，按理应采用偏磁法记录。但是，由于亮度信号的低载频调频波刚好能满足降频色度信号的偏磁条件。可见，是两种信号混合后直接记录的。

2. 色度信号降频频率的选择

为了保证降频色度信号的频谱与亮度调频信号不相重叠，因此，降频色度信号的副载波频率应选在 1MHz 以下；另外，考虑到两种信号的混合记录会产生差拍干扰，其中较严重的差拍干扰是两倍的降频频率（$2f_{降}$），因此采用 $2f_{降}$ 与亮度调频信号 1/4 行频间置，即降频频率为：$f_{降} = (n \pm 1/8) f_H$（n 为正整数），表 5-2 为几种非广播用录像机的降频色度信号载频数值。

表 5-2

录像机型式	色度降频频率的数值
U 低带型	$(44 - 1/8) f_H = 685.547KHz$
U 高带型	$(59 + 1/8) f_H = 924KHz$
VHS 型	$(40 + 1/8) f_H = 626.953KHz$
β 型	A 磁迹 $(44 - 1/8) f_H = 685.547KHz$
	B 磁迹 $(44 + 1/8) f_H = 685.453KHz$

四、视频信号的记录与重放

广播用录像机是采用彩色全电视信号直接调频记录，而非广播用录像机则是将视频信号中的亮度和色度信号先分离开，然后亮度信号经过低载频调频记录、色度信号采用降频方式记录。图 5 - 3 所示是非广播用彩色全电视信号的记录过程。

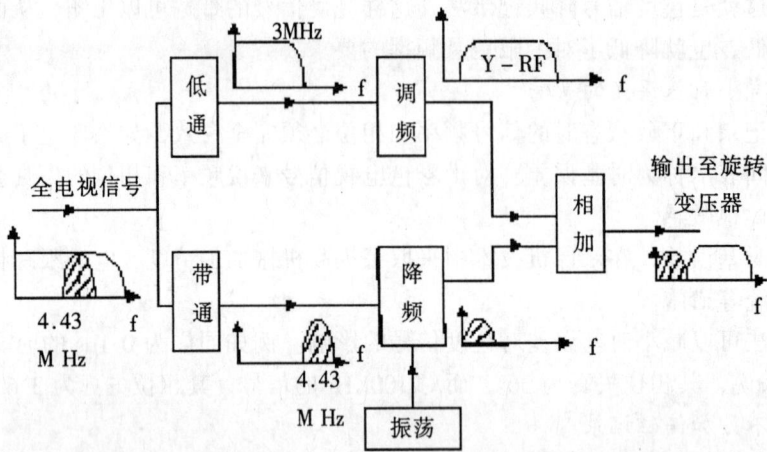

图 5 - 3　视频信号记录过程

被记录的彩色全电视信号，经低通滤波器分离出亮度信号（带宽约限制在 3MH），然后进行低载频调频，得到亮度调频信号（Y - RF）；色度信号由 4.43MH 带通滤波器取出，同时带宽也限制在 ±0.5MHz，然后送到变频器与来自本机振荡的信号发生差频，产生降频色度信号（仍为调幅波），最后，这两种信号相加送给旋转变压器，经视频磁头记录在磁带上。

采用上述记录方法的重放过程，如图 5 - 4 所示。首先用高通滤波器取出亮度调频信号，然后进行调频解调，恢复出亮度信号；同时，用低通滤波器取出降频色度信号经混频器升频恢复为 4.43MHz 的色度信号，最后两种信号相加得出彩色全电视信号。

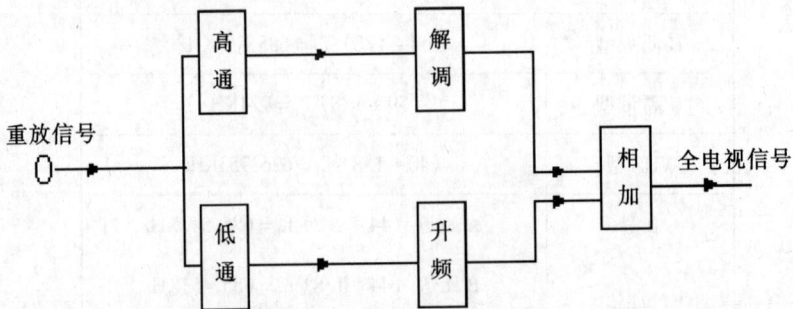

图 5 - 4　降频色度信号的重放

特别注意的是，在非广播用录像机中，为了降低成本，在降频色度信号的重放过程中采用了伪时基校正方法来稳定升频后的 4.43MHz 色度信号，保证彩色的正确重现。因为它不像专用的时基校正器那样消除全电视信号中的亮度和色度信号的时基误差，而只是对

146

色度信号进行时基校正，所以称之为"伪时基校正"。

伪时基校正原理是在重放时，降频色度信号升频过程中采用混频方法实现的。它是从重放输出的行同步信号误差去控制 627kHz 频率使其产生相同的值；另外，又从色同步信号得的相位误差去锁定 4.43MHz 的压控振荡器使其产生一样的差值。最后将这两个带有误差的信号同重放输出的降频信号（带有两种误差成份）相互混频达到抵消的目的。

五、高密度记录方式

高密度记录就是在磁带的单位面积上记录更多的信息。早期广播用的 4 磁头录像机记录一小时节目约需 $69.7m^2$ 的磁带。用 1 英寸 C 型广播用录像机只需 $21.9m^2$ 的磁带就能记录 1 小时节目。同样记录 1 小时节目，用 U 型 3/4 英寸录像机只需 $6.5m^2$ 磁带，而采用高密度记录方式的家用录像机（VHS 型），只需 $1.5m^2$。提高录像机记录密度所采取的措施如下：

①减少磁头缝隙宽度。主要是通过改进磁头加工工艺精度。

②采用高性能磁带。可以降低磁带杂波，从而可以适当减小磁迹宽度。

③取消磁迹之间的隔离保护带。这样相邻磁迹互相紧挨，提高了记录密度。

在广播用和专业用录像机中，为了防止重放时磁头因偏离所对应的磁迹而产生相邻磁迹串扰，在视频磁迹之间都留有空隙，这些空隙被称为隔离保护带。

六、录像机的基本构成

录像机的基本构成主要由机械结构部分和电路部分所组成。如图 5-5 所示是家用录像机电路部分基本构成方框图，它包括以下几部分。

1. 电视接收系统

选择频道，接收并解调电视台广播的电视节目，这是家用录像机特有的电路。

2. 射频变换器

将录像机内的各种视频信号和音频信号（包括重放、视频/音频输入、电视接收解调输出的信号）调制在某 频道上，由射频插座输出。这也是家用录像机所特有的。

3. 遥控及定时控制系统

这也是为家用录像机的用户专门设置的。主要是实行遥控操作以及能按预置的时间自动启动录像机进行记录。

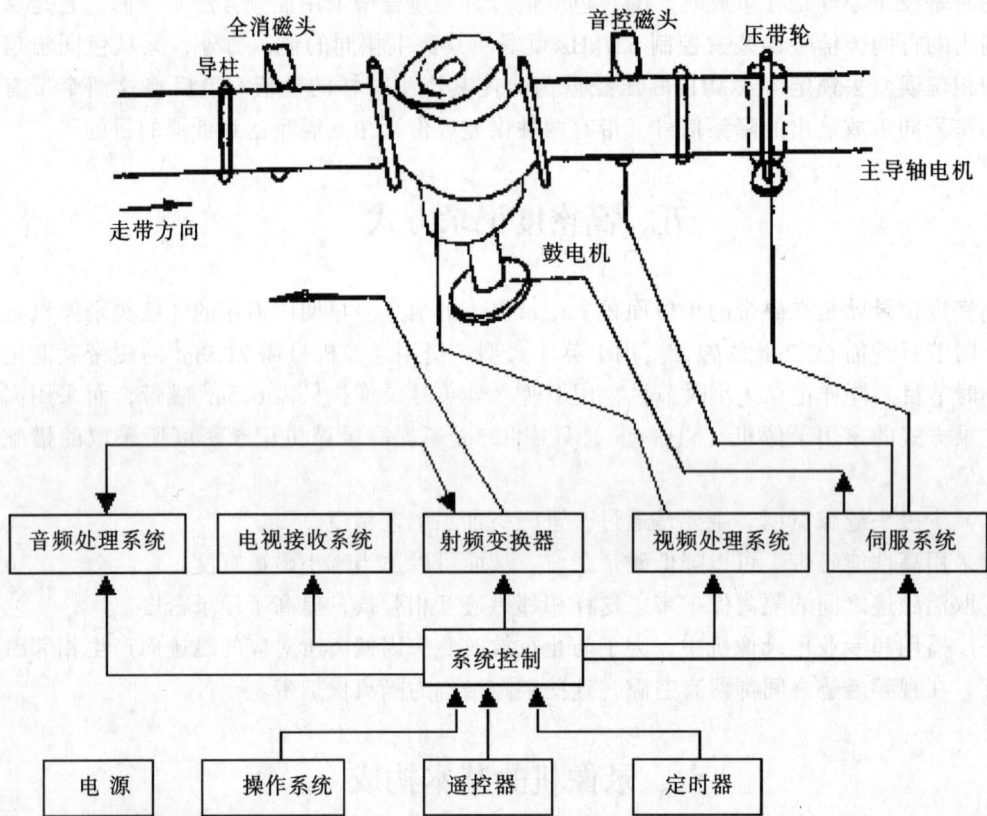

图 5-5　家用录像机基本构成

4. 视频信号处理系统

记录时，将待录的视频信号按记录方式规格进行加工、处理成适合于磁带记录的信号形式，送给视频磁头。

重放时，将重放出的信号恢复还原出标准的视频信号。

5. 音频信号处理系统

记录时，将输入的音频信号处理放大后送给音频磁头；重放时，将重放的微弱信号进行放大处理后送出。

6. 伺服系统

录像机的伺服系统包括磁头鼓伺服电路、主导伺服电路和张力伺服电路。控制磁鼓转速和旋转位置，控制走带速度，控制磁带行走时的张力。

148

7. 系统控制

系统控制是录像机的指挥中枢。它具有各种状态机能控制、自动检测和自动保护等功能。

8. 机械系统

录像机的机械系统是指完成录像机内部所有机械运动的机构，它的主要作用是按要求完成视频磁头与磁带之间的相对运动。主要由走带机构、穿带机构以及电机和传动机构组成。

9. 电源

为录像机各部分电路提供合乎要求的电源电压。

第三节　视频信号录放电路

录像机的视频信号录放电路，在记录时是将要记录的彩色全电视信号经过处理和变换成符合磁头磁带系统所要求的记录信号，记录在磁带上；在重放时是将重放出的微弱信号，经放大处理与变换，还原成具有一定质量的彩色全电视信号。由于各种格式的录像机对视频信号的处理不同，会有不同的电路，这一节主要以家用录像机为例进行介绍。

一、亮度信号记录通道

家用录像机对视频信号采用亮度信号低载频调频，色度信号降频的记录方式。记录时，先将亮度信号和色度信号分离开，对亮度信号进行调频前处理后再调频，使之变为低载频的调频波信号。如图 5-6 所示是家用录像机亮度信号记录通道电路方框图。

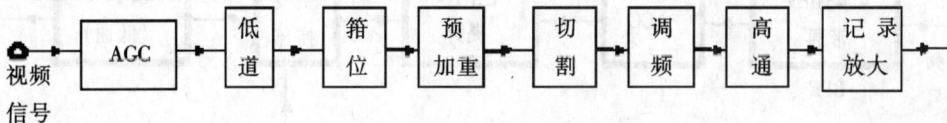

图 5-6　亮度信号记录通道电路方框图

由图可见，亮度信号经过自动增益控制电路（AGC）、低通滤波器、箝位、预加重、黑/白切割、调频器、高通滤波器和记录放大器等电路组成的通道处理，最后送给磁头记录。

调频前的各部分电路主要完成亮度信号调频处理,使亮度调频信号符合规定要求,并减少重放解调过程中引起的失真,调频器是实现亮度信号的低载频、低调制度的调频处理,调频器后的电路主要是为了给降频色度信号空出频带,以便将亮度调频信号和降频色度信号混合放大后送磁头记录。

①自动增益控制电路(AGC)的作用是当输入视频信号电平发生变化时,能自动调节放大器增益,使输出视频信号电平保持相对稳定。

②低通滤波器的作用是从视频信号中分离出亮度信号并对其进行频带限制。滤波器的截止频率为 3MHz,因而分离出的亮度信号基本不含色度信号,且大大压缩了带宽。

③箝位电路的作用是恢复视频信号在阻容耦合电路时所丢失的直流分量,同时消失低频干扰。

④预加重是为了改善视频信号高频端信噪比,在发送调频信号时,将调制信号高频分量幅度预先提升(即加重),使它成为一个非正常的视频信号。

⑤黑白电平切割是使调制信号频谱正确安排在录像机所规定的录放频率特性容限之内,保证调制信号电平在一定范围之内变化。

⑥调频电路是完成亮度信号的调频处理。

⑦高通滤波器的作用是滤除 1.5MHz 以下的亮度信号,为降频色度信号空出频带位置。

⑧记录放大器是完成亮度调频信号和降频色度信号的混合、放大,保证必要的记录电流和频率均衡的作用。

二、色度信号记录通道

家用录像机对视频信号采用亮度信号低载频调频,色度信号降频的记录方式。记录时,先将亮度信号和色度信号分离开,对色度信号的色副载波进行降频处理,即彩色副载波由 4.43MHz 降为更低的频率(如 VHS 型为 627KHz)。如图 5 - 7 所示是家用录像机色度信号记录通道电路方框图。本电路的主要作用如下:

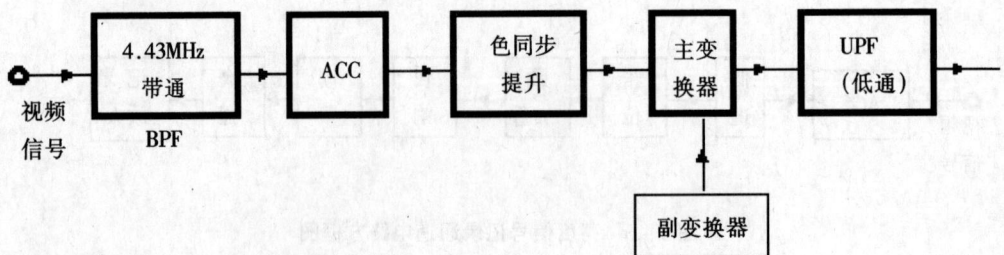

图 5 - 7　色度信号记录通道电路方框图

一是视频信号经过 4.43MHz 的带通滤波器分离出色度信号，并实现自动色度控制（ACC）。二是在降频变换前对色同步信号幅度进行提升，以减小重放时色同步信号的相位失真。三是完成色度信号的降频变换，副变换器产生 5.06MHz 本振信号。四是由低通滤波器取出降频色度信号并与亮度调频信号混和、放大后送给视频磁头进行记录。

三、亮度信号重放通道

家用录像机对视频信号采用亮度信号调频、色度信号降频的记录方式。重放时，将磁带上拾取的亮度调频信号和降频色度信号分开，对亮度调频信号进行解调处理，还原出亮度信号。如图 5－8 所示家用录像机亮度信号重放通道电路方框图。

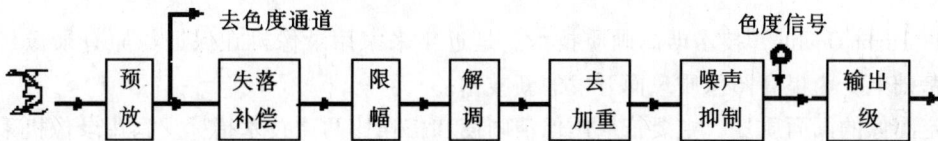

图 5－8　亮度信号重放通道电路方框图

整个电路可看成三部分组成。即解调前的亮度调频信号处理、调频解调器和解调后的亮度信号处理。解调前的亮度调频信号处理为解调作准备，它包括预放器、失落信号补偿和限幅电路所组成。调频解调器是将调频前的电路处理后输出的调频波进行解调还原出亮度信号。解调后的亮度信号处理措施与记录通道中调制前的亮度信号处理相对应措施处理，包括去加重、噪声抑制电路等。经过处理后的亮度信号送至亮色混合输出级，与色度重放通道送来的色度信号混合成彩色全电视信号输出。

四、色度信号重放通道

家用录像机对视频信号采用亮度信号调频、色度信号降频的记录方式。重放时，将磁带上拾取的亮度调频信号和降频色度信号分开，对降频色度信号进行升频处理，即变换为原来的 4.43MHz 的色副载波信号。如图 5－9 所示家用录像机色度信号重放通道电路方框图。

由磁头放大器送来的重放信号选出降频色度信号，送至 ACC 电路稳定重放色度信号的幅度。经主变换器与副变换器的混频作用还原出 4.43MHz 的标准副载波色度信号。由缓冲放大，再经过延迟 2 行梳状滤波器消除相邻磁迹色度信号的串扰。经 ACK 电路检测是否开关色度通道，最后送至亮色混合电路，与亮度通道送来的亮度信号混合成彩色全电视信号输出。

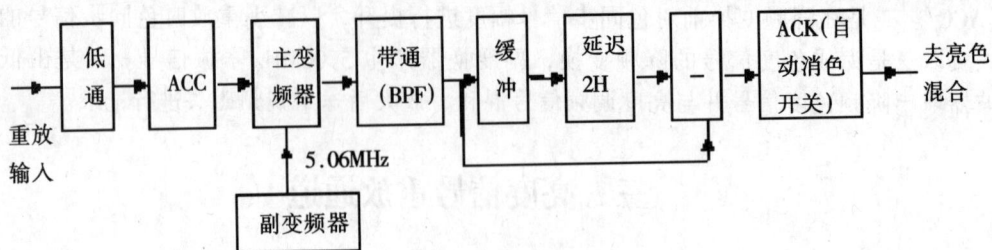

图 5-9 色度信号重放通道电路方框图

五、录放电路中的 HQ 技术

HQ（Hight Qualily）技术即高画质技术。是近年来家用录像机在保证与原有录像机磁带互换基础上，为提高图像质量而开发的新技术。

评定图像的画面质量，主要依靠图像清晰度和信噪比两项技术指标。家用录像机采用高密度记录方式，亮度信号滤除了 3MHz 以上成分后进行调频。因而，清晰度就大致确定下来，水平清晰度一般在 240～260 线上下。所以，要提高图像质量，只有改善图像信号的信噪比。

HQ 技术的主要内容有以下四个方面：（高画质录像机至少具备 2 项）

①提高白峰切割电平。使图像脉冲响应明显改善，从而使画面轮廓更加清楚。

②在亮度信号处理电路中增设亮度降噪（YNR）电路。

③在色度信号处理电路中增设色度降噪（CNR）电路。

④增设细节增强电路，即对 2MHz 以上高频部分增强。

第四节 录像机的主要系统

一、伺服系统

录像机是通过旋转的视频磁头对运动的磁带扫描，完成图像信号的记录和重放的。为了保证记录和重放的图像质量，要求重放速度和记录速度保持一致，除了靠提高机械加工精度之外，还要有磁带录像机设置伺服系统，一般录像机的伺服系统包括三个部分：

①控制磁头转速和相位的磁鼓伺服系统；

②稳定和控制主导轴转速（即走带速度）的主导伺服系统；

③自动调节磁带张力的张力伺服系统。

1. 伺服系统的基本工作原理

所谓伺服，简单地说就是一种对机械运动的自动反馈控制系统。将被控对象的种种机械参数的实际值与标准值比较，以其偏差形成控制信号去控制、调节被控对象，使其工作在标准的状态，是一种自动反馈控制过程。

伺服系统是录像机的极为重要的部分，它控制磁鼓电机和主导电机，使它们在记录和重放状态保持稳定的转速和走带速度，保持恒定的磁带张力，从而达到减小视频信号在录放过程中引入的时基误差。伺服系统基本组成电路方框图如图5-10所示。

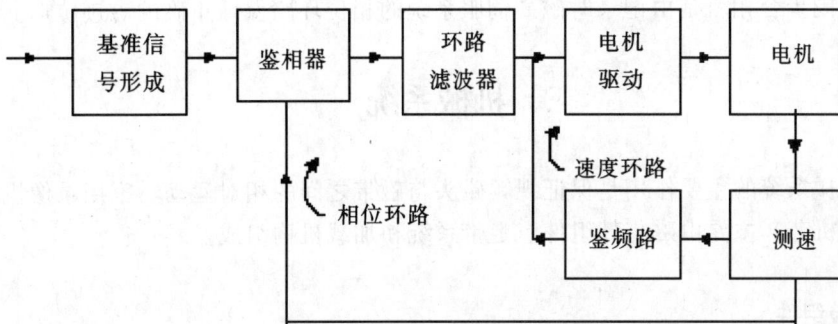

图5-10　伺服系统基本组成电路方框图

由图可见，整个系统由相位环路和速度环路所组成。相位环路是主环路，主要由基准信号形成电路、鉴相器、环路滤波器、电机驱动电路和相位速度检测装置等组成。

鉴相器将基准信号与检测得到的比较信号进行相位比较，产生误差电压，经环路滤波器滤除高频成份，送至电机驱动电路，控制电机的转速和相位，使电机的转速与相位和基准信号同步。

速度环路是相位环路内的辅助性负反馈环路。速度环路由鉴频器对测速信号进行鉴频，得到误差电压，并与相位环路误差电压共同控制电机转速和相位。

因此，鉴频是起粗调作用；鉴相是起细调作用。

2. 张力伺服的作用

磁带录像机中正常运行时必须有一个合适的张力，张力过大就会损伤磁带，加剧磁鼓和其它机械组件的磨损；张力过小又会影响磁头对磁带信号的拾取，使得磁迹跟踪不好。由于磁带通路中的各种导柱、磁鼓在与磁带接触时的摩擦关系都会影响磁带张力，带盘上磁带量的多少使带盘的转矩随时在改变，这也影响到张力。因此录像机中张力需要自动调节机构，使磁带张力的变化控制在允许的范围中，这就是张力伺服所要处理的问题。

3. 特技重放

所谓特技重放是指录像机不按原节目带的标准记录带速进行重放，又称非正常重放。

特技重放一般包括静像（STILL）、慢放（SLOW）、倍速重放（×2）、快速正向搜索（CUE）和快速反向搜索（REV）等。可分为分立式特技重放和连续式特技重放。

实现特技重放，要求在特技重放时能使接收机或监视器上呈现稳定的图像画面，而且要求重现画面清晰，没有或很少有噪声干扰带。为此，必须要满足如下三个条件，其一，是保证特技重放信号的场频不变。家用录像机采用场不分段记录方式，只要保持磁鼓的旋转速度不变，那么不管特技重放的扫描磁迹怎样变化，每个磁头扫描的时间为 1/50 秒，从而保证了特技重放时的场频不变。其二，是要求特技重放信号的行频不变。为此要保证磁带与磁头的相对速度不变，在磁带速度变化时，同时也要修正磁鼓转速。其三，必须使特技重放信号的行同步相位连续。为此，要求记录在相邻磁迹的行同步相位对准，称为行同步合相。行同步合相就是由记录时磁鼓伺服系统的相位环路保证正确的磁迹位形。

二、机械系统

录像机机械系统的主要作用是保证视频磁头与磁带之间的相对运动。家用录像机的机械系统（俗称机芯）主要由磁头鼓组件、走带系统和加载机构组成。

1．磁头鼓组件
磁头鼓组件的作用是在伺服电路的驱动下使磁头鼓高速旋转，完成视频信号在磁带上的记录和拾取，在磁带上扫描出正确的磁迹。

家用录像机的磁头鼓组件是由上磁鼓、下磁鼓、磁鼓电机、旋转变压器、速度和相位检测器等部件组成。

2．走带系统
录像机的走带系统是机械系统的核心。主要是用来在记录或重放时，驱动磁带正常而平稳地运行，以保证磁带和磁鼓上视频磁头的相对速度。其机械部分相当复杂，零件的加工精度高，走带系统的机械性能的好坏对录像机图像质量的影响很大。录像机的走带系统一般由张力杆、全消磁头、阻尼轮、供带侧导带杆和倾斜导柱后包绕磁鼓，再经出口倾斜杆、导带杆、音/控磁头，最后经过主导轴和压带轮回到卷带盘所组成的走带顺序。主要部件作用如下：

①张力伺服机构主要用来保证磁带运行的张力不受供带盘磁带多少的影响。

②固定导带柱主要用来保证磁带运行的高度。

③全消磁头的作用是在记录时消去磁带上所有信号。

④阻尼滚轮是用来吸收磁带张力的变化或磁带的振动。

⑤导带杆和倾斜带杆是用来改变磁带运行方向，保证螺旋扫描磁带。

⑥音/控磁头组件实际是由抹音磁头、音频磁头和控制磁头组合而成。

⑦主导轴和压带轮是驱使磁带恒速走带的动力机构。

3.加载机构

加载机构主要是上带和卸带（退带）两种方式。

三、系统控制

系统控制是录像机的指挥中枢，主要进行各种机能控制和自动检测、自动保护等功能。

1.系统控制的作用

录像机系统控制的主要作用是完成各种操作功能和完成安全保护功能。

家用录像机的操作功能主要有：弹起、重放、记录、暂停、快进、倒带、停止及调谐和定时等。

主要保护功能有：带头带尾检测自动停机功能，磁鼓结露（潮湿）检出自动停机；带盘旋转不正常停机；磁带加载过荷检出停机，磁鼓不转自动停机；防抹检出时机器不能进行记录，如用定时记录时，磁带盒自动弹出等。

2.系统控制的组成

系统控制是以微处理器为中心，包括操作指令输出电路、各种传感器检测电路、定时器及状态显示电路、控制指令输出电路和微机处理器与各部分的接口电路等。

第五节 录像机的使用和维护

一、录像机使用注意事项

①使用录像机之前务必弄清机器的开关、键钮、输入和输出端子等的功能和正确操作规程。

②选定相应的电源电压。

③录像机一定要在空气流通、温度适中、不潮湿、无振动和周围没有磁场的干净环境中工作。

④当温度或湿度相差过大时，要待机器适应后才工作。

⑤要常检查使用的盒式磁带是否正常。

⑥不要过长使用暂停键。因为这样会造成磁带与磁头鼓的严重磨损。

⑦录像机每次连续工作最好限制在4小时以内。

⑧录像机不用时，应拨掉电源；长期不用也要定时通电去潮。

二、录像机的维护

实践表明，录像机出现的机械类故障绝大部分与机芯有关。因此，加强机芯的维护保养十分重要。维护得当，录像机处于良好的工作状态，才能保持良好的技术性能与使用性能，得到满意的录像和放像质量。

1. 定期清洁

这是指经常性清洁，包括磁头、磁鼓、磁带通路、传动系统等主要部件的清洁。录像机机芯是精密的机、电、磁相结合的高科技产品，使用时要特别注意清洁卫生，切忌在风沙大、灰尘多的环境中使用，以防止风沙落入旋转部位加大磨损。要根据具体使用情况适时用清洁干燥的软布清除机芯表面的灰尘，然后用棉球或棉签蘸无水酒精或二甲苯等清洁液，在断电停机的状态下仔细擦

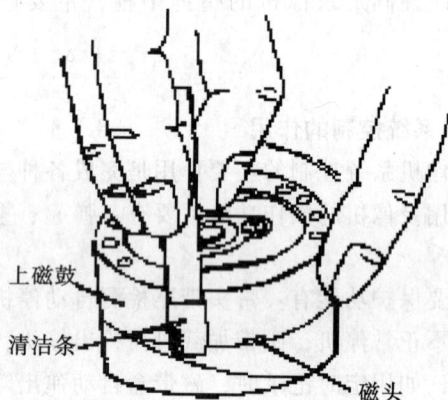

图 5 – 11　清洗视频磁头

拭主导轴、压带轮、导带柱、传动带、皮带轮、供带盘、收带盘等旋转部件。对于各种磁头（音频、视频及全消磁头）及磁鼓的擦拭要特别小心，安装在磁鼓上的视频磁头是又薄又脆的铁氧体材料精密加工出来的，稍不留意就会碰碎报废。因此，在无专人指导、技术欠熟练的情况下，不要轻易擦拭视频磁头。但是录像机使用到一定时间（100 小时左右），视频磁头的工作缝隙会被磁粉和污渍堵塞，引起图像信噪比下降、画面严重失真甚至色彩消失等现象。擦拭视频磁头的具体方法如图 5 – 11 所示。录像机在断电的情况下，手持塑料质的专用清洗条的一端，将裹有麂皮、蘸无水酒精的另一端轻轻贴在视频磁头上，用另一只手拨动磁鼓正向又反向慢慢转动，让磁头擦过麂皮 7、8 个来回即可。切忌：清洗条只能沿磁带运动方向擦拭磁头，不得沿磁鼓轴线方向上下擦拭磁头。视频磁头相对于磁鼓外缘只有 0.035～0.055mm 的突出量，材质是铁氧体，硬脆易碎裂，擦拭时一定要谨慎从事，不要用镊子或其他金属工具，也不要用棉纱或棉签擦拭，防止损伤磁头。尽量少用或不用市场出售的盒式清洁带，避免磁头受到劣质清洁带的意外损害。使用具有自动清洗磁头功能的家用录像机，例如采用 K 型机芯组装生产的 NV – HD80MC、NV – HD82MC 和 NV – HD100MC 型 6 磁头高保真录像机，NV – SD50MC 型 4 磁头录像机和 NV – PD92MC 型 2 磁头放像机等，均可省去定期清洗视频磁头的麻烦和担心。

2. 消磁

主要对磁头和走带系统中的金属部件进行消磁。录像机经过一段时间的使用，磁头及磁带运行所经过的铁磁材料制成的零部件很容易被磁化，使录、放过程中产生噪波，图像

色饱和度下降，伴音高频部分下跌，信噪比明显变差。尽管磁头和有关零件被磁化的程度不同，但从使用效果考虑，应该注意适时消磁。具体消磁方法是用专用磁头消磁器的钳形头靠近磁头、主导轴、导带柱等部件的工作面，往复移动4、5次，然后将消磁器慢慢离开被消磁的零部件一米远后，再切断消磁器的电源。施行消磁时，一定要提防碰伤或划伤磁头和主导轴等的工作面，尤其是磁鼓和视频磁头不能碰伤和损坏，因为修复相当麻烦、费事，而且还要付出相当大的代价。

3．精心注油

在机芯组装过程中，每个运转部位和相对滑动部位均涂有润滑油或润滑脂。随着时间的推移以及经常进行清洁工作，各部位的润滑剂势必挥发、减少一部分，致使摩擦阻力增大，工作时产生异常响声。遇有这种情况就要注油涂脂恢复正常润滑。油和脂的品种最好与组装时使用的一致。如果一时无法找到相应型号的润滑油脂，可以选用高质量的专用润滑剂应急。应该注意的是加油要适可而止，用量要恰到好处，不可滴到或溅到不该加油的地方，尤其是不能沾到橡胶质的压带轮上，免得产生打滑现象，降低性能。脂类对橡胶件、塑料件有一定腐蚀作用，能加速老化与龟裂，因此，对不该沾油的部位溅上了油脂的，应及时设法擦净油脂，恢复原貌。

4．更换上磁鼓

录像机中，视频磁头是决定图像录、放质量的关键部件。通常磁头寿命为1000小时。当磁头磨损严重时，录、放图像会出现噪声大、无彩色，甚至无图像。在清洁无效下就必须更换磁头。而磁头是连同上磁鼓一起更换的。

第六节　电视录像节目后期编制系统

一、线性电子编辑

编辑是电视节目制作的后期主要工作，是将前期不同场合录制的图像和声音素材，按分镜头剧本要求进行再创作，编辑成完整的电视节目。录像机诞生初期，人们致力于节目的录、放质量和可靠性，对于如何进行节目编辑考虑的不多。当时电视台工作人员只好采用机械剪接。所谓机械剪接就是如剪接影片那样，剪下磁带上有用的素材部分，然后按次序重新粘接起来。但是这种方法的缺点是显而易见的。首先是代价高；其次是机械剪接的编辑质量差。

随着录像技术的日益成熟，录像机成为电视台节目制作和播出的主要设备。越来越多的使用者改变机械剪接的编辑方式，纷纷采用一种具有磁性记录特点的编辑方法——电子编辑。

1. 电子编辑的工作方式

电子编辑，简单地说就是把不同磁带上的素材节目按一定的次序巧妙地转录到另一条磁带上的过程。巧妙之处在于能够确保衔接处没有信号的重叠与消失，仍保持视频信号和控制信号的连续性，保证重放画面稳定。电子编辑的工作方式有两种，即组合编辑和插入编辑。

（1）组合编辑

组合编辑（ASSEMBLE）是将不同场景分段录制在素材带上的图像、声音和控制信号，按分镜头顺序同时记录在编辑带上，如图 5-12 所示。每个镜头有连续的编辑入点和连有空白的编辑出点，所以组合编辑不能用来修改已编辑好的电视节目。诚然，用新磁带编辑第一个镜头时，必须选用组合编辑。

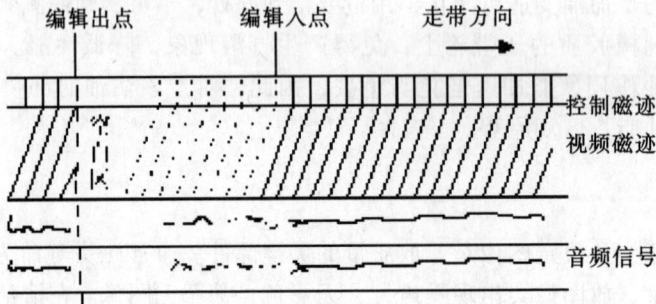

图 5-12 组合编辑

（2）插入编辑

插入编辑（INSERT）是在组合编辑的基础上进行灵活多变的编辑，图像信号与 1、2声轨上的声音信号可以单独或同时记录在编辑带上。然而，控制信号不会被抹去，仍旧保留不变，如图 5-13 所示。每个镜头都有连续的编辑入点和出点，所以插入编辑可以用来

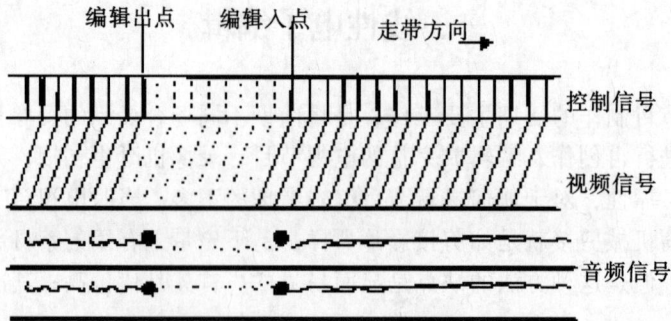

图 5-13 插入编辑

158

修改已编好的电视节目部分图像或声音；进行"先画后声"的配音与"先声后画"的配画。编辑带首先要用组合编辑录有连续的控制信号，才能进行插入编辑，以保证编辑点的稳定。

2. 电子编辑的控制

电子编辑的控制有以下三种：手动编辑、半自动编辑和全自动编辑。

（1）手动编辑

手动编辑是不用编辑控制器，只用两台录像机直接进行编辑。其中，用来录像的录像机要有编辑功能。这种方法是由编辑者记忆编辑入点与出点，适时操作镜头切入与切出。为了得到完美、稳定的图像，在选好编辑入点之后，记住计数器相应的带位，将放像机和录像机的磁带倒回（REW）5 至 10 秒处暂停（PAUSE）；按下放像机和录像机的放像键（PLAY）重放磁带图像，使主导轴伺服系统与记录信号锁定；当磁带到达编辑入点时，同时按下录像机的编辑键（EDIT）和放像键（PLAY）重放切入编辑状态。组合编辑结束时，按停止键（STOP）记录停止；插入编辑结束时，按切出键（CUT OUT）使记录自动返回重放状态。手动编辑要"眼看图像，手控按键"。由于此法编辑点精度不高，除考虑其设备简单外，一般不采用这种方法。

（2）半自动编辑

半自动编辑是利用编辑控制器放像机和录像机磁带上的控制磁迹进行相对计数，并以帧为单位。用相对与编辑控制器计数零位的"时、分、秒、帧"读数，标志图像磁迹位置，即磁带的相对长度；编辑控制器的旋转搜索圆盘能快放、慢放、正放、倒放搜索画面，通过监示器选择最佳画面的编辑入点、出点并暂停（PAUSE），然后同时按记忆键（ENTRY）、入点键（IN）或出点键（OUT），就记忆了编辑入点或出点。最后才按自动编辑键（AUTOEDIT），就完成自动编辑过程。编辑放像机与录像机自动预卷（PREROLL）倒放 5 至 10 秒处暂停后开始重放，当到达编辑入点时，编辑录像机从编辑重放自动切入编辑记录。当到达组合编辑出点时，编辑带记录将持续到编辑出点后 2 秒钟，再倒放到编辑出点暂停。当到达插入编辑出点时，编辑带记录停止，但继续重放 2 秒钟后，再倒放到编辑出点暂停；而编辑放像机素材带到达编辑出点时，继续放像 2 秒后暂停。编辑控制器还有编辑预演（PREVIEW）功能，使编辑者在正式编辑之前看到编辑的效果，以检查编辑点是否合适。预演程序和自动编辑程序基本相同，但到达编辑入点时，录像机没有进入编辑记录状态，录像监示器只显示待编镜头的图像。预演完毕后，编辑控制器还能使编辑放像机与录像机按预演状况进行自动编辑。编辑控制器虽然可以自动控制编辑，但是不能自动寻找编辑点，只属于半自动编辑。诚然，它是最常用的编辑控制方式。

（3）全自动编辑

全自动编辑又叫时间码编辑（TIME CODE EDITING）、间接编辑和脱机编辑。这种方法适用高档（BVU）编辑系统制作高质量的电视节目。如果对原版素材直接进行编辑，因为要精心选择编辑入点和出点，往往使高档（BVU）编辑录像机和原版素材耗时和磨损过多。

二、非线性编辑系统

所谓非线性编辑系统也称桌面视频编辑系统。它是指：能够完成视频的非线性编辑，而且在编辑的同时完成多通道特技、字幕叠加、配音等电视制作系统。随着计算机多媒体图像技术和电视数字技术的发展，特别是近几年来国外广播用非线性多媒体编辑系统的广泛使用，给广播电视设备和节目制作方式，勾画了一幅美好的蓝图，当前，非线性编辑系统已开始进入各级电视机构和电教机构。

1．非线性编辑系统构成

非线性编辑系统是以硬件和软件两部分构成。硬件主要有主机系统、多功能卡等；软件包括操作软件系统，如 WINDOWS、字库以及各种编辑软件。

2．节目制作方式及特技制作过程

非线性编辑系统采用典型的脱机非线性编辑方式：即首先将所有的素材，包括活动画面、静止画面、声音全部输入到硬盘中去，在计算机中完成画面的剪辑、配音、特技等工作，最后再将硬盘里已做好的画面转录到磁带上。

非线性编辑系统的数字特技方式采用软件多轨迹特技原理，共有 99 轨视频和 99 轨音频。其制作过程：在时间线上将同一时刻帧的每一轨迹内素材，以单帧画面的形式从硬盘的不同素材文件中取出，然后通过图像处理方法，将每一层画面根据设定的特技关系进行运算，经合成后，把一幅图像存入节目文件，然后再处理下一帧，直到完成。

3．非线性编辑系统的功能

非线性编辑系统，无论是从制作手段还是从节目制作成本来说，它与传统的编辑系统相比有着明显的优势。

(1) 非线性编辑

传统的编辑方式是录像机按时间顺序线性地播放磁带，在编辑时须反复搜索，找到出点入点，这无疑要等很长时间，并且会导致磁头磨损，对素材也会造成损失。而在非线性编辑系统中，用户可直接从硬盘中以帧或文件的方式迅速、准确地存取、编辑素材，消除了卷带时间，使编辑可集中精力进行创作。由于非线性编辑系统本身具有多路视、音频切/混合器的功能，信号在机内又是按 4:2:2 的数字分量方式进行处理，并且采用接近 3:1 的视频压缩方式，因此不会因多层特技和编辑而降低质量，且由于系统是按非线性的方式编辑，这就使节目的修改和增删非常方便，大大提高了编辑速度。

(2) 数字化方式

传统的模拟编辑，需要大量电缆把录像机、放像机、特技台、字幕机、调音台等设备连接起来，由于设备性能各异，常出现不匹配以至信号造成较大的衰减，并且在模拟方式下不能进行多代复制（复制三代以上，信号损失严重）。而数字化编辑方式，把模拟设备的所有功能集中于硬件和软件之中，不仅节约了费用，而且可以多代复制。

160

(3) 易升级和联网

传统的模拟设备一旦淘汰，要统统丢掉，而计算机则不同，软件的升级只需要更新版本，硬件的升级只需在原有配置上加以扩展或加插各功能卡、芯片和电路板等。传统的编辑室相互独立，无法进行节目互传。而非线性编辑计算机系统可通过网络服务器使分散的几个系统互联成局域网，实现各系统的资源共享，甚至可以并入互联网，享受更多资源。

思考题：

1. 视频信号与音频信号有什么区别？
2. 提高上限记录频率的方法有哪些？
3. 提高磁头与磁带相对速度的作用是什么？
4. 什么叫螺旋扫描方式？什么叫场不分段记录方式？
5. 录像机为什么要用调频方式来压缩视频信号的倍频程？
6. 时基误差是指什么？伪时基校正是指什么？
7. 提高录像机的记录密度有何措施？
8. 录像机基本结构中哪些是家用录像机特有的？各部分有何作用？
9. 视频信号录放电路的作用是什么？
10. 视频信号的录放电路方框图是怎样的？试说明他们是如何工作的？
11. 什么是预加重？其作用是什么？
12. HQ 技术的主要内容有哪些？
13. 什么叫伺服？
14. 录像机的伺服系统有哪些？
15. 录像机伺服系统的方框图是怎样的？试说明它的工作过程？
16. 什么叫特技重放？实现特技重放的要求是什么？
17. 机械系统的作用是什么？
18. 系统控制的作用是什么？
19. 录像机使用时应注意哪些事项？
20. 如何对录像机进行维护？
21. 什么叫编辑？编辑在电视节目制作中有什么作用？
22. 电子编辑常分为哪两种？它们之间有什么不同？
23. 电子编辑控制有哪三种？它们之间有什么区别？
24. 什么叫非线性编辑系统？它有哪些功能？

第六章　信息传播技术的发展趋势

内容提要

　　广播电视技术是信息传播技术的重要组成部分。除了理解广播电视技术之外，对当代新闻工作者来说全面了解信息传播技术的过去、现在和未来，其重要性是不言而喻的。尤其是在"知识经济已见端睨"的今天，信息传播技术和手段的先进与否，已经成为影响当代新闻媒介发展的重要因素。出色的新闻业务、雄厚的经济实力和先进的技术装备是支撑当代新闻媒介的三大支柱。本章就从信息概念出发，介绍信息传播技术的过去、现在以及未来的发展趋势。回顾古代信息传播技术的悠久岁月，领略当今信息传播技术的当代风采；期待和展望信息传播技术辉煌未来。信息传播技术推陈出新的频率越来越快，新技术新产品的涌现是永无止境的。

第一节　信息传播技术概述

人类社会的发展可视为一部信息传播技术的发展史。信息传播促进社会进步与科学技术的发展；反过来，科学技术的进步又不断地改进、更新人类信息传播的媒体与工具，并促进信息更迅速、更广泛地传播。

一、信息传播技术

人类社会的发展史是人类传播与利用信息的历史。在人类社会里，人们总是离不开信息的相互交流与传播。从古代的烽火台、金鼓、旌旗到现代的书信、电话、电报、传真、电视、计算机网络技术的应用等等，都是广泛意义的信息传播与交流。信息时代的到来，更加强了人们对信息、信息传播与信息传播技术的认识和需求。

1. 信息

究竟什么是信息，目前在理论界尚无定论。据《牛津字典》的解释："信息就是谈论的事情、新闻和知识。"《韦氏字典》的解释是："信息就是观察或研究过程中获得的数据、新闻和知识。"日语《广辞苑》中这样解释："信息就是所观察事物的知识。"在我国，日常用语中的信息泛指音讯、消息。但不同学科关于信息定义的表达是不同的。

中文里"信息"与"情报"，在英文里都是"Information"这个词。然而在中文里，"信息"与"情报"的外延与内涵均有很大差异，两者不是"相等"、"平行并列"关系，而应属于从属关系。我国国家标准 GB4894－85《情报与文献工作词汇基本术语》中，关于"信息"的解释是："信息是物质存在的一种方式、形态或运动状态，也是事物的一种普遍属性，一般指数据、消息中所包含的意义，可以使消息中所描述事件的不定性减少。"而"数据"是指数字、字母与符号的集合，"消息"（Message）是指用适当的语音或代码从一个信息源向一个或多个目的地传送的情况。该标准关于"情报"的解释是："Information 被传送的知识或事实。"知识，是人们对自然现象与规律、社会现象与规律的认识和描述。

信息通常是指消息、情报和知识，也就是说，信息是一种传播的消息，一种能加以运算、加工处理的数据，是一种认识世界、改造世界的知识。从本质上讲，信息是关于事物运动状态与规律的表征，它不同于物质、能量，但与二者又有密切的联系。一方面，信息与物质、能量是根本不同的两类东西：物质具有质量，占有一定的空间，能量可以相互转化；而信息不具有质量也不占有空间，信息只能传递和转换，不存在相互转化的问题，也不遵循能量守恒定律。另一方面信息与物质、能量密不可分：信息来源于物质，来源于物质的运动，没有物质、事物的运动，就没有信息，信息的传送、存贮与加工处理要以物质

163

作为载体。信息的传递需要能量，能量的传递、转换需要信息来进行控制。信息既是客观的，又受主观因素的影响，它具有知识的秉性，可以传输和存贮、提取和加工变换，而更重要的是信息是一种可以共享的资源，这是它不同于物质、能量的一个重要方面，信息的共享性是使它在传播过程中发生增值现象的根源。为了使得信息发挥更大的作用，信息的传播是相当重要的。

2. 信息传播

传播是人们通过符号、信号、传递、接收与反馈信息的活动；是人们彼此交换意见、思想、感情，以达到互相了解和影响的过程；世界处处充满了传播现象，生命的每时每刻都在进行传播活动，生命不息，传播不止。

正确地理解传播这个概念，有几点需要注意：

①传播一般是在两个以上的若干人中进行的；

②传播是一种过程，以发出刺激为开头，以产生反应为结果，没有反应，不算传播；

③传播是一种互动，只有传播者的传递活动，没有受传者的接收活动，是不会有传播产生的，反之也一样；

④传播必带信息，必经通道，传播者、受传者和信息、通道是传播的基本条件；

⑤传播可以通过语言、文字，也可以通过音乐、图画、戏剧、舞蹈，甚至所有人的行为都可以是传递信息的媒体；

⑥传播的目的，在于分享信息，互相影响，建立共识，不断调节各自的行为态度；

⑦广义的传播，包括一种机器影响另一种机器程序的信息传播，即机器的传播，当然也包括自然界动物、植物之间的信息传播。

传播一般可分为四大类：自然的传播、动物的传播、人的传播、机器的传播。人的传播又可以分为两类：人的内在传播、人对人的传播。人对人的传播主要有四种类型：人际传播（个人与个人之间的传播）、组织传播、大众传播、教育传播。如图 6-1 所示：

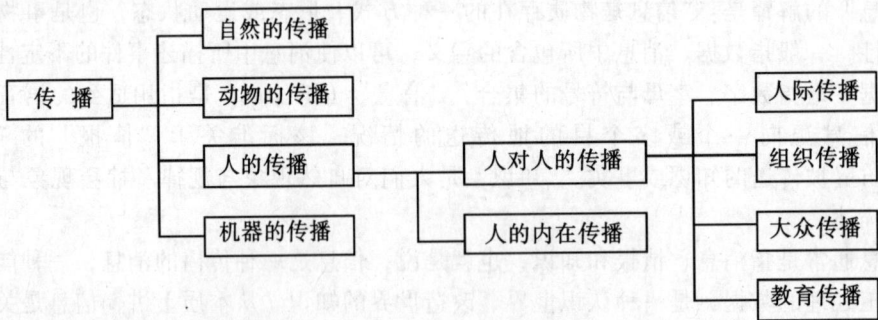

图 6-1　传播的类型

通常传播学研究的，主要是人的传播，特别是人对人的传播。

164

(1) 人际传播（个人与个人之间的传播）

人际传播是个人与个人之间的信息交流活动。人际传播的形式，可以是面对面的直接传播，也可以是以媒体为中介的间接传播。面对面的传播，主要是以语言表达信息，或用表情、姿势来强化、补充、修正语言的不足。这种传播可以使传者与受者直接沟通，及时反馈信息，并共聚一堂，产生亲切感，从而增强了传播的效果。个人与个人之间以媒体为中介的传播，使用的媒体主要有电话、电报、广播、电视、书信等等。

人际传播的目的是：

①了解别人，并使别人了解自己，以实现彼此沟通，建立和谐的关系；

②进一步认识自己，从了解别人对自己的反应中，不断调节自己的行为和生活态度，使之符合社会的需要。

(2) 组织传播

组织传播是组织与组织之间、组织内部成员之间的信息交流活动。

组织是一群相互关联的个体的组合。组织由个体组成，每一个人都属于一定的组织，一般来说，没有人能够离开组织而独立生活。社会是由各式各样的组织，如工厂、商店、学校、医院等所构成的。传播是组织生存与发展的必不可少的条件。没有传播就没有组织。

组织传播的目的是：

①与其他组织达成有效的沟通，增进了解，建立良好的关系；

②使组织内部成员贡献出自己的心力，并和睦相处，以共同的行动促进共同的利益。

(3) 大众传播

大众传播是传播者用专门编制的内容，通过媒体对广大受众进行信息交流的活动。

在大众传播中，传播者不是某个人，而是有组织的传播机构，如报社、广播电台、电视台等等。传播的内容是经专门人员，如记者、编辑、节目制作人员等，根据预定的计划编写、设计、制作的，内容涉及的**范围广泛**，有文史的、哲理的、艺术的、科技的、政治的、经济的、社会的等等。运用的媒体，有报纸、书刊、广播、电视等。受众是广大而不确定的人群，男女老少，各种职业阶层、文化程度的人都有。

大众传播的目的：是从多方面影响受众，使之接受和认同传播者的意向。

(4) 教育传播

教育传播是教育者与学习者之间的信息交流活动。它的目的是：促进学习者的全面发展，培养社会所需的各种人才。

上面谈及的是人与人之间的传播，是人的传播的一类。人的传播还包括人的内在传播（自我传播）。人的内在传播是人体内部进行人的信息交流活动。

人身上可以有两个"我"："我A"和"我B"，或"感性的我"和"理性的我"，"现在的我"和"过去的我"，"公开的我"和"秘密的我"。人的内在传播就是这两个"我"之间的信息交流活动。人的内在传播是外界刺激所引起的人的内部的心理调节。一事当前，如何办？"我A"和"我B"可能意见分歧，通过内在传播，进行心理调节，以求得一致。它是人的思维活动，是人脑对感知和表象进行加工从而产生概念和推理形成思维的过程。信息只有在传播过程中才能充分体现信息的增值。

3. 信息传播技术的发展过程

自古到今，信息传播的技术直接关系着社会人类生活的方方面面。人类历史上最原始的交流工具就是语言传播，接着经过大约 3.1 万多年的时间，出现了文字即文字传播，然后发展到印刷传播，第四阶段属于电子传播的时代，现正进入众多新媒体传播的崭新阶段。传播技术的每一次重大进步、重大发明，都对我们人类产生深刻的影响。

（1）语言传播阶段

语言在其形成之前经历了漫长的发展阶段。最先产生一般的表达感情思想的音符，然后经过音符的确定与组织（这同样需要很长的时间），最终形成让别人听到声音就能明白所指事物的语言。有了语言，人们可以不再仅用简单的面部表情或体态符号来表达自己各种各样的情感了，而可以把各种感情转变成语言这一轻便的达意工具。

（2）文字传播阶段

文字是在语言发展的基础上对图形的抽象而形成的。文字的发明是人类文明史上的一次巨大革命。文字缩短了人际交往的距离，通过它，历史事实、生产生活经验都得以记录下来，这就节省了人们的时间，提高了人们改变现实生活的进度。

也正是基于语言和文字的发明，大众传播工具——报纸、杂志——才最终出现。而书刊、报纸诸媒介的普及又与印刷术和造纸术的发明息息相关。

（3）印刷传播阶段

印刷术和造纸术都是我国古代的四大发明之一，印刷术与造纸术的发明和纸张的普遍使用有着密切关系。相传我国的蔡伦早在公元 105 年就用树皮、草头和破布三种植物纤维制成了轻便的纸，用于记载文字、传播知识。

纸至五世纪已成为主要书写材料，社会上纸本读物迅速增加，促进了文化、教育、科学和宗教的发展。当社会对手写本读物做繁重劳动感到厌倦，因而产生机械复制方法代替手抄的念头。也就是说，印刷术应当在造纸术经历较长时期发展和手写本阶段达到高潮之后才可能出现的。

（4）电子传播阶段

电子传播是传播史上的又一次革命。电子媒体的出现，大大提高了信息传播的速度。传播手段十分简单，只要有一台接收机即可得到电台或电视台发出的信号，无需中间环节；信息种类也大大增多了，人们不仅可以用听觉代替视觉，而且用视觉可以看到真实的画面了。虽然电子传播是大众传播工具中的后来者，但"后来者居上"。由于它们能迅速传播信息，并有声有色，为人们所爱，听众和观众愈来愈多。

4. 新媒体传播阶段

当今的信息时代，人们已经意识到如何在信息时代中学会生存、生活的重要性。电子分立传播的方式已不能满足人们的需要，致使当前的计算机技术、多媒体技术、网络技术、卫星通讯、光缆通信、信息高速公路等等迅速发展，纷纷进入了人类社会各个领域，人们的新闻媒介也不例外，新闻媒介同任何信息机构一样，其运作过程由信息采集、加工、存储、输出等环节构成。在各个环节上，如果没有新的先进技术的支撑和保障那是不可想象的。现在都朝着计算机化、自动化、数字化、智能化的方向发展，以求得新闻报道的即时性和传播的广度。

二、现代信息传播技术的影响

现代信息传播技术的革命性成就应归属于电子计算机、数据库技术、光纤及卫星通信技术的产生与发展。它们既有电话、电报的迅速，又能像电影、电视一样展现逼真的形象，同时还具备报刊、书籍及其他印刷品的大量文字传输功能。它们集过去各种信息传播技术的优势于一身，并远远拓宽了其各自的功能。

电子计算机、数据库技术及现代通信技术等为一体的信息传播技术对信息的生产、加工、传播整个过程产生了巨大的影响，其主要表现如下：

①信息传播开始从以纸张为主要媒体的传播逐渐向以计算机磁介质、光存贮技术、缩微胶片等计算机可读形式载体的信息传播转移。这将导致信息存贮介质的演变，机读信息将会部分取代印刷型媒体。有的学者曾大胆预言，未来的社会将是无纸社会。

②电子排版将彻底取代古老的铅字排版。电子激光照排速度快，易修改，劳动强度大大减小，且与现代胶印技术相结合，其印刷效果大大优于铅字印刷。因此，它刚刚诞生就受到了新闻出版界的青睐。

③电子文本是电子排版的一个副产品，它为计算机传播信息创造了极有利的条件，特别是二次文献的电子文本，经过软件处理可直接构成一个二次文献数据库，同时，电子版还提供了多途径、高速度的检索手段。

④信息传播方式大大丰富。除传统的邮政传递，广播电视、电影、报纸的单向散播和电话、电报的"点对点"通信形式之外，电子邮件系统、传真技术、可视电话联机与脱机数据库检索系统都会在未来的信息传播中占据较大比重，从而构成立体的信息传播网。

⑤光缆通信、卫星通信技术已得到广泛的应用，信息传递的时滞现象将杜绝，分组交换数据通信网极大地减小了数据传递中的"道路"堵塞现象。

⑥高密度的信息载体（磁介质、光介质、缩微品等）先进的通信技术（卫星通信、光缆通信）、电子计算机的高速处理运算能力、数据库的最优数据组织，使人类惊呼的"信息爆炸"不再成为问题。人们从世界各个角落都能快速、有效地从数据库网络中获得自己所需的信息。

总之，电子学的发展带来了 C&C（Computer and Communication），即电子计算机与通信的结合。C&C 使人类的信息传播发生了巨大的变化，人们之间的信息交流不再受到时间、空间等因素的影响。

我们在惊喜地看到信息技术迅速发展的同时，也应冷静地分析新技术给不同社会状况的国家带来的不同后果。

①发达国家凭借自己的经济实力和技术优势控制了信息（特别是科技信息）的生产与传播，而发展中国家由于资金短缺、设备陈旧、技术落后，在发展信息系统的过程中步履维艰，困难重重。因此，发展中国家之间在信息技术上和信息产业上不仅存在着较大差距，而且这一差距仍在继续扩大。

②新的信息技术的大量应用使电子信息的数量得到迅速增长，联机检索也正逐步取代手工检索，这使得获取信息的费用大为提高，致使发展中国家难以支付。同时，发展中国家通信设施的落后也限制了其对信息的获取，从而进一步扩大了发展中国家与发达国家在信息存取上的不平等。

③发达国家已控制了世界上主要信息源，并广设自已的联机网络终端，增加了发展中国家对它们的依赖性。这种依赖性潜伏着巨大的危险；检索课题可能被人分析，出于政治、经济、军事等方面的原因，发达国家随时可进行在信息服务方面的某种制裁，使得这些国家产生信息危机。另外，发达国家还以帮助支援为借口，在发展中国家建立情报检索系统，实为开辟他们的信息技术与产品的市场，从而获得对这些国家的信息控制，使得发展中国家的本国资源得不到很好的保护，自主权受到侵害。

随着信息技术的发展，我们既要看到它给我们带来了机会、挑战以及希望，也要看到它给发展中国家带来的困扰。因此，各国不应盲目引进或完全依赖，应探索、研究出符合自已国情的信息技术发展策略和道路，把握自已国家信息技术和信息产生发展的命脉。

三、中国古代信息载体与传播手段

中国是东方文明古国，在几千年漫长的发展中，曾创造了当时居于世界领先地位的传播手段，直接推动了丰富、灿烂的古代文化在国内，乃至向世界的传播。

1. 中国早期记录信息的载体

陶瓷——大约距今四五千年前，我们的祖先就已在陶器上刻画符号标志。

甲骨——到了 3 000 多年前的商代后期，当时的文字大都刻在龟甲或兽骨上。1899 年在著名的殷墟（今河南安阳）遗址首次发现甲骨文。

青铜器——青铜器是铜锡合金铸成的器皿，一直沿用到西汉，而以周代为精美。

石刻——现存最早的石刻是先秦的石鼓，唐初在天兴县（今陕凤翔）之南发现。以石作记录文字的材料，到汉代更加盛行。由于形状和作用不同，石刻有碑、碣、摩崖等不同名称。到东汉末年，石刻成为重要典籍的标准本。

简牍——早在商朝，先人已开始用竹片或木版作为信息载体。用以书写的竹片或木片叫作"简"，又称"策"；用于书写的木片，叫做"方"，又称"牍"。简牍作为一个历史时期的主要传播手段，是中国古代独特的文字载体，早在商周时代出现一直到晋代以后才渐渐退出舞台。

缣帛——到春秋战国之际，以丝织品为书写体的载体开始出现，称为"缣书"、"帛书"。《墨子》一书中有"书之竹帛，传遗后世子孙"的记载。可见，当时帛和简牍已经同时使用。帛质薄性软，舒卷自如，用来书写，十分轻便。在汉代的著作中，更是常常用竹、帛二字表示记录，竹帛成了书籍和历史的代名词。

2. 造纸术与文房四宝

（1）造纸术

造纸术是我国古代的四大发明之一，其成熟的标志是东汉时（公元 105 年）蔡伦研制出的轻便、便宜而又能大量生产的植物纤维纸——"蔡侯纸"。实际上，纸的发明是经历了一个发展过程的，即在蔡伦之前，西汉时期已经有了丝质的植物纤维——麻纸，麻纸的制作工艺与过程为后来蔡伦的造纸术提供了基础，**也就是说**，蔡伦和有关工匠是在总结前人的造纸经验，以树皮、麻头、破布、旧鱼网为原料，并以沤、捣、抄一套工艺技术，使造纸术达到了成熟阶段，是功不可没的。到了魏晋时代约公元五世纪初，纸张逐渐取代了笨重的简牍和缣帛。随着造纸原料的不断增加，用途更加广泛。其中宣纸（唐时产于安徽泾县，在宣城集散而得名），早在唐代就被作为"贡纸"，素有"纸中之王"和"千年寿纸"之美称。明清时期，宣纸已成为宫庭及官府公文用纸和高级书画用纸，我国流传至今的古代名字画，　**多用宣纸制作**。再如连四纸（明清后讹称为"连史纸"），宋、元时产于福建邵武、光泽及江西铅山等地，以嫩竹为原料，经石灰处理、漂白打浆，后用手工抄造而成，纸质精致，洁白匀细，经久不变，是当时最常用的印刷纸张。

（2）文房四宝

文房四宝是古代四种文具，即笔墨纸砚的集称。它在中国的传统文化中占有极重要的地位，例如，与汉字的结合，产生了独具魅力，历久不衰的书法艺术。

笔——中国古代主要使用毛笔，即用各种兽毛禽羽及人的发须等加工制作而成的书写工具。"笔"的叫法自秦代开始，历代相沿，至今未再易名。在漫长的历史发展过程中，笔的制作技术不断提高。最具代表性的是宣笔（以产于安徽宣州而得名），湖笔（以产于浙江湖州而得名），湘笔（以产于湖南长沙而得名）。毛笔按性能分，有硬毫、柔毫、兼毫之别；按锋颖长短分有长锋、中锋、短锋三类；按书写字体大小分有大楷、中楷、小楷笔，**不同种类可满足不同书写要求**。

墨——殷代始用天然墨色矿物质中的"石墨"，即煤。同时亦用红色的"朱砂墨"。人造墨始于周代，至东汉时已有用于书写的有形墨。三国时发明了掺胶法，使墨光亮如漆。至宋时，安徽徽州制墨业已形成相当规模，明清时"徽墨"制作进入鼎盛时期。到了清代（1865 年）江南进京赶考的进士谢松岱在琉璃厂研制出方便实用的墨汁，倍受人们青睐。墨依原料不同可分为松烟墨、油烟墨、油松墨，不仅是人们日常书写、绘画的基本材料，而且是自唐代之后古代印刷不可缺少的材料。

砚——用土、**石或其他**材料加工而成的研墨和掭笔的器具，即通常所说的砚台、砚海、砚池。西安半坡遗址出土的研墨器可视为原始砚。至汉代已普遍使用砚。魏晋时出现瓷砚。唐始烧制三彩砚、澄泥砚，并涌现了广东的端砚、安徽的歙砚、甘肃的洮砚、山东的鲁砚等四大名砚。明代以端、歙石砚为人所重。清代砚材品种多样，雕刻技术及装潢均相当讲究，偏重于向欣赏的方向发展，使之逐渐成为一种具有较高价值的工艺品。

3. 印刷术

印刷术是中国古代四大发明之一，它是与造纸术的发明和纸的普遍使用应运而生的。

纸在公元 5 世纪时已是书写的主要材料，社会上各种文字读物日愈繁多，数量不断增加，以手工书写的方式明显不适应当时情况要求，于是人们就设想以机械方式大量复制各种读物，以解决社会上使用纸写本读物的繁重劳动，中国古代印刷术主要是雕版印刷和活字印刷术。

（1）雕版印刷

雕版印刷是将文字反刻在一块整的木板上或其他质料的版上，在这整版上加墨印刷的方法。有关雕版印刷术的发明年代问题，有着诸多说法，并自清代以来进行了长时间的争论。有人说是隋朝，有人说是唐朝，或者比隋朝更早。现代学者多认为是唐初贞观年间（公元 7 世纪）。

现存唐印本最早的是 1966 年在韩国庆州佛国寺释加塔内发现的《无垢净光大陀罗尼经》，此件为卷轴装，共 19 种黄色楮纸，唐人楷体，每版 55～63 字，大小相当于今天的 3 号字。多数学者认为是在武则天在位期间（公元 684～704 年）创造了一些新字后刻印，而由新罗僧带回韩国的。在中国考古也发现了许多雕版印刷品，如 1974 年在西安西郊出土的单页雕版印刷品《梵文陀罗尼咒》（公元 650～670 年）；1906 年在新疆吐鲁番出土的卷子本雕版印刷品《妙法莲花经》（公元 695～699 年）。另外，唐高僧玄奘法师于贞观十九年（公元 645 年）取经回国后，在长安曾印造百万枚《普贤菩萨像》（公元 658～663 年）广泛散发，是重要的佛事活动之一。据此证明印刷术的故乡在中国。

雕版印刷在唐朝已相当成熟。在敦煌发现的唐咸通九年（公元 868 年）本《金刚般若波罗密经》（简称《金刚经》）则是现存有纪年的最早雕版印本，其经文扉页画刻印具精，举世闻名，是雕版印刷在唐朝已经成熟的实物证据（这件人间瑰宝 1907 年被英籍匈牙利人斯坦因劫走，现藏英国伦敦博物院，我国仅有复制品）。五代冯道刻《九经》，历时 22 年，为我国官刻之始，开大规模刻印之先河。到了宋代，雕版印刷进入黄金时代，官私坊刻比比皆是，相得益彰，形成了中华民族读书刻字的良好风气。元代印刷业虽有萎缩，但也有创新，如朱墨两色套印、书名页（扉页）的出现，均为印刷史上的首创。至明代，采用雕版印刷的地区相当普遍，由内地扩大到边远地区，刻印数量及题材相当广泛，是宋之所不及。尤其是套印技术推陈出新，不但将元代的朱墨两色发展到了朱墨黛紫黄五色，而且在套版的基础上发展为多色送印的水印和拱花的印刷方法，从而把传统印刷技术推进到了一个新的高峰。水印自明开始，今天大多称为木刻水印，这一方法印出的画面，不仅色彩妍丽，而且能显示出色调层次和阴阳向背，印出的花卉鸟虫，惟妙惟肖。拱花技术是将雕版压印纸上，好像现在使用钢印一样，把纸压成凸出的花纹，这种无色的印刷更显出作品的素雅大方。欧洲的德国第一次采用拱花技术比中国晚 100 多年，大约在 18 世纪中叶之后。自唐代初期到清末约 1300 年间，中国一直以雕版印刷为主。

（2）活字印刷

活字印刷就是为了克服雕版印刷之每印一页须雕一块版的密集性劳动。采用活字通过排版、印刷而成。它的发明者是宋代的平民毕升。他生活在雕版印刷的全盛时代，为了弥补雕版印刷的缺点，经过不断钻研，于宋代庆历年间（1041～1048 年）首先发明了胶泥活字印刷术。它的主要步骤有三个：制活字、排版、印刷，与近现代的铅字排印基本原理完全相同，是印刷史上的一大革命。沈括在《梦溪笔谈》中记录了毕升发明活字的优点和排印方法，其中写道："若止印三二本，未为简易，若印数数十百千本，则极为神速。"到了元代农学家王祯制作了木活字印刷，使活字印刷术进一步改进。后来元代有人铸造锡活字，明代有人发明了铜活字和铅活字，清代有人发明了磁活字。在各式各样活字印刷活动中，铜活字和木活字占有最重要的地位。就其规模宏大而言，当属清政府用铜活字印制《钦定古今图书集成》和用木活字印制《武英殿聚珍版丛书》。前者可称一部篇幅巨大的百科全书，使用近25万个铜活字，用三年时间共印66部，每部1万卷，约有1.6亿字，全书用大小两种字号排版，大字正文，小字注文，字体端正秀丽，版式整齐，印刷清晰，装潢漂亮。后者也用25万多个枣木活字，先后印书134种，共2300卷，是中国历史上规模最大的一次木活字印书。

遗憾的是，活字印刷虽然较雕版印刷省力省时，但800年间未能得到迅速发展，除政治经济等原因外，也有自身技术上的缺陷。一般私人或书坊限于资本，所备活字不过数万，受其限制，加上活字排版当时来讲不如雕版整齐和容易校对，因此，在中国活字印刷的数量上不及雕版的十分之一，始终未能占据统治地位。尤其在技术上没有向更高的阶段发展。于是在19世纪初，西方先进的近代印刷术开始传入我国，使得中国古代印刷术便渐渐地退出了历史的舞台。但是，中国作为印刷术发明的故乡，为西方的近代印刷术的发明奠定了基础，为人类文化文明的传播作出了巨大的贡献。

4. 中国古代的烽燧与邮驿

一个国家的通信系统的严密、完备，对于信息的传播来说是至关重要的。从西周开始，中国的通信组织不断完善，逐渐形成了两套有组织的通信系统：一是以烽火为主的早期声光通信系统；另一是以步行、乘车为主的邮传通信系统。

烽燧即烽火，古时边防报警的烟火。有敌人来侵犯的时候，守卫的人就点火相告。白天放烟叫"烽"，晚上举火叫"燧"。《墨子·号令》上载："与城上烽燧相望，昼则举烽，夜则举火。"人类利用视觉和听觉的手段进行通信很早，中国从西周时期开始把烽火作为通信手段，并与击鼓传声配合使用，传递紧急军情，即所谓"烽可遥见，鼓可遥闻"。这种以烽火为主的早期声光通信，在相当长的历史时期内发挥着独特的作用，其自身也发展为具有严密组织、严格制度、形态十分完备的通信系统。烽火通信的发展又与长城的修建紧密相关。周初只是设立烽火台，进入春秋战国后，烽火台在国界上演变为连绵不绝的长城，形成防御性城堡和通信系统兼而有之的带状设施。在通信功能上，定向性更强，而且是接力传递，距离远、速度快、准确性高，能够高速传递简明扼要的信息。因此，从周朝到明朝，历代都十分重视对长城的修建。

邮驿又称驿传、邮传。中国历代王朝设立的以传递文书、信件为主的官方通信组织。邮驿能够从事大规模、高效率的通信活动，是一定历史阶段的产物。邮驿自西周开始，秦统一中国后，建立了强大的中央集权的王朝，发达的交通、书同文、车同轨促进了沟通全国的邮传通信系统的建立。汉初将周秦广义的"邮"改称为"置"，到汉武帝前后，文献中正式出现"驿"。汉代的邮驿规模可以与同时代的古罗马邮政通信相媲美。以后各代对邮驿的重视无以复加，有关法律制度严密完备，馆驿传递多种多样、驿路水陆相兼四通八达，均为了保证信息传递的迅速、准确和安全。如唐朝在全国设驿1600多处，其中陆驿

1200 多处，水驿 260 多处，水陆兼办的 80 多处，形成传递官文书的庞大通信网。到了 19 世纪末，清朝政府在国人要求裁汰驿站、兴办近代邮政的呼声下，于 1896 年大清邮政正式开办，驿站作用逐渐消失。1913 年 1 月，北洋政府宣布将驿站全部裁撤，古老的邮驿制度才寿终正寝，由现代邮政所代替。

第二节　近代信息传播手段的重大发明与发展

人类的历史发展到近代，相继出现了近代印刷术的发明，摄影及电影术的诞生以及以电信和无线电技术为标志的第四次信息革命，使得信息传播更容易、有效，范围更广，速度更快。

一、近代印刷术的诞生与发展

印刷在人类生活中起着极为重要的作用。它是一种长久性的，广泛传播视觉信息的技术手段，使用印墨或着色涂料通过印刷机，在纸张或其他接受物表面上再现各种图案和文字。印刷产品有报纸、期刊、书籍以及各种卡片、票据等。以铅活字印刷术为首的近代印刷术是与中国古代活字印刷有某种意义上的相似，但它又有全新意义。

1. 铅活字印刷术

欧洲手工业和商业有了相当发展后，西方近代印刷术以德国人谷登堡（J. Gutenberg）发明铅活字印刷为标志便应运而生。谷登堡 1438 年至 1450 年开始研制金属活字，于 1455 年印出了著名的《四十二行圣经》。他的发明包括铸字盒、冲压字模、铸造活字的铅合金、木字印刷机、印刷油/墨和一整套印刷工艺。它为出版业朝着工业化的方向发展奠定了基础，对世界文明的进程产生了巨大影响。

2. 铅活字印刷在中国

中国是亚洲第一大国，它所创造的灿烂的古代文明对世界文明的发展作出了巨大的贡献，对周边国家的影响更是直接而持久，到近代却落伍了。于是先进的西方近代印刷术反过来影响中国，促进中国的印刷出版业，采用新技术代替以雕版为主的古代印刷术。

早在 16 世纪，铅印术就传入中国的澳门。明嘉靖三十二年（1553 年），葡萄牙殖民主义者强行占租澳门。万历十八年（1590 年），耶稣教士用拉丁文出版了《日本派赴罗马之使节》一书，这是在中国使用铅活字印刷的第一本书。但当时尚无汉字印刷，也没有传入内地。19 世纪初，英国、法国、德国以及美国兴起研究制造中文铅活字的热潮。其中西方传教士起了特殊的作用。英国基督教传教士马礼逊（R·Morrison）奉伦敦布道会之命，于 1807 年到达中国，随即展开了广泛的翻译、出版活动。从 1815 年起，澳门东印度公司

172

印刷所陆续出版了马礼逊编写的中、英文大型工具书《中国语文词典》（A dictionary of the Chinese Language，也有人译作《华英字典》）。这部书是含有中英文两种文字的工具书，是采用中文铅活字排印，是世界上最早的一批中文铅活字。当时制造中文铅活字，除用手工在铅坯上一个个刻制外，还采用雕刻木版翻铸铅版，再锯成单个活字的方法。最后过渡到先制作汉字字模再铸造活字。

随着印刷术的发展以及引入我国，特别是印刷机的使用，要求纸张在数量和质量上都有提高，既要求纸张的拉力和韧性能适应机器高速运转，又要对油墨印刷有良好的适应性。于是，法国人路易·罗伯尔在 1798 年发明了造纸机。这一发明，使得欧美各国逐渐由手工造纸发展为机械造纸。也使得曾经长期处于领先地位的中国造纸业开始落后。因此，直至 19 世纪 80 年代，中国近代的机器造纸工厂诞生。1882 年，上海机器造纸局创办，1884 年正式投产。同年，广东宏远堂造纸公司筹建，1890 年正式投产。在中日甲午战争前，机器造纸行业仅有两家。它们的诞生都早于中国机器纺织业。中国古代印刷术使用的是水性墨汁。谷登堡在发明铅活字印刷术的同时，使用了油性连结料与颜料制成的呈色材料。19 世纪初，西方近代印刷术与印刷油墨同时传入中国。时至 1913 年，国人自办的第一家专业油墨制造厂——上海中国油墨厂成为我国制造现代印刷油墨的开端。产品分为印书油墨和印报油墨。但国产纸张和油墨的生产，始终占很小的比重，每年都要花大量的白银、钱款购买洋纸洋墨。

3. 铅活字印刷对中国印刷出版业的影响

铅活字排版和机械化印刷术传入中国并不断推广，是一件具有划时代意义的事件。它使印刷术从手工生产进入了机械化生产，极大提高了书刊排印速度，增加了书刊的产量，降低了印刷成本，使书刊由少数官吏、士绅手中的专利品成为广大民众的读物，并使书刊内容扩大到学术、文化和人们生活的各个方面，促进了文化的发展，使知识信息得以大规模的交流，使人类许多先进的新思想、新学说得以突破国界传入中国，使中西两大文明得以"接轨"，促进了中国封建社会的解体和资本主义萌芽的产生。铅活字印刷术还引发了中国书刊的形式乃至编辑思想、工作方法、组织形式、经营方式、人员构成等一系列重大变化。

二、摄影术、电影的诞生与发展

早在远古时代，人类就在岩石上留下了原始绘画。这说明图像符号对于人类的传播活动有着十分重要的作用。尽管绘画的手段越来越丰富，绘画的技艺越来越高明，但对于客观世界始终无法达到逼真复制的程度。1839 年摄影术的诞生，使人类具有了一种新的手段，从此可以对客观世界进行真实的记录和再现。当年法国著名画家安格尔（J. Ingles）在看到银版法摄影家的作品时，也不由地感叹："摄影术真是巧夺天工，我很希望能画到这样逼真，然而任何画家也不可能达到。"1895 年电影问世，使摄影术静止、瞬间的记录和再现发展为动态、连续的记录和再现。摄影 150 多年的发展，电影 100 年的发展，使它们成为具有重大影响力的大众传播媒介，成为一门独立的艺术，成为大众喜爱的一种娱乐方式。

1. 摄影的诞生

早在两千多年前，人们就发现了针孔成像现象，16世纪欧洲文艺复兴时期，又出现了供绘画时成像用的透镜暗箱，以后又出现了氯化银、硝酸银等具有感光性能的感光材料。这一系列的科技成果为摄影术的诞生打下了基础。

1822年，法国石版印刷工匠尼埃普斯（N.J.Niepce）为了改进印刷方法，开始试验如何将暗箱中所得的影像保存下来。1826年，他将朱迪亚沥青（一种感光后能变硬的沥青）溶化在拉芬特油中，把它涂在金属版上，然后放入暗箱，经过8小时多的曝光，显影后终于成功地获得了世界上第一张记录工作室外街景的照片。但这项成果在当时并不引起人们的足够重视。1829年起，法国巴黎的舞台美术师达盖尔（L.Daguerre）开始与尼埃普斯合作，共同研究摄影术。他们分处两地，各自进行试验，并互相函告结果。但尼埃普斯于1833年病逝。1837年，达盖尔终于发明了完善的摄影方法达盖尔摄影术（又称"银版摄影法"）。这种摄影方法是一种显现在镀银铜版上的直接正像法，不能进行印放复制。达盖尔认为，像这种发明的专利权，如果归个人私有，那么就永远不会造福社会，只有国家收购公布天下，才能靠众人的力量而立刻完成。1839年，法国政府买下了这一发明的专利权，8月在法国科学院和美术学院的联合大会上，公开展示了达盖尔的光学照片。8月19日，法国政府正式公布了银版摄影法的详细内容，达盖尔本人发表了一本79页的说明书。从此摄影术公诸于世，1839年8月19日被定为摄影术诞生日。银版法被视为是世界上第一个具有实用价值的照相方法，尽管这一方法当时只能用来拍摄静物（因为曝光时间需要20~30分钟），但还是很快便风靡了世界。不论巴黎还是伦敦，许多人挤满了光学商店和药房，急于购买摄影机和感光板。几个月内，欧洲就出现了一种新行业、新技术、新艺术形式和新的流行玩艺。几乎与达盖尔同时，英国人塔尔博特（F.Talbot）也发明了另一种摄影方法负正法（又称"卡罗摄影法"），即先拍出负片，再冲洗成正像照片。他将碘化银涂在纸上，放在镜箱中感光后，再用药水加以显影的底片，然后再用氯化银纸印成正片。但纸制底片不透明，所以效果并不理想。1851年，英国的阿切尔（F.S.Aarcher）发明湿版术，人像摄影只要2~20秒，成为现代摄影的开端。

2. 摄影的特性和社会功能

摄影是反映社会现实生活、人类社会和自然现象的一种现代化手段，也是人们表达思想的一种形式。摄影的物质手段决定其自身具有形象性、纪实性、瞬间性的特性。形象性——摄影通常以照片为其最后结果，呈现在人们眼前的是直观的可视形象。俗话说，百闻不如一见。这种图像符号远比文字符号容易解读，甚至给人以视觉冲击力。纪实性——摄影直接记录客观事物，即借助摄影器材把拍摄对象的自身形态逼真地记录下来。它有着惊人的复制能力，迅速而准确，甚至能够将人的视觉来不及感受和反映的细节动态等如实记录下来。瞬间性——摄影具有瞬间静止的特点，拍摄的过程通常在一秒以下的极短时间内完成，一张照片只能摄取一个瞬间的形象，它只是运动变化着的事物的一个瞬间切片。

1996年底，山东画报出版社开始出版一套丛书《老照片》，计划每年出版四至五辑，

"专门刊发有意思的老照片和相关的文章，观照百多年来人类的生存与发展"。第一辑出版后立刻受到广泛欢迎，风行一时。该辑《书末感言》中写道："怀旧是一种美好的感情。有意思的是，回忆靠的是思维，思维是用词语进行的，而用词语进行的回忆，却永远是形象的画面。不过这种画面，除了回忆者本人在冥冥中可见外，别人看不到。直至上个世纪中叶，照相术发明后，这种情况才得到彻底改观。照相术使一段段历史定格，成为永恒而真实的瞬间。反之，现在是用词语来阐释一幅幅老照片的时候了，那瞬间形象的定格，常常含有难以估量的信息和意蕴，似乎说也说不**完**"。

照片本身是一种图像媒介，伴随它的发展呈现出以下社会功能：传播功能、认识功能、审美功能、教育功能和文献功能。

3．电影的诞生与发展

摄影术的发明，为人类记录某一瞬间的场面得以实现，但是人类社会是一个动态发展的过程，自然界的一切事物都在运动着的。从视觉方面来看，人们是不仅仅满足于一幅幅静态画面的。因此，自1839年出现摄影术后，欧美许多国家的发明家再接再**厉**，为记录和再现活动影像进行了不懈的努力。其中，贡献最大的是美国的伊斯曼（G.Eastman）、爱迪生和法国的卢米埃尔兄弟（Auguste Lumiere & Louis Lumiere）。依斯曼于1889年发明了将感光乳剂涂布在赛璐珞长条上的感光胶片，从而不仅便于拍摄长时间的活动影像，而且使透视或放映这些影像成为可能。爱迪生发明了使用感光胶片连续拍摄的摄影机，并于1891年发表了他制作的可供一个人通过放大镜观看活动影像的活动视镜。卢米埃尔兄弟则在依斯曼和爱迪生成就的基础上，研制成功采用新传动方式的电影机，1895年2月13日获得"摄取和观看连续照相试验用的机器"的首项专利，同年2月30日，机器改进后再获专利，并正式定名为"电影放映机"。1895年12月28日，在巴黎大咖啡馆的印度厅首次把电影片放映在银幕上供许多人观看。这就是现代电影的诞生之日。从此以后，电影这一"第七艺术"便风靡欧美许多国家。远离欧美的中国也于1896年8月11日在上海首次放映了法国电影，当时称为"西洋影戏"，直到20年代才有"电影"一词的出现。1905年，曾在日本学过照相技术的沈阳人任景丰，从北京东交民巷的德国商人手中购买得法国制的木匣手摇摄影机及胶片14卷，在他开设的丰泰照相馆，利用日光在露天拍摄了著名京剧演员谭鑫培的舞台记录片《定军山》，这是中国人自己拍摄的第一部影片。

电影的诞生终于使人类有了以活动影像的方式记录并再现现实的手段。"有了电影就不再有绝对意义上的死亡"。电影作为一种崭新的传播媒介和艺术形式在世界范围得到迅速发展，其发展的历程是从无声（默片）电影到有声电影，从黑白电影到彩色电影，直到当今的高科技电影的不断推陈出新。

4．电影的特性和社会功能

电影是需要借助必要的放映设备、以群体性、"一次过"的方式进行观赏的艺术。它以活动画面为主、直观形象，便于不同层次的观众欣赏。电影拓宽了人类思维的空间，培育了人类的想象力，也用它独特的方式营造了无数诱人的梦，以愉悦大众。电影在发展的过程中从一种新奇的玩艺成为一门激动人心的艺术、一种有巨大影响力的传播媒介和一项几乎人人喜欢的大众娱乐方式。

意大利人卡努多在 1911 年发表的《第七艺术宣言》，在电影史上第一次宣称电影是一种独立艺术，从此，"第七艺术"成为电影的同义语。卡努多认为电影把建筑、音乐、绘画、雕塑、诗和舞蹈六种艺术，把这些"静"的艺术和"节奏"艺术融合在一起而形成一门新的综合艺术。电影艺术在发展过程中形成和完善了独特的语言和表现方式。电影既是精神产品，有其艺术属性、产生经济效益，同时也是物质产品，通过进入市场流通，产生经济效益。电影观众既是艺术的欣赏者，又是商品的消费者。电影不仅是供大众娱乐，还是对现实生活的能动反映及具备了传播、教育、审美、文献等诸多功能。

三、电报与电话

在近代通信中起着重要作用的电报和电话，使得人类可以通过电的方式实现远距离传播信息和远距离进行信息双向交流。当然电报由于其具有一定的局限，今天，电报的作用已微乎其微，但是电话的作用越来越广泛，并不断地扩大其范围和功效。

1. 电 报

(1) 电报的发明与发展

作为传播信息的技术，电报的诞生是一大重要发明。19 世纪初，欧美的一些发明家便开始利用电磁感应现象研制通信装置。首先是美国的莫尔斯（S.F.B.Morse）在 1835 年获得了在实验室内架设有线电报机的成功。虽然距离很短，导线加长，电阻增大，电流减弱，通信效果不佳，但这是一大突破。莫尔斯继续努力，于 1836 年发明了继电器，这个装置是利用接收机收到的微弱电流通过电池电源，由电池电源向接收机供给新的强电流。1837 年，莫尔斯在纽约大学的会议室里架设 518 米长的导线，获得通报实验成功，电报机由此诞生。后又经过多年不懈的努力，他终于完成了华盛顿至巴尔的摩之间的电报线路的架设。1844 年 3 月 24 日举行了启用仪式，莫尔斯在国会议事厅里发出了世界上第一封电报。电报的内容是《圣经》中的一句话："主啊，你创造了何等的奇迹！"电报的实用效果令人惊叹不已，于是欧美各国纷纷架设电报线路。1851 年，横跨多佛尔海峡联接英、法的海底电缆铺设成功。1857 年，横跨大西洋联接欧美两洲的海底电缆铺设成功。以后，欧美国家的大电报公司迅速将电报线路向全世界扩展，形成了遍布全球的电报网。同时，电报技术也不断改进完善。1875 年，法国的巴特发明了多路电报，它能以一条导线传送 8 路电报。1915 年美国的甘培尔和德国的瓦格纳发明了滤波器，从而可以能用一条导线传送几十路电报，并由此产生出能够同时发报的载波电报的设想。1864 年，英国著名物理学家麦克斯韦（J.C.Maxwell）预言电磁场以波的形式传播。1885 年至 1889 年，德国著名物理学家赫兹（H.R.Hertz）证明了电磁波的存在，并测量了波长和速度，指出电磁波在空间的振动性及它的反射、折射特性与光波和热波相同。在这之后，就有对这种看不见的波进行各种研究。意大利热马可尼（G.Marconi）在无线电通信方面做出了不可磨灭的贡献，他将电磁波的理论首先应用到无线通信上，故后人称他为"无线电之父"。1895 年，马可尼发明的发送、接收装置进行无线通信实验获得成功，距离为 1500 米。但这不被保守的意大利政府认为是有效的通信方式。于是他回到他母亲的故乡英国。在英国取得了无线电通信的发明专利，并在英国政府的支持下，马可尼不断改进通信装置，使电报信号接收距离达到100公里的实用阶段。1899年9月，"美洲杯"帆船比赛时，马可尼用无线电设备装备了两艘美国船只，随时向纽约报道现场实况，这是无线电报系统首次服务于民用，引起了世界的轰动。1902年12月，马可尼在美国的纽芬兰接收到英国发出的信号，这次横跨大西洋传送信息的成功引起了世界的轰动。这一成功，为以后的无线电通信、广播等技术奠定了基础。值得一提的是，与马可尼同时，俄国波波夫也于1895年进行了无线电通信试验，并获得了成功。1896年，波波夫还在喀琅斯塔德建立了无线电报局。但他未申请专利，在发明权上略逊一筹。

（2）电报业在中国

电报是工业革命后的产物。它作为一种先进的通信工具，很快为西方资本主义各国广泛使用，促进了资本主义世界市场的形成和发展。鸦片战争后，西方列强力图在中国的大陆和领海内架设电报线路，如1868年，英国组织了东方电报公司，凭借海上霸权，把水线（海底电缆）穿过地中海、红海、印度洋，准备先直达香港，再从香港向中国沿海港口扩展。又如1869年，北欧一些水线公司合并改组为丹麦大北电报公司，也企图将其线路经过帝俄西伯利亚陆线，向东方的日本和中国扩张。清朝政府认为外国在大海之中，自行其法铺设电缆，中国不能禁止，但规定线端不得上岸。但是，1871年，大北电报公司将电缆擅自在上海引上岸，这是外国入侵中国的第一条电报水线。随后进一步加快步伐，终于大北电报公司在上海实现了电报业务，北可经日本与俄国通报，南经香港与欧、美通报。中国与世界各地的电信联络由此开始，但中国的电信主权也不明不白地丧失了。

到了19世纪70年代末至80年代初，中国在西方资本主义侵略的刺激下，商品经济不断发展，自然要求在通信条件上进行变革，而民族危机的加深，军事和外交也更紧迫需要创办电报。1875年底，改任福建巡抚的丁日昌，一直积极倡导创办电报，在他的鼓励与支持下，福建船政学堂附设了中国第一所电报学堂，聘请大北电报公司代为培训电报技术人员。1877年，在丁日昌的大力推动下，在台湾建成了全长95公里的中国人自己架设、掌管的第一条电报线。为解决对外交涉时的消息迟钝状况，在洋务派首领李鸿章的主张下，1879年建成了津沽电报线。1881年年底，全长3075里的津沪电报线建成。电报创办后不久，便在中法战争中显示出先进技术的效能。1881年底，清军开进越南北圻，"其时电报未通，奏折往返须五十余日"。为保持滇、桂驻越军队与清政府通信联络的迅速畅通，加强指挥调动的能力，1883～1884年先后建成了京津、长江、广州至龙州几条重要的电报线路，使全国通信系统在战争期间形成了一个统一的整体。由于中国拥有了电报这一先进的通信工具，在中法战争中，在一定程度上，改变了以往闭目塞听、被动挨打的局面。李鸿章在为电报员工请奖时曾说，由于他们的作用，"中国自古用兵，未有如此之神速者"。中法战争结束后，中国电报业进入了一个迅速发展的时期。

2. 电　话

电话作为现代信息传播和双向交流的工具，在人们的信息流通过程中起着重要的作用。

（1）电话的发明

根据电磁感应的原理，受前人的研究成果的启发，美国人贝尔（A.G.Hall）研制出了电话机。于是 1876 年 3 月取得了发明专利权，并于当年在费城举办的纪念美国建国一百周年的博览会上做了公开展示。贝尔研制出电话机时，人们正普遍使用电报机，但与电报不同的是电话可以直接传送声音，达到即时的双向交流。1877 年贝尔成立电话公司，并开始生产电话机，业务发展很快。

（2）电话业在中国的发展

1881 年夏秋之间，外国的电报公司开始在上海的公共租界和法租界中架设电话线。1882 年 2 月 21 日，上海第一个电话交换所开放通话。当时有用户二三十家，交换所内装有一部公用电话，任何人付费即可以与公司用户通话。1899 年 12 月，电政督办盛宣怀以办理电报已初具规模，电话未可缓图，致为外人觊觎，奏准电话机归电报局兼办，以电报余利为推广电话之需。1900 年，丹麦人濮尔生（H.O.Poulson）乘八国联军入侵中国之际，在天津租界架设电话。1901 年又把电话线延伸至北京，1905 年由清政府出钱赎回，成为中国第一条长途电话线路。自 1900 年～1906 年，中国的一些大城市先后开设了市内电话，有的商办、有的地方官办。北洋军阀时期，在部分城市之间架设了一些长途电话线路，到 1925 年，全国长途电话线路不过 4000 多公里。国民党政府成立后，开始加快长途电话线路的建设。首先在一些重要省份建立省内长途，继而于 1936 年开通了苏、浙、皖、赣、湘、豫、鲁、冀等省长途电话网络，交通部所辖的长途话线达 4.7 万多公里。到 1949 年底，市内电话交换机总容量为 31 万多门。

中华人民共和国成立后，电话业有了较大发展，到 1978 年底，电话交换机容量达到 406 万门，是 1949 年的 13 倍。电话业的真正大发展是在 20 世纪 80 年代以后，尤其是在 1991～1995 年第八个五年计划期间。这是发展速度最快，能力增加最多，服务效益最好的时期。反映主要通信能力的指标长话电路和局用电话交换机容量，五年中年增长分别达到 50.4% 及 42.7%，远远超过美、日、德等发达国家的历史最高记录。1997 年 8 月，全国电话交换机总容量突破一亿门，县以上城市全部实现交换程控化，这一成绩标志着中国电话网的综合能力实现了大飞跃，已成为世界上仅次于美国的第二大电话网。全国电话普及率达到 7.3%（1990 年为 1.1%），电话进入了千家万户。根据邮电部制订的"九五"规划，到"九五"末期，中国电话总容量将达到 1.74 亿门，全国电话普及率为 10%，城市达到户均具备一部电话的能力，农村实现村村通电话。而到 2010 年，将进一步满足国民经济和社会发展的需要，全国电话普及率达到 25%，局用交换机总容量 1.5 亿门，长话业务电路 280 万路，电话网总容量达到 4.2 亿门，居世界首位。

第三节　信息传播新技术概述

"知识经济已见端睨"的今天，信息传播技术和手段的先进与否，已经成为当代新闻媒介的重要因素。出色的新闻业务、雄厚的经济实力和先进的技术装备是支撑当代新闻媒介的三大支柱。信息传播技术中的新技术和新产品不断出现，从当代印刷术和出版业开始，到数字化技术及相关产品的问世，最后以信息高速公路和网络技术的发展应用作为发展方向和前景。

一、当代印刷术和出版业

新技术革命的兴起，尤其是电子计算机的广泛应用，改变了铅活字印刷统治近现代印刷业 400 年的霸主地位，计算机编辑、激光照排新技术开始全面使用，使得印刷术和出版业产生了新的变革。

1. 当代印刷术的诞生与发展

(1) 当代印刷术的诞生

铅活字印刷由于有熔铅、铸字、浇版等热操作，所以又被称为"热排"（Hot type）。20 世纪 40 年代，运用照相工艺在感光材料上进行排版的作业方式崭露头角，这一方式则被相应称为"冷排"（Cold type）。照排机的发展通常分五代：第一代是 40 年代美国发明的手动照排机；第二代整体字版自动照排机，是由美国 1956 年研制成功的；第三代是阴极射线管（CRT）照排机，1965 年德国海尔（Hell）公司研制成功；第四代是激光照排机，1974 年英国蒙纳（Mono）公司研制而成，在全世界出版印刷业中，第四代激光扫描成像型系统正在全面取代铅排。第五代照排机则是能够直接制成印刷版的照排机。

(2) 当代印刷术的发展

发达国家在 20 世纪 70 年代已将计算机编辑照排系统用于报纸出版。如日本的《日本经济新闻》报是推进这一高新技术的最先实践者之一。1971 年，该报建立起全自动报纸编辑制作系统 ANNECS（Automates Nikkei Newspaper Editing & Composing System）。同年 12 月 26 日，《日本经济新闻》有 2 个版为这一系统制作。发达国家依靠其科技实力，在研制计算机编辑激光照排系统方面处于领先地位。英、美、德、日等国竞相推出不断改进的系统，使其性能更加完善、操作更加简便、自动化程度更高。

最初的照排系统只能用于文字的录入、修改和存储，编辑人员组版时，要将输出的毛条分别贴在大样上的预留位置，这被称为贴版，仅是一个局部组版。进入 80 年代，随着技术上的突破，组版系统越来越完善，组版终端可以实现整页组版，但依然有两种情况：一是整页组版，不包括图片，图片仍需往大样上剪贴；二是整页组版，可将一版上所有内容，包括文字、图片、广告等一次性组版。它的最大特点是逼真直观，便于修改调整，真正做到"所见即所得"。

(3) 中国实施"748"工程

我国的印刷出版的技术和装备的落后，已引起有卓见的国人的重视，要告别铅作业，用冷排代替热排，因此开始了中国的"748"工程。这一工程旨在使古老的汉字进入计算机，紧紧跟上世界先进技术的潮流。这一工程的提出是在 1974 年，由四机部牵头，联合了一机部、中科院、新华社、国家出版局四个单位，联名向国务院和国家计委呈请设立汉字信息处理工程项目。8月，计委领导余秋里、顾明、袁宝华等人审阅后，批复同意立项，并责成四机部组建"748"工程办公室。这一项目分为汉字情报检索、汉字通信和汉字精密照排三个子项目。经过科技人员的艰苦奋斗、不懈攻关，进入80年代，成果开始涌现：

1979年7月27日，原理性样机（华光Ⅰ型）终于排出了8开的报纸底片。1983年，中间试验机型华光Ⅱ型问世；1984年初在新华社进行中试。1985年2月排出日刊《新华社新闻稿》和旬刊《前进报》。1985年11月，进入实用阶段的华光Ⅲ型推出；1987年5月22日，《经济日报》终于使用华光Ⅲ型出版了世界上第一张采用计算机编辑激光照排、整页输出的中文报纸。这是我国报纸告别铅与火，走向光与电的重要里程碑。它宣告，作为印刷故乡的泱泱大国，越过停滞不前的漫长岁月，步入了印刷新纪元。

1992年，方正、华光彩色报纸编排系统用于出版彩报，特点是文图一整版输出。1993年，采用国际标准页面描述语言PostScriptLevel2的方正93系统、华光Ⅵ型问世，实现了与国际先进技术的接轨。1994年4月22日，位于世界屋脊的《西藏日报》采用方正系统出版，至此，省级以上大报全部实现了计算机编辑、激光照排。至1995年"八五"计划完成之年，中国大陆90%的报纸编排和90%的书刊出版都跨入这一技术应用行列。"748"工程实施20年，使我国的印刷业发生了翻天覆地的变化。但技术的发展永无止境。1995年8月，北大方正将自己研制的高保真彩色制版技术（包括调频挂网、专用加速芯片、高保真分色3项技术）用于生产，北京新华彩印厂制出了中国第一张7色印刷品，色彩还原真实，层次表现细腻、丰富，不仅可以做到与原照片几乎一模一样，而且输出速度远远高于国外同类设备。1995年底，以北京大学李新章教授为首的科研组研制成功第五代照排机，即计算机直接制版系统。它的输出是对印刷版PS版直接扫描，省去了目前普遍使用的第四代机需先照排、冲洗胶片，再还原到PS版上的工序。中国的印刷出版业实现从"铅与火"走向"光与电"的革命性转变，正是"748"工程实施20年来的直接结果。

（4）报业技术的网络阶段

"748"工程主要影响到报纸工作的最后一个环节——出版印刷的话，那么，20世纪90年代初研制成功的综合新闻业务网已经涵盖了传统的编辑部工作的全部，而且扩展到原来印刷厂激光照排车间承担的大部分工序。具体来说，从记者的稿件写作、传递（包括异地传递）、电讯稿的接收入网、社外来稿的录入、编辑编稿、部主任总编审稿签发，到编辑画版组版、图片处理、标题处理、校对、乃至发排、出胶片，全部可由编辑部人员在计算机网络上完成。印刷厂的任务只是PS版和印刷了。

2. 当代出版业革命

（1）电子出版物

当今出版物中是传统的印刷出版物与电子出版物并存，产业化的电子出版物近年的发展趋向势不可挡，特别是90年代以后，多媒体技术的成熟，多媒体电子出版物更显示出自身的活力，尤其是计算机网络的联通，网上在线服务功能的增强，纷纷实现了网上电子报刊。电子报刊主要是指基于因特网的网络出版物，即出版者通过计算机信息网络传输、用户通过网络终端读取的定期连续出版物。目前的电子报刊可分为两类：专门在因特网上创办发行的网络出版物和现有正式出版的印刷报刊在因特网上发行的电子版（网络版）。

电子出版物是以数字代码方式将图文声像等信息存储在磁、光、电等介质上，通过数码设备阅读使用，用于表达思想、传播文化和普及知识，并可复制出版发行的传播媒体。它具有以下特点：

①多领域人员合作以及多种技术结合的产物。

②读者（使用者）必须通过计算机或相关设备使用。

③丰富的多媒体信息，如文字、图形、图像、声音及动画等信息载体。

④快速检索、查询方式。

⑤小体积、大容量的信息存储。

⑥内涵信息更新快、获取快、传播快和质量高等。

电子出版物，尤其是多媒体电子出版物与传统的印刷出版物的最大区别在于交互性，即可以提供读者操控和参与。印刷出版物的文、图是平面的、静态的；多媒体电子出版物传达的信息是多元的、动态的、立体的。它的编辑出版必然朝着内容参与化、介面视觉化、听觉化的方向发展。

电子出版物作为一种新的信息载体，首先为出版提供了一种新的工具。它绝非出版的原有功能的简单延伸和扩张，而是方式上的更新和飞跃，说它是一场革命并不过分。电子出版物是出版和高科技相结合的产物，它使出版物中的科技含量大大增加，使许多信息、知识能够轻易地、大量地、迅速地转化为公众传播物，这是以往出版物无可比拟的。

（2）中国的电子出版物

经过我国科技人员的努力，成功地解决了汉字编码、汉字识别、汉语识别、汉字信息压缩存储和快速传送等关键技术，这表示在我国大力发展电子出版物的技术问题都已基本解决。80年代中期开始在我国的一些大学和科研单位将其制作的计算机软件作为出版物通过出版社出版，其载体是软磁盘（FD）。进入90年代后，我国的光盘产品迅速崛起，其中较有影响的有《邮票上的中国》、《中国针灸》、《中国药典》、《中国法律法规大全》、《敦煌莫高窟》、《故宫》、《中国烹饪》、《中国少年儿童百科全书》、《中国旅游信息库》、《中国专利信息库》、《中华名胜》、《中华国粹京剧脸谱集锦》等等。一些报社也将全年、甚至多年合订本的内容以光盘的形式出版，如《1946～1992年人民日报合订本》等等。在制作技术上，随着多媒体技术的发展也不断提高，多媒体信息载体更加丰富多彩。在电视节目制作方面，1996年1月，为纪念中央电视台《东方时空》开播1000期，一张精选了该栏目片段的纪念性光盘（珍藏版）由中央电视台新闻评论部编辑、北京联科电子出版技术公司制作、中国大百科全书出版社出版。这是我国电视节目第一次以电子出版物形式出现。

随着电子出版物市场的兴起，我国的图书馆开设了电子阅览室。其中可以通过电子设备阅读电子图书，也可通过计算机网络查阅各种信息和资料。如通过公用电话线、专线和无线通讯方式与中国公用计算机互联网（China Net）、中国教育与科研网（CERNET）等网络相连，并通过它们与因特网（Internet）互联。

电子出版物的发展需要来自三方面的支撑。一是技术的支撑。电子出版物本来就是高新技术的产物。二是市场的支撑。电子出版是新兴产业，只有一步步把潜在的广阔市场变为现实，才能做到持续生产和扩大再生产。三是文化的支撑。电子出版的强大生命力不仅在于当代高新技术手段，更在于其丰富的、引人入胜的文化、知识内容。只有牢牢把握这三点，才能稳定发展。

二、从模拟向数字化发展

新闻传播技术中数字化技术已经显示出强大的发展态势，它全方位、大范围地向模拟技术发起攻势，并处处告捷。

1. 数码相机

数码相机（Digital Camera）又称数字照相机，它用 CCD 芯片作为获取信息的主要部件。它是集光学、机械、电子、计算机于一体的高科技产品。它的实时拍摄以及能迅速与计算机连接实现信息存取的特点，是传统的光学照相机所无法比拟的。因此，在信息高速传播的今天，我们的记者能通过数码相机的实时拍摄经便携式计算机、电话线的连接就能为报社和电视台传送照片，方便快捷，备受青睐。

（1）数码相机的原理和特点

数码相机外形和"傻瓜"型相机相似。数码相机的取景快门、镜头技术和传统相机相似，但成像不在胶片上，而是将影像聚焦在一块 CCD 芯片上，并由 CCD 转换成电信号，再经模数转换器变成数字信息，贮存在相机内部的存贮器或与数码相机接驳的计算机中。概括地说，传统相机照片的存储介质是涂有感光材料的胶片，胶片经成像感光后再经过显影、定影、印相或放大后才能得到照片，虽然目前有很方便的电脑彩扩服务，但基本步骤仍少不了冲洗和放大。

数码相机中的 CCD 是高感光度的半导体材料制成的电荷耦合器件，大多数是按矩阵方式排列的。其内部包含数十万至数百万只晶体管，管子数量的多少直接决定了数码相机的分辨率，数量越多，分辨率越高。数码相机的存储介质是半导体存贮器。保存在半导体存贮器中的"照片"，其最小的单元称图像元素，简称象素（Pixel），我们采用二进制编码的数据方式来描述象素的亮度和色度。通常图像有各种模式，常用的模式有黑白、灰度、色盘、全彩色等。

（2）数码相机的使用

数码相机的拍摄操作方法与普通相机的使用方法一样，不同的是普通相机拍摄的照片要进行冲洗、放大后才可看到影像；而数码相机可借助机内液晶显示屏即时观看拍摄效果，但这不是主要的，最为普遍的应用是通过与电脑接驳，显示在计算机显示器上然后再由其他设备输出。当然，这需要软件的支持，不同的数码相机有不同的配套软件，通常它们处理图像的格式不同，互换性极差。以 KODAKDC—50 为例，该机附有 Photo Enhancer For Kodak 2.1 的软件，该软件使用 KDC 格式，"照片"以扩展名 .kdc 存储。被输入计算机的照片都是以扩展名 .kdc 存贮。用户可以重新打开所有被输入的照片，并以 .bmp、.jpg、.tif、.pcx 等文件格式存贮。这样如果要对照片作较大的改变，可以在功能更加强大的图像处理软件（例如 Adobe Photoshop）中作进一步的处理。用数码相机为计算机输入图像有其方便之处，确实存在许多优点。如果一时没有数码相机而用传统相机拍照，然后经扫描仪也可以向计算机传输图像。目前在相同价格情况下后者的分辨率更高，尽管后者麻烦了些。另外应该注意的是数码相机所拍摄的照片与传统的照片相比有色彩单调、层次感不鲜明、色斑明显、色还原性能差的不足。还有目前数码相机的文件存贮格式、CF存储卡及各种技术标准也还没有完全统一，应该说数码照相技术仍然需要不断提高。

2. 数码录音机

(1) 数码录音

在全模拟的录音和放音系统中，录音机的动态范围、失真等主要电声指标最低。例如传声器、调音台的动态范围可达100dB以上，而最好的模拟录音机也只有60dB，而且失真做到0.1%已经很困难，抖晃更难以降到很小。所以模拟录音机就成了提高录音系统指标的"瓶颈"。数码录音机诞生后大大改善了这种情况，动态范围扩展到98dB以上，彻底消除了抖晃，失真也降低到0.01%以下，而且确保了20~20KHz范围内频响的平坦，从而突破了"瓶颈"的限制，使整个录音系统的指标得到很大提高。人们为了突出数码录音机的这些优点，就把用数码录音机进行记录的录音叫做数码录音。其实所用的传声器、调音台等设备还是模拟的。采用数码录音的节目，可以充分反映出节目源频带宽、动态范围大的特点，录音的节目本底噪声低，完全消除了抖晃。在进行数码录音时，对录音室的其他配置设备要求更高，还要求录音室有更小的本底噪声。

(2) 数码录音机的种类和特点

数码录音机按其记录信号的通道数来划分，有两通道和多通道两类。两通道录音机用于立体声节目的录放，多通道录音机一般只在专业录音室中使用。数字录音机也可以按记录信号的载体形式划分，可分为带形和盘形两大类。带形全部用磁带，盘形包括光记录和磁性记录两部分。光记录载体主要有磁光盘、相变光盘和可写入一次的光盘。磁性记录主要有硬磁盘，少量用软磁盘。磁带式数码录音机工作时，磁头与磁带必须接触，存在磨损丢失信号的缺点，因为是线性搜索，速度比较慢。光存取方式和硬磁盘工作时，激光头和磁头不与盘接触，所以没有磨损，而且搜索检查在一平面进行，因此速度快、寻址准确。这一类数码录音机发展很快，呈现多样化的发展趋势。数码录音机还可以按信号是否压缩来划分，一类是原码记录，另一类对输入信号进行码率压缩后再记录。码率压缩一般都要利用人耳的听觉特性，舍弃许多认为影响很小、人耳听不到的信号成分，而且这些舍弃的成分在重放时不能恢复。从保真度上来看原码记录更优越，压码处理的优点是记录时间加长，或者体积更小。当然，数码录音机也可以分成民用和专业用两种，二者的最大区别不是在电声指标上，而是在使用功能上，因此产品形态也就可能有较大差别。但也有"两栖"的。这和模拟录音机有所不同。数码录音机的共同优点是它的主要技术指标比模拟录音机提高了许多。

3. 数字音频广播

数字音频广播 (Digital Audio Broadcasting; DAB) 是继调幅广播 (20年代开始的)、调频广播 (40年代开始的) 之后的第三代广播。数字音频广播 (DAB) 是当今世界的一个热门课题，载入国际电联文件的两种制式，即欧洲尤里卡 (Eureka) 147/DAB 和美国 IBOC

AM/DAB、FM/DAB。

（1）尤里卡（Eureka）147/DAB

①概述

1986年欧洲广播联盟在斯德哥尔摩欧洲部长会议上制定了尤里卡147/DAB计划，该集团的欧洲伙伴包括德国、法国、英国、荷兰，公布了四年计划（1987～1991年），预算经费0.8亿德国马克，后来参加该项目的成员有43家分别来自14个国家，1992～1994年又投入0.45亿德国马克。

1991年9月，在美国旧金山召开的NAB无线电广播年会上，尤里卡147/DAB进行了一周的公开演示，DAB的优势是十分明显的。

1992年2月在西班牙托莱莫利诺斯举行的世界无线电行政大会通过了卫星DAB使用频道是L波段的1452～1492兆赫，美国则使用2310～2360兆赫，而2535～2655兆赫主要分配给亚洲国家使用。同年五月，CCIR批准了在VHF/UHF频段内使用地面发射机进行DAB广播，欧洲考虑使用47～68兆赫、100～108兆赫、222～230兆赫。

1993年2月英国政府提出217.5～230兆赫为地面DAB频段。1993年9月6日伦敦DAB开始发射。

1994年1月尤里卡147/DAB公布了其制式标准。同年4月德国广播联盟进行DAB先导网计划，巴伐利亚广播电台用VHF/TV - 12频道建立一个大型单频网取得成功。同年底，欧洲尤里卡147/DAB标准化工作基本结束，欧洲DAB技术处于世界领先地位。

1994～1995年欧洲诸国（如德、法、英等）先后建立了先导网，目的在于确定网络规划参数和开拓市场，加拿大采用L波段、日本采用VHF/TV - 3、还有澳大利亚都进行DAB试播。1995年6月确定欧洲地面DAB使用频谱。这之后，欧洲国家逐步由先导网转入试播。

1995年9月27日，英国广播公司（BBC）首先进行了DAB广播，欧洲一些国家瑞典、丹麦、法国、德国、荷兰紧随其后，至此，DAB广播正式登场。

②DAB的特征

尤里卡147/DAB采用MUSICAM（掩蔽型自适应子频段多编码）信源编码，大大压缩要传输的数据量；采用COFDM（正交频分复用编码）信道编码，这是一种多载频宽带系统，它使建立单频网成为可能，并提供一个良好的足以克服多径传输和移动接收问题数字广播通道，提供高效频谱利用性能；采用4DPSK（四相差分相移键控）调制，在一个7兆赫带宽中，可以安排四个DAB频率块，每个DAB频率块可以安排六套CD音质的立体声节目。

DAB具有模拟广播所没有或无法相比的特点和优势。a.音质纯净，如信噪比、保真度、频率特性等同激光唱盘一样；b.抗干扰能力强，甚至在使用便携式收音机和高速行驶的汽车里也能收到高质量广播节目。c.对城市中密集的高楼建筑所引起的多径传输具有高的抗干扰性，可成功地避免和纠正多径接收造成的干扰和失真。d.DAB所需发射机功率仅为调频发射机的十分之一或更小，即可达到任何给定同样的覆盖范围；e.每个广播电台所使用的频带非常窄，从而能够大大增加可利用的频率数量。其频谱利用率为调频广播的三倍，即7兆赫带宽能容纳目前在87～108兆赫调频段播出的2兆赫带宽的节目。

f. 地面广播和卫星广播均能采用同一技术，如美国世广卫星集团正在实施一项卫星数字音频广播计划，将在 2000 年前发射亚洲卫星、非洲卫星和美洲卫星三颗同步通信卫星，向全球直接播放数字音频广播；g. 能够提供传送数据等多种新业务，其功能将大大扩展，如不仅可以听收音机，还可以"看"收音机，达到声色俱全、图文并茂的境界，如广播传呼、交通气象信息、金融商业数据、静止图像、低比特视频／音频等附加信息广播。

（2）美国 IBOC DAB 和 IBAC FM/DAB

①美国 IBOC DAB 概述

1990 年美国数字广播公司成立。美国从本国的政治、经济利益出发，不主张另外开辟新频段，赞成在中波和调频广播段实现 DAB，提出了带内同频道（IBOC）DAB 和带内邻频道（IBAC）DAB 两种制式的 DAB 系统。美国 DAB 制式的主要优点是可与当前的广播制式相兼容，容易实现从模拟广播向数字音频广播过渡；发射及接收设备价格低廉。美国 DAB 制式的主要缺点是传输的节目套数及信息量逊于欧洲 DAB 制式。

1992 年 9 月美国数字广播公司在路易斯安娜州新奥尔良市进行带内同频道 AM/DAB（WNOC 电台）和带内同频道 FM/DAB（WWNO 电台）试验。IBOCDAB 的特点是：a. 数字信号的载频与模拟信号的载频必须正交；b. 数字信号电平比模拟信号电平低 25dB（AM）、30dB（FM）；c. 频谱包络严格限制，AM/DAB 带宽不大于 40 千赫，FM/DAB 与模拟调频频谱总带宽不大于 460 千赫；d. 音频压缩编码均采用 CCSMUSICAM 信源编码和 COFDM 信道编码，AM/DAB 采用 32QAM 调制，FM/DAB 采用 BPSK 调制；e. 投资仅为尤里卡 147/DAB 的 1/20～1/30，接收机成本仅比现行模拟收音机增加 20%。试验结果的结论是：第一，IBOC FM/DAB 是利用军队开发的技术，ACT 芯片可做成解码器，装入 DAB 接收机中；第二，IBOC AM/DAB 是个首创，不但在独立的 AM 数据信道中传送动态范围宽的高保真度数字立体声，而且还在独立的 AM 数据信道中开辟了传送辅助数据业务的一个领域。

②美国 IBAC FM/DAB 概述

1994 年美国加州电话电报公司进行带内邻频道（IBAC）FM/DAB 试验。信源编码采用"听觉音频编码"，信道编码采用自适应均衡、时间交织和三种保护，调制方式为 QPSK。测试证明数据率为（128～160）kb/s 的立体声就能达到 CD 的质量。

1995 年 4 月美国数字广播公司宣布已完成 IBOC DAB 开发计划，进行了 AM 和 FM 的 IBOC DAB 全功率开路试验，在移动接收条件下 DAB 质量明显优于模拟 AM 和 FM。美国国家半导体公司同意开发集成电路独家占有 AM 和 FM 的 IBOC DAB 技术，使接收机迅速商品化。

1996 年美国加州通讯机构称他们提出的 IBAC FM/DAB，许多特点与欧洲尤里卡 147/DAB 相似，认为它比尤里卡 147/DAB 更优越。

欧洲国家的 DAB 广播采用的都是"尤里卡 147"制式，这一制式已由国际电信联盟（ITU）以建议书的形式予以认定。在亚太地区，亚广联（ABU）从 1992 年以来一直强调建立全球统一的 DAB 制式，并支持"尤里卡 147"，其成员国中的中国、印度、澳大利亚均表示将采用该制式。尽管模拟广播将逐渐被 DAB 广播取代已是人们的共识，但 DAB 广播在发展中也遇到不少难题，如数字技术正处在开发阶段，必须投入巨大资金，广播电台需要购置昂贵的制作播出的新设备，听众也需要掏腰包"鸟枪换炮"。从理论上说，DAB广播的开播将刺激收音机市场，大量听众会更换他们现有的收音机，但实际上，目前廉价收音机的生产尚不能令人满意，第一代数字式收音机的价格竟高达 2000 英镑，随着技术的发展、成本的降低，其价格已逐步下降到 300～400 英镑，但毕竟还令普通人驻足观望，所以目前 DAB 广播的听众数量暂时还无法与模拟广播的听众数量相比。尽管如此，发达国家的一些大广播公司还是投巨资大力推进数字音频广播，有些广播电台目前已基本淘汰了录音磁带操作，使录音、编辑、制作、合成、放音乃至播出全部实现了电脑化、数字化和自动化。

(3) 中国的 DAB

1992 年 5 月，在杭州举行的广电部科技委第十次会议把数字音频广播列入广电部十三项重大科技工作项目之列，要求研究开发数字音频广播技术，选定制式、制定标准、进行地面广播试验。

1996 年 5 月国家科委、广电部、广东省和佛山市共同签订开发数字音频广播协议书。同年 12 月 11 日，国家科委正式批准 DAB 重大科技产业工程项目实施方案。1996 年 12 月 15 日，我国第一个数字音频广播（DAB）单频网在广东开始试播，表明我国 DAB 研究已从单纯的技术跟踪和制式研究向产业化迈进。广东省 DAB 单频网（DAB 广播频率为 85 兆赫）由三部 DAB 发射机组成，分别位于佛山广播电视塔、广州广播电视塔和中山五桂山广播电视塔，DAB 发射机功率佛山、中山均为 1100 瓦，广州为 550 瓦；目前仅用一个 DAB 节目块，占用频带宽 1.536 兆赫，播出五套高质量立体声节目（即中央台第七套、广东台第二套、广州台、佛山台和深圳台各一套），每套立体声比特率为 192kb/s，待用数据广播一套，节目传送用 8G 赫微波链路，复用后节目分配用电视 47 频道（782～790 兆赫）定向传输，发射天线佛山、中山均为四层，广州为两层，采用双偶极子、垂直极化，天线增益佛山、中山均为 7.1 分贝，广州为 3.9 分贝，覆盖包括香港和珠江三角洲 1500 万人口。另外，我国的北京—廊坊—天津先导网正在建设中，它也是由三个 DAB 发射机组成，中心频率为 209.936Mhz。广电部对我国数字音频广播的打算是在珠江三角洲起步后继而在京津地区、长江三角洲开展，并由沿海向内地全面铺开，预计未来十多年将是我国数字音频广播发展的时期。

4. 数字式高清晰度录像机

(1) 概述

HDTV 标准要求图像在记录和播放过程中不能出现可察觉的失真，实验证明，只有高信噪比和不容易受干扰的数字式 HDTV 录像机才能达到这一要求。随着美国 GA 数字 HDTV 录像机的方案的确定，研制数字 HDTV 录像机的方案已经提到日程上来。

数字 HDTV 面临的最大困难是图像信息量巨大，为了保证能长时间录放高清晰度电视节目，必须在提高记录密度上下功夫。具体的技术措施有两条：一是增加磁头数量，以便开发新的记录媒体；二是开发帧内码率压缩技术，以增加单位时间里占有的信息量。

(2) 发展前景与问题

NEC 设计的这种录像机在实验中获得了良好的效果，作为家用数字 HDTV 录像机，它播出的画面质量和伴音质量均明显优于目前在专业演播室中大量使用的专业模拟式 HDTV 录像机。在多次重放和复制实验中，录像质量几乎没有变差的迹象，操作快速简洁，适用于频繁剪辑的演播室工作部门。但专家们认为，这种录像机在降低成本后更适用于家庭。近年来，标准数字录像机的发展已取得了成功，相继开发出的 D1 型、D2 型和 D3 型数字录像机，其图像和声音明显超过同级别的模拟录像机。1992 年在巴塞罗那奥运会上首次使用的 D3 型数字录像机，其优越性能已经得到了证明。但即使是 D3 型数字录像机，其水平清晰度也只有 700 线，距离高清晰度电视标准还相差甚远。因此，尽快研制数字 HDTV 录像机具有重要的意义。目前，数字 HDTV 录像机遇到的主要问题有两个：一是缺乏与现行电视系统的兼容性；二是由于电路过于复杂而使成本居高不下。

5. 数字卫星新闻采集

新闻的价值决定于它的时效性，高科技手段的使用，大大缩短了新闻事件从发生到广播的时间，改变了人们对传统新闻的概念。在广播电视领域里，卫星新闻采集（SNG：Satellite News Gathering）功不可没。它通过现场的车载（或箱式）移动地球把采集的电视或广播信号送到卫星上去，在电视台或广播台的演播室里把接收下来的信号处理以后送到播出部门广播出去，或者直接切换进行现场直播。现在，数字压缩技术的成熟，使 SNG 又进入一个新的发展阶段——数字卫星新闻采集（DSNG：Digital Satellite News Gathering）。DSNG 保留了模拟 SNG 的优点，又增加了许多新功能，它将在今后广播电视领域中占有不可缺少的地位。

（1）SNG

从英国大选、美国俄克拉荷马城爆炸案，到香港回归、长江三峡截流，对这些重大事件英国 BBC、美国 CNN 和中国 CCTV 都分别进行了及时详尽的报道，许多时段都是现场直播。在这些重大事件的报道中，SNG 发挥了"新闻轻骑兵"的重要作用。什么叫 SNG 呢？它是卫星新闻采集业务和卫星新闻采集设备的统称。在此主要是指设备。简单地说，它是由一移动地球站加上简单的播控设备组成，把摄像机等采集的信号进行简单的编辑制作，送到卫星上去，通过卫星及时地把现场信号送到演播室。图 6-2 是 SNG 基本配置情况。

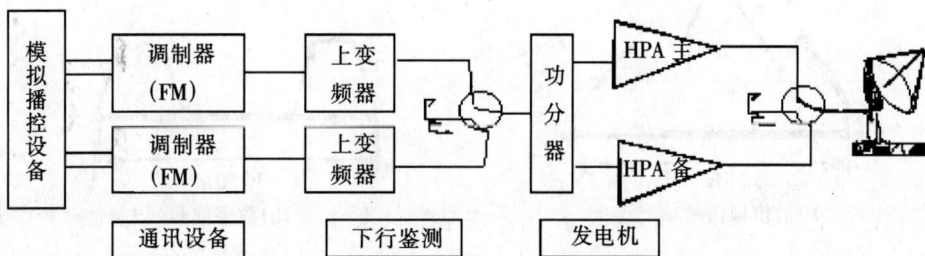

图 6-2 模拟 SNG 基本设备

SNG 一般有车载式和箱式两种，车载式是直接把设备装在一辆汽车上，箱式是把设备装在一个或几个箱式小房子里，它的移动可以使用汽车装运，也可使用直升飞机，它们有一个共同的特点，就是小巧紧凑，机动灵活。如果有重要新闻事件或重大体育比赛，可直接把 SNG 车开到现场（或用直升飞机运到现场）进行报道，把现场情况送上卫星，电视台或广播电台演播室可以通过接收天线收到的现场信号，经过处理再播出或直接切换成现场信号，实时播出。演播室的导演可以指挥现场记者的工作，也可直接对现场采访，这是其他媒体不可比拟的。SNG 的使用，把人们对新闻的概念改变了，它把观众带到了"现场"。

（2）数字卫星新闻采集（DSNG）

模拟 SNG 已经在广播电视事业中扮演了重要角色，但数字 SNG 更能胜任这一工作，它提供了更高质量的信号和更多的业务。数字压缩技术的成熟，DVB/MPEG-2 标准的统一，为 SNG 转向数字化提供了技术条件，卫星转发器资源的紧缺和租费的昂贵使 DSNG 更具吸引力，今后 DSNG 将逐步取代 SNG。

①DSNG 产生的基础

模拟电视信号经过模/数变换后将达到 270Mb/s 的速率，如果直接传输将占非常宽的频带，无法利用卫星来传送（卫星转发器的带宽一般只有几十兆赫）。采用数字压缩技术后，每套电视节目可以被压缩为 2~15Mb/s 的数据流，对于一般节目使用 5Mb/sde 速率就可以达到较高的质量，考虑到 DSNG 有许多业务是体育节目，一般采用 8Mb/s 的速率，以保证高质量地传输节目。压缩编码采用 MPEG—2 标准，信道采用 DVB 标准，可根据业务需要进行加密。信号传输到接收端，只要满足一定的误码率条件，比如收信载噪比（Eb/No）高于门限电平，就可以无劣化地恢复出高质量的图像和伴音，这也是模拟信号无法比拟的。因此，数据压缩技术的成熟是实现 DSNG 的基础，是 DSNG 技术的保障。

②DSNG 大大节省转发器租用开支

使用传统的模拟 SNG，一般要租用整个转发器，而改用 DSNG 使用数据压缩技术以后，每个转发器可传输四到六套节目，图 6-3 所示，图中可以看出使用模拟（FM）和数

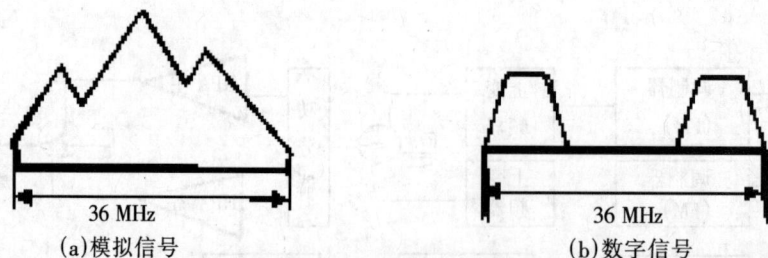

(a)模拟信号　　　　　　　　　　(b)数字信号

图 6-3　模拟和数字电视信号占用转发器的情况比较

字信号传输一套电视节目占用转发器的情况。对于较大型的转播活动，往往要几个通道同时传送，如采用常规的模拟传送方式，租用几个转发器将是十分昂贵的，而使用数字压缩技术以后，租用开支也同时压缩了。

③DSNG 的设备更加小型化

现在数字摄录设备用于广播电视工作中，所以 DSNG 的设备接口 SDI（串行数据口），需要监看时再转换成模拟图像后送到监视器，或使用数字输入口的监视器。由于采用数字信号传输，需要发射的功率也大大减少，可选用较小的固态功放和发射天线。调制设备和变频设备也可方便地 1+1 配备，提高可靠性。另外，设备需要的电力也相应减少，发电机的容量和体积也可相应减小。图 6-4 为 DSNG 的设备配置框图。

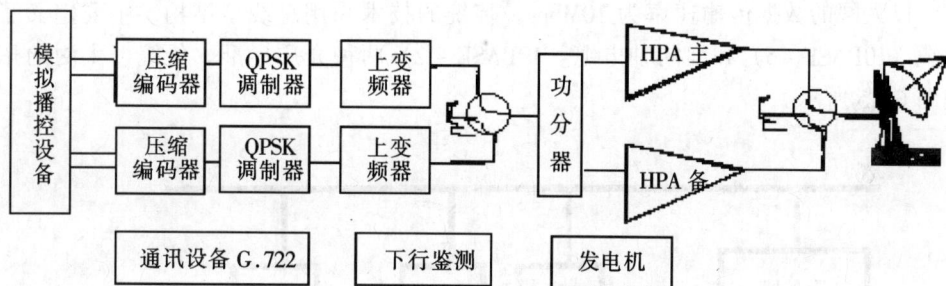

图 6-4　DSNG 设备简框图

④DSNG 可提供更多的业务

一般的 DSNG 设备除了可传输一路电视节目外，还可提供两路立体声信号通道，在进行电视新闻采集的同时，也能为广播电台提供素材。我国中央电视台在进行香港回归转播时，就同时为中国国际广播电台传送了两路广播节目。另外，DSNG 可以提供与演播室的直接通讯线路，一种方法是利用其中一路伴音通路完成，另一种方法是通过卫星传送一个 64kb/s（G·722）的信号，完成演播中心与 DSNG 的电话或其他通讯联络。当然也可以直接使用 GSM 移动电话来联络。

三、计算机网络与广播电视网络化

随着计算机通信技术的迅猛发展，当今信息社会进入了一个崭新的网络时代。广播电台、电视台作为重要新闻单位，各类信息来源十分广泛，各种数据处理、文件采集和编发业务日益增多，对计算机网络技术的应用要求显得尤为突出和重要。

1. 网络技术和几种常用的网络标准

计算机网络是指多台计算机联网使用，以实现资源共享或协同完成某一工作。做到这些，需要网络硬件和软件的支持。硬件如连接电缆、集线器、路由器、交换机、网卡等；软件部分则主要包括网管和网络操作系统：网管，顾名思义，它完成对网络运行的管理，包括流量监控、故障诊断和恢复等等；网络操作系统，是网上进行信息处理的软件平台，目前较为流行的有 UNIX、Windows NT 和 Novell Netware。除此以外，对具体的应用而言，还需要相应的服务器和应用软件。从覆盖的范围来看，计算机网络基本上可以分为广域网（WAN，Wide Area Network）和局域网（LAN，Local Area Network）两种。

（1）局域网

局域网通常指局部区域、近距离内（如几公里范围、一幢大楼内等）实现信息传输的网络。目前主要有以下几种标准：

①以太网（Ethernet）

以太网标准由 IEEE802.3 委员会通过，故常称为 IEEE802.3 标准。该标准采用 CSMA/CD（载波侦听媒介访问/冲突检测）协议进行站点间的访问，每个用户采用竞争的方式占用信道。以太网的数据传输速率为 10Mbps，传统的技术采用总线型结构，主要定义了粗同轴电缆（10BASE-5）和细同轴电缆（10BASE-2）两种介质标准。传统以太网的拓扑结构如图 6-5 所示。

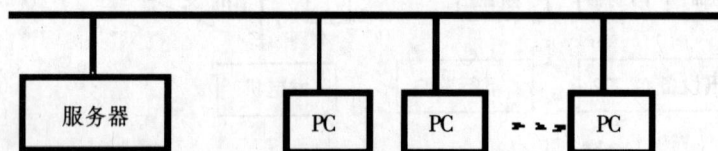

图 6-5　传统以太网拓扑结构示意图

在这种结构的网络中，所有的用户站点都平等地挂接在一条公共的广播式信道（总线）上，没有集中控制的设备；各站点随机地竞争占用信道，但同时只能有一个用户在上面发送信息，也就是说，所有上网用户是共享这一条信道的带宽的。

在总线型以太网中，惟一的一条总线一旦出现故障，将会影响到整个网络的运行，另外，系统的扩展也不方便，当增加一个网络站点时，必须暂时停止网络的运行。为解决这些问题，近年来，一种新型的以太网应运而生。这种新的标准称为 10BASE-T，是利用双绞线作为传输介质的星型网络；其传输速率仍为 10Mbps，访问方式沿用 CSMA/CD 协议。10BASE-T 较传统以太网增加了集线器（HUB）设备，作为星型结构的中心结点；该设备提供标准的

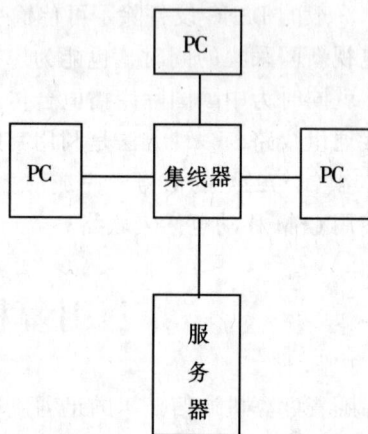

图 6-6　星型以太网拓扑结构示意图

RJ-45 插口，采用双绞线连接用户站点，线长度要求不超过 100m。该网络拓扑结构如图 6-6 所示。

②令牌环网（TokenRing）

190

令牌环网标准由 IEEE802.5 委员会通过，采用 Token Passing（令牌传递）协议分配信道资源，即令牌（可以理解为一种授权站点发送数据的标记）在环网中传输，获得它的站点有权占用信道，发送信息，完成后则再把它释放到信道中去。令牌环网采用环型拓扑结构（见图 6 - 7 所示），速率有 4Mbps 和 16Mbps 两种。

③ 光 纤 分 布 式 数 据 接 口 （FDDI）

FDDI 标准由美国国家标准协会（ANSI）X3T9.5 委员会制定，它以光纤为传输介质，采用双环结构，沿用令牌环网的 Token Passing 协议，传输速率达 100Mbps。该标准推出后已被众多网络和计算机厂家所接受，可以说是目前最为成熟的高速网络技术。除光纤以外，FDDI 还定义了基于五类非屏蔽双绞线（UTP, Unshielded Twisted Pair）的 接 口， 称 为 CDDI 或 TPDDI。

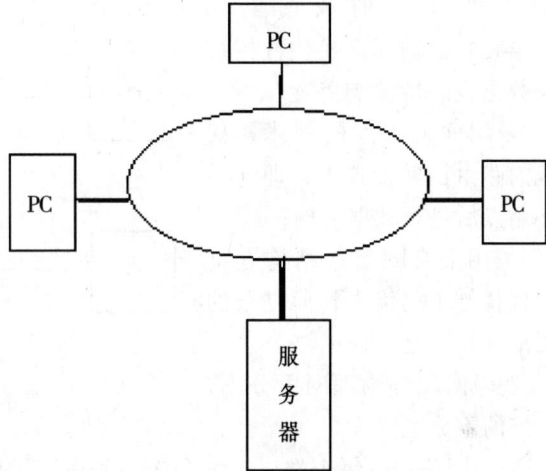

图 6 - 7　令牌环网拓扑结构示意图

④快速以太网（Fast Ethernet）

快速以太网是近几年来逐步走向成熟的高速局域网络技术，传输速率为 100Mbps。快速以太网分为 100BASE - X 和 100VG - AnyaLAN 两种。对 100BASE - X 而言，仍然采用 10BASE - T 和传统以太网的 CSMA/CD 协议，所以它被认为是对 IEEE802.3 标准的扩充，是 10BASE - T 网络的高速版本，也正因为如此，100BASE - X 和 10BASE - T 是兼容的，它可以充分利用原有的网络设备，保护原有投资。100BASE - X 采用无屏蔽双绞线或多膜光纤为传输介质。

100VG - AnyLAN，采用一种称为"需求优先（Demand Priority）"的介质访问方法，更适合应用在多媒体通信方面。由于它实现较为复杂，目前尚未标准化，支持的厂家也还不多。

⑤交换局域网（Switch LAN）

确切地说，交换局域网不是一个网络标准，而是提高网络性能的一种技术手段。在网络中通过使用包交换机在源端口和目的端口间建立一种连接，为源、宿站点提供专用的信道资源，实现快速、直接的通信；并通过交换机将网络分成若干网段（子网），每个网段包含较少的站点，从而实现信息分流，提高对带宽的利用率，提高网络性能。交换局域网有 10m 交换和 100m 交换两种，即可以通过交换技术，提供 10Mbps 的独立端口。图 6 - 8 所示是交换局域网的组成示意图。

⑥ATM（异步传输模式）

ATM 是处于最先开发的一种全新的交换式网络，其关键技术是 ATM 交换机；由国际通信联盟（ITU）和 ATM 论坛制定标准，有些标准已经成熟。ATM 对传统的网络技术作了革命性的改变，主要特点如下：

a. 采用结点间的点－点连接和交换机技术，代替传统的共享访问技术；

b. 采用定长的数据单元（Cell，信元）传输和交换代替传统可变长数据包的传输或交换；

c. 采用面向连接的技术，代替传统的路由器转发技术，即连通源、宿站点后进行数据传输；

d. 采用嵌套式层次结构寻址机制，代替传统网络中长而复杂的链路层地址和网络地址；

e. 逻辑网段和物理网段分离，代替传统的不分区方式。

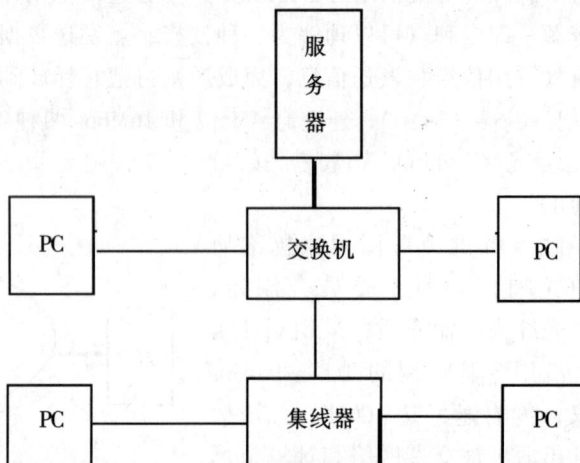

图6－8　交换局域网组成示意图

在 ATM 网络中，每个端口、每个连接的速度可以不同，即允许多种链路速度同时操作；目前，开发的数据传输速率主要有 25Mbps～51Mbps、100Mbps、155Mbps 和 622Mbps。

（2）因特网（Internet）

①因特网的由来

因特网（Internet，"国际互联网"或"互联网络"）的起源是美国国防部（DOD）在1969年创办的一项工程，名叫阿帕计算机网（AROAnet），开始用4台计算机互联实验，到1977年网络节点达57个，连接各类计算机100多台。在 ARPA 网发展的同时，美国一些机构也开始建立自己的面向全国的计算机广域网。这些网络大多使用与 ARPAnet 相同的被叫做 IP（网际协议）的技术协议。1986年，美国国家科学基金会（NSF）建立 NSFnet，连接范围包括所有的大学及研究机构。构网方式以校园网为基础，然后通过区域性网络，再互联成全国性的广域网。此外，美国宇航局、能源部等部门的计算机网络也相继建成。欧洲、日本等也积极发展本地网络，后在此基础上互联形成 Internet。ARPA 网于1989年不复存在。IP 的设计允许成千上万的网络进入互联网络，这一设计的不同寻常的事实是，网络中的每一台计算机都可以与其他任何计算机交流。

②因特网的特点和功能

流动在因特网上的信息有六大特点：极大丰富、形态多样、迅速及时、全球传播、自由和交互。因特网强大的服务功能主要有电子邮件（E－mail）、远程登录（Telnet）、网络新闻组（Usenet News）、文件传送（FTP）、万维网浏览（WWW）、网络查询（包括 Archie、WAIS）等。

在获取信息、发布信息、互动地交流信息方面，用户最多的是以下三项功能。

a. 网络浏览

万维网（World Wide WEB，原译 3W、环球网等，全国科学技术名词审定委员会于1997年7月18日确定此译名）的发展最引人注目。它由欧洲核子研究中心（CERN）1989

192

年首次提出，之后美国国家超级计算机应用中心（NCSA）又提出了一种超文本（Hypertext）的浏览器，为在因特网上查询浏览各种信息提供了有效的手段。万维网的功能具有两大特点：第一是突破了平面文字的限制，可展现图形、动画、声音、影像等，成为令人耳目一新的多媒体信息网络。第二是超文本连结，即采集、存储、管理、浏览离散信息，建立和表示信息之间的关系的一种技术。

b. 电子函件

电子函件（E－mail, Electronic Mail 的简写；原译电子邮件，全国科学技术名词审定委员会于 1997 年 7 月 18 日确定此译名）是将信息通过因特网传送给特定的用户或一群用户的通信方式。其特点是时效强、费用低。据统计，在因特网上传送的信息中，电子邮件一直居首位。与传统邮政相似，电子邮件也可以寄"包裹"，即利用附件功能将任何数据文件（如声音、图像文件、应用程序等）都可以通过电子函件进行传递。它已成为人们进行信息交流的新手段，在一些人的名片上，印有电子信箱号已屡见不鲜。

中国电信开通的因特网的第一项功能便是电子邮件。1987 年 9 月 20 日，北京电信发出了第一封电子邮件，其内容是简短的一句话"越过长城，通向世界"（Over the Great Wall, We can reach each corner on the World）。这标志着中国和世界开始通过因特网联系在一起。1992 年 10 月，中国电信首先在北京、上海开通电子信箱业务，后于 1995 年 7 月实现了全国电子信箱系统联网，定名为中国公用电子信箱系统（CHINA MAIL）。如今电子函件在中国的使用也越来越普遍。1997 年在香港回归的报道中，中国经济信息网（CEInet）加以协助，使一些新闻机构采用电子函件传送稿件，光明日报社就是首次在重大新闻事件报道中采用电子函件作为前方记者与编辑部之间的一个联络手段。在因特网功能的使用中，可以单独开通电子函件一项服务，这样就为仅需要通信交流信息的用户提供了廉价的选择。

c. 电子论坛

电子论坛的形式主要有：因特网上的网络新闻（Usenet News）、因特网站点上开设的 BBS（Bulletin Board System）和专设的 BBS 站。

网络新闻（UsenetNews）是因特网上一项很大众化的信息服务，是多人参加、多向交流的网络大论坛。简单地说，它就是一个世界范围的电子公告板。通过它交换的信息称为文章（article）或帖子（posting），是按新闻组（news group）来分类的。这里所说的"新闻"并不是一般意义上的新闻，从实际含义看，称为"讨论组"或"专题组"更为确切。Usenet 是由分布在世界各地的上千个新闻组服务器互联而成，它们随时都在更换信息，这就意味着发送到本地新闻组服务器上的信息，马上就会在世界各地的新闻组服务器上出现。它内容的极大丰富令人惊叹不已，大到国际政经时事，小到家常琐事，无所不包。例如美国著名的一个新闻组服务器就含有 3.9 万多个新闻组，每个组又有上百、上千个讨论题。每个用户都可以浏览他人发布的信息或对某一问题的见解，也可以发布自己的信息和见解，可以提出问题，也可以解答问题，也就是说，任何一个用户可以与全球不同地点的人，就你们共同感兴趣的任何问题进行信息交流和讨论。Usenet 最实用的地方在于它能解决很多实际问题，当你的难题送上网络新闻组时，就会有众多的网友向你提供解决方案，真是一呼百应。1995 年初，清华大学学生朱令突然身患重病，腹疼脱发，关节肌肉酸痛，后来又出现心慌、憋气、视物模糊旋转、中枢性呼吸障碍的症状。经过国内一些专家会诊，也没有查明病因。一筹莫展之际，朱令的朋友利用因特网的 Usenet 功能向国际医疗界发出电子函件求救，仅 3 小时后开始收到回件，最后收到世界各地 3000 多封回件，其中大部分认为朱令为重金属铊中毒致病，并开出了药方。医院按照这一诊断对朱令进行治疗，几天之后立即见效，病人逐步脱离危险。这一事件当时为国内多家报刊报道，成为公众认识因特网作用的一个生动的实例，在国内，受各种条件的制约，尤其是缺乏中文 Usenet，故使用者的范围和产生的影响目前还很小。

2. 计算机网络技术在广播电台中的应用

计算机网络在电台中的应用，宏观上看，主要有三个方面：

①办公自动化（OA）

以日常公文处理、人事、财务管理等为主要内容；近年来，随着技术的发展，电视会议业务也开始踏上了这条"公路"。通过计算机网络，使得这类业务变得快捷、方便，实现联机检索，资源共享。

②完成各类新闻稿件的收集、存贮、归类、编辑、审阅和打印输出，完成有关资料的管理，供入网用户查询和检索；此部分业务，我们称之为新闻采编网络系统。

③将音频节目的制作、存贮、编辑、交换、传送及播出业务纳入计算机的网络化管理，称之为数字音频网络系统（或播出自动化系统）。简单地说，就是利用网络上的录音工作站对节目进行编辑，并通过编排播出时间表，由播出工作站实现自动化播出。

3. 电视台计算机信息网络和管理应用系统简介

电视台作为最重要的传播媒体和新闻机构之一，设计和建立一个计算机信息网络和管理系统是非常必要的，也是富有创造力和科技前瞻性的决策。电视台计算机信息网络和管理系统主要包括：节目生产管理系统、办公自动化（OA）系统和 Internet 应用系统。

（1）节目生产管理系统

节目生产管理系统是属于总系统中的分系统。该系统又是由下面的分系统来构成。

①节目管理分系统

a. 节目宣传管理子系统：包括节目/栏目规划、栏目管理、节目许可证管理、选题计划管理、选题规划管理和选题申报管理；播出节目技术审查管理、时码自动采集和技审情况管理；节目播出编排管理、设置及维护各套栏目固定播出表、节目报播管理、编排各套《节目表》和节目变更管理；备播/导播管理、备播管理、时码自动采集、播出准备、播出通讯模块（与上行机）和播后处理（形成播后数据）；播出情况综合统计；节目信息查询管理。

b. 节目管理辅助子系统：包括节目引进管理、节目审查管理、节目经费管理、收视率统计、错别字管理和磁带借用证管理。

②节目制作分系统

节目制作申报管理、节目制作管理、节目编辑制作、设备机房调度管理、节目报播管理、节目稿件、图片管理。

③节目播出管理、转播设备管理、节目传送管理、节目回传管理、线路协调管理播出经费结算。

④音像资料管理分系统

音像资料管理分系统是计算机信息网络和管理系统工程的重要组成部分，它采用先进的系统软件和硬件，是企业级的客户/服务器数据库管理系统。

a．节目编目管理子系统；b．空白磁带管理子系统；c．播出磁带管理子系统；d．新闻磁带管理子系统；e．资料磁带管理子系统；f．声音资料管理子系统；g．硬盘库管理子系统；h．光盘库资料管理子系统；I．综合查询体系子系统。

⑤图文资料管理分系统

整个图文资料系统从功能模块大致划分为八个子系统（图书、图片、剪报、档案、电视库、期刊、工程图纸、综合检索），涉及到各个主要的文字资料管理与存储部门。

除了上述分系统外，节目生产管理还包括新闻稿件编辑处理分系统、新闻素材采编共享和交换分系统、节目信息远程传输分系统等。

（2）办公自动化（OA）系统

办公自动化（OA）系统是计算机信息网络和管理系统工程的组成部分。建设办公自动化系统的宗旨是：利用计算机技术资源帮助办公人员输入、处理、保存和分发信息。重视管理功能，以行政事务处理为主，使公文管理标准化、规范化。办公自动化系统具有明显的媒体特点，既要处理通常办公系统所涉及的全部内容，又要包括电视台所特有的节目审看功能，以及与节目制作、播出有关的办公事务管理。

（3）Internet 应用系统

Internet 应用系统主要包括两大应用方向，一是为电视业务服务，为编辑、记者和技术人员提供一种有效的信息查询手段；二是作为电视宣传的有效辅助手段，为世界范围内的 Internet 用户了解中国提供方便。Internet 应用范围：

①编辑记者可以使用 Internet 及时了解世界范围内发生的事件及其背景资料，有利于他们制作出更好的电视节目。

②工程技术人员可以利用 Internet 了解新技术、新产品的最新信息，可以从 Internet 获得技术支持和培训。

③可以使 Internet 使用者通过 WWW 了解中央电视台的情况，如它的历史、现状，它的宗旨和目标等。

④可以在 Web 上发布中央电视台的新闻、节目介绍、播出时间表、各栏目的基本内容等。

⑤可以将中央电视台制作的各种节目的详细情况通过 Internet 介绍给广大电视观众，且便于收看。

由此可见，电视台计算机信息网络和管理系统是一个庞大的系统工程。从总体设计到分布实施，需要经历一个漫长的过程，这中间不仅仅是要解决一个又一个技术问题，更重要的是更新观念，要摆脱传统观念和旧的习惯方式，要敢于利用计算机高新技术的成果服务于电视媒体的各项业务，并要树立先进的交换与共享意识，最大程度地提高我们的工作效率。同时也要密切注意信息技术的发展，尤其是数字技术的发展，跟踪新技术的趋势和方向，把握信息传播技术的最前沿。

思考题：

1. 什么叫信息？它与物质、能量有什么关系？
2. 什么叫传播？传播有几种类型？
3. 如何理解信息只有在传播过程中才能增值？
4. 信息传播技术大致可分为哪几个阶段？各个阶段之间有什么关系？
5. 现代信息传播技术成就对信息产业的影响主要表现在哪几方面？
6. 新信息技术的垄断会有什么负面影响？
7. 中国古代信息载体主要有哪些？
8. 为什么说造纸术的发明是一个发展过程？
9. 文房四宝是指什么？它对中国文化传播有什么作用？
10. 中国古代印刷术有哪几种？雕版印刷与活字印刷有什么区别？
11. 什么叫烽火？邮驿在信息传播中的作用如何？
12. 近代印刷术是以什么为标志的？铅活字印刷的工艺流程怎样？
13. 铅活字印刷术与中国的活字印刷有什么关系？
14. 铅活字印刷术对中国的印刷出版业有什么影响？
15. 摄影是指什么？它有什么特性？摄影术在中国的发展情况怎样？
16. 电影技术包括几个方面？电影的发展过程是怎样的？
17. 电影有什么特征和社会功能？
18. 电报是由谁发明的？电报的发明标志着什么的开始？它对大众传媒有什么影响？
19. 电报业在中国的发展和作用是怎样？
20. 电话是由谁发明的？电话有什么效能？
21. 谈一谈中国的电话业的发展情况。
22. 当代印刷术是以什么方式为主，它与铅活字印刷有什么不同？
23. 中国"748"工程的实施有何意义？
24. 电子出版物是指什么？它有什么特点？
25. 数码相机与传统的照相机有何不同？
26. 什么叫数码录音？它有什么特点？
27. DAB标准的确定，对广播事业有何作用？
28. 尤里卡147/DAB与美国的 IBOC/DAB 等有什么区别？
29. 数字式高清晰录像机是如何实现长时间录放高清晰度电视节目的？
30. 数字卫星新闻采集与卫星新闻采集有什么关系？
31. 计算机网络中的广域网与局域网是以什么来界定，目前局域网有哪些类型？它们各有什么特点？
32. 因特网的主要特点和功能有哪些？
33. 计算机网络在广播电台中的应用常有哪几个方面？
34. 如何认识中央电视台计算机信息网络与管理系统工程的建设与使用这一事实？

参考、引用文献

1. 《新闻学大辞典》，甘惜分主编，河南人民出版社，1993 年 5 月
2. 《传播科技纵横》，闵大洪著，警官教育出版社，1998 年 4 月
3. 《中国出版简史》，吉少甫主编，学林出版社，1991 年
4. 《新闻学概论新编》，蔡铭泽编著，暨南大学出版社，1998 年 8 月
5. 《录音与录像技术》，曹直文编著，中国广播电视出版社，1993 年 12 月
6. 《彩色电视原理》，周桂友等，东南大学出版社，1988 年 12 月
7. 《电视机原理》，李薇、高福文编，北京师范大学出版社，1987 年 5 月
8. 《彩色电视机原理与维修》，沈大林等，电子工业出版社，1988 年 1 月
9. 《彩色电视摄像机》，张琦编，中国广播电视出版社，1988 年 1 月
10. 《微电脑排版应用技巧》，庆跃辉等，科学出版社，1994 年 3 月
11. 《电声技术基础》，管善群编著，人民邮电出版社，1982 年 12 月
12. 《高保真放声技术》，李宝善编著，上海科技出版社，1984 年 7 月
13. 《电视技术文集》，刘宜勤主编，北京出版社，1998 年 8 月
14. 《电视原理与接收技术》，唐薇娟等，西安电子科技大学出版社，1993 年 3 月
15. 《收录机原理与维修》，陶宏伟等，电子工业出版社，1992 年 5 月
16. 《广播与电视技术》、《电声技术》、《无线电与电视》、《家用电器与维修》、《电子与电脑》、《计算机网络技术》等 1996 年 ~ 1998 年各期刊物。
17. 《电化教育学》，南国农主编，高教出版社，1998 年 8 月
18. 《电化教育概论》，萧树滋主编，北京师范大学出版社，1992 年 3 月
19. 《黑白电视机原理与维修》，沈大林等编，电子工业出版社，1992 年 3 月
20. 《教育传播学》，南国农、李运林编著，高等教育出版社，1995 年 5 月
21. 《信息高速公路》，孔晓宁著，人民日报出版社，1995 年 1 月
22. 《网络席卷全球的风暴》，袁道之、白莉著，经济日报出版社，1997 年 1 月
23. 《传播学》，沙莲香主编，中国人民大学出版社，1990 年 2 月
24. 《传播媒介与美国人的思想》，（美）尼丹尔·杰·切特姆著、曹静生译，中国广播电视出版社，1991 年 6 月
25. 《中国新闻专题作品选评》，饶立华主编，中国广播电视出版社，1996 年 3 月
26. 《磁记录基础知识》，戴礼智编，中国广播电视出版社，1980 年 11 月
27. 《信息传播原理》，倪波等，书目文献出版社，1996 年 2 月

28.《通向未来的信息高速公路》，吕本富编著，北京大学出版社，1995 年 9 月

29.《信息管理科学导论》，胡昌平，科学技术文献出版社，1995 年 8 月

30.《传播学的起源、研究与应用》，（美）沃纳丁·赛弗林等著，陈韵昭译，福建人民出版社，1985 年 9 月

31.《信息工程基础》，刘云编著，中国铁道出版社，1997 年 5 月

后　记

　　广州师范学院新闻传播系创建之初，该系负责人蔡铭泽博士、应天常副教授便充分认识到，作为未来的广播电视新闻工作者，正视信息传播技术的高速发展，全面了解信息传播新技术是非常必要的。根据这一构想，本人担负了《广播电视技术基础》的讲授任务，并且先后编写出第一版和第二版《广播电视技术基础》讲义。本书就是在讲义的基础上扩充、调整、修订完成的。

　　本书以信息传播技术为主线，以广播电视技术为重点，深入浅出地讲述广播电视新闻信息传播过程中诸类媒体设备的工作原理、技术特点、使用方法以及基本维护保养常识，并强调它们在信息传播过程中的作用。学习和掌握这些知识和技术，对于新闻传播者乃至全体社会成员领略信息传播高新技术的风采，打破神秘，并且大胆而熟练地使用它们，是有重要意义的。

　　在本书的编写过程中，我得到了许多朋友的热情帮助。蔡铭泽博士提出了宏观性的指导意见，应天常副教授多次和本人商讨写作框架并提供了大量的参考资料和文献资料，广州师院电教中心莫丽敏老师在本书录入工作中给予了大力帮助，暨南大学出版社潘雅琴同志为本书的出版付出了创造性的劳动，在此一并致谢。本书中定有许多不足之处，恳请专家和广大读者指正。

作　者

1999 年 12 月于广州师院